INVENTAIRE
25065

LA
FERME
MODÈLE

RELIGION HISTOIRE

UNE

FERME - MODÈLE

ou

L'AGRICULTURE MISE A LA PORTÉE DE TOUT LE MONDE

PROPRIÉTÉ DES ÉDITEURS

Le Fermier fit à haute voix une courte prière, les assistants répondirent Amen, et le repas du soir commença.

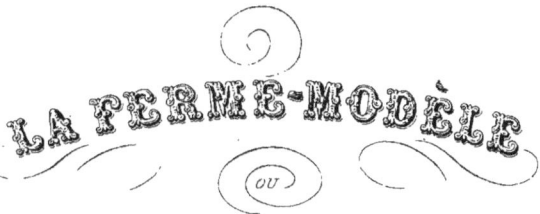

LA FERME-MODÈLE

ou

L'Agriculture mise à la portée de tout le monde

PAR

H. DE CHAVANNES DE LA GIRAUDIÈRE

Entrée à la Laiterie.

A.^d Mame & Cie

ÉDITEURS

A TOURS

UNE
FERME-MODÈLE

ou

L'AGRICULTURE

MISE A LA PORTÉE DE TOUT LE MONDE

PAR

H. DE CHAVANNES DE LA GIRAUDIÈRE

TROISIÈME ÉDITION

> Et il dit : « Que la terre produise les plantes verdoyantes avec leur semence, les arbres avec des fruits chacun selon son espèce qui renferment en eux-mêmes leur semence pour se reproduire sur la terre. » (GENÈSE.)

TOURS

ALFRED MAME ET FILS, ÉDITEURS

M DCCC LXVI

A LA MÉMOIRE

DE MON PÈRE

DÉCÉDÉ LE 12 DÉCEMBRE 1845

PRÉFACE

Quand ce livre parut, il y a bientôt vingt ans, l'agriculture n'avait encore pris, ni dans les fonctions sociales le rang qui lui était dû, ni dans les préoccupations du gouvernement la place qu'elle méritait.

Aujourd'hui, sous ce double rapport, la révolution est bien près d'être complète.

En effet, depuis que l'agriculture, s'inspirant des grandes lois qui régissent la création; depuis que, s'appuyant sur les découvertes de la chimie, de la physique, de la physiologie végétale; depuis qu'appelant la mécanique à son aide, elle s'est constituée à l'état de science; depuis enfin qu'elle compte parmi ses maîtres et ses représentants une foule d'hommes à qui leur savoir et leurs travaux ont acquis une grande et légitime considération, partout où l'on parle d'elle, partout où elle est directement ou indirectement conviée, on vante son importance, on signale ses progrès, et on y applaudit comme à un bonheur public.

Il est vrai qu'elle était de longue date habituée à de stériles hommages, avec lesquels on croyait sans doute s'acquitter envers elle. Aussi n'en tenons-nous compte que parce qu'aujourd'hui, à côté des discours, il y a des actes qui les commentent et les sanctionnent. D'une part, l'opinion publique, dans les classes élevées et officielles de la société surtout, se montre pénétrée de la grandeur et de l'importance de toutes les questions qui se rattachent à l'agriculture, les suit et s'y intéresse; d'autre part, le gouvernement impérial, se mettant à la tête du mouvement régénérateur, travaille à aplanir la voie du mieux, et, par un ensemble de mesures et d'institutions, la plupart couronnées d'un plein succès, donne une énergique impulsion à l'amélioration du sol, des instruments de culture et de l'élève du bétail. Enfin jamais on n'avait encore vu en France ni le mérite agricole partager si souvent avec le mérite judiciaire et administratif les distinctions honorifiques, ni des primes si nombreuses et si brillantes être offertes aux lauréats des pacifiques tournois de l'agriculture.

Écrit à une époque où l'agriculture ne faisait que prendre l'élan qui l'a rapidement portée si loin, ce livre, pour ne pas rester l'expression d'une situation heureusement modifiée, demandait à être revu, complété et, je l'avouerai sans peine, corrigé en plus d'un endroit. Je me suis donc efforcé de lui faire regagner tout le terrain qu'il avait successivement perdu depuis 1846. Mais, en le rajeunissant ainsi, je n'ai touché ni au cadre, ni à la forme familière primitivement adoptée. C'est toujours le même livre : une simple revue, sans aucune prétention technique ou scientifique, des procédés agricoles, des machines et instruments aratoires, des animaux domestiques, et des plantes utiles ou du moins utilisées de la grande culture européenne.

Octobre 1865.

UNE
FERME-MODÈLE

INTRODUCTION

I

Par une soirée pluvieuse du mois d'août 1864, dans le vaste salon d'une maison de campagne, six personnes se trouvaient réunies : c'étaient M. et Mme de la Roche, Augustin et Léonie, leurs enfants ; M. Victor, jeune enseigne de vaisseau ; enfin Charles Raymond, neveu de Mme de la Roche.

Le jour baissait rapidement. Déjà, depuis un moment, la maîtresse de la maison et sa fille avaient abandonné le métier à tapisserie sur lequel elles travaillaient ensemble ; déjà, de leur côté, M. de la Roche et Victor, ne distinguant plus les *fous* des *cavaliers*, avaient laissé en suspens une partie d'échecs chaudement entamée ; Augustin seul, ne prêtant aucune attention à la conversation, devenue générale, soutenait contre la nuit une lutte désespérée. A mesure que l'obscurité envahissait les parties les plus reculées du salon, sans lever les yeux de dessus son livre, l'intrépide lecteur rapprochait brusquement sa chaise des fenêtres. D'étape en étape il était ainsi arrivé, au grand amusement des assistants, au pied d'une croisée, et avait fini par appuyer son volume contre un carreau de vitre pour utiliser les derniers reflets du jour s'éteignant à l'horizon. Ce ne fut que quand les lignes de la page qu'Augustin voulait déchiffrer se mirent à danser devant ses yeux, qu'il s'avoua vaincu. Il ferma son livre en s'écriant avec un immense soupir : « Quand donc pourrai-je aussi voyager? Que Victor est donc heureux ! »

Cette exclamation inattendue fut accueillie par de vifs éclats de rire. Augustin, dans la position d'un homme réveillé en sursaut, promena autour de lui ses regards effarés. « Qu'y a-t-il donc? dit-il; pourquoi riez-vous? »

Cette question, faite avec un naïf étonnement, augmenta encore l'hilarité générale.

Comme au même moment un domestique allumait les bougies, Augustin, en voyant tous les yeux fixés sur lui, comprit enfin ce dont il s'agissait.

« Riez, riez, dit-il, vous ne vous amuserez jamais à mes dépens comme je m'amuse depuis deux heures !... Avec un livre comme celui-là, ajouta-t-il en frappant sur son volume, je passerais huit jours dans un cachot sans m'ennuyer...

— Pourquoi pas toute ta vie dans une île déserte comme Robinson? dit Léonie.

— Robinson ! reprit Augustin en s'animant, Robinson! je donnerais mon petit doigt pour ne point l'avoir lu, afin d'avoir le plaisir de le lire pour la première fois! Si j'étais assez riche, je le ferais imprimer en caractères d'or sur des pages de soie. Je serais plus fier d'avoir écrit Robinson que...

— Qu'inventé les machines à vapeur! dit Charles, voyant que son cousin ne trouvait point une comparaison à la hauteur de son enthousiasme.

— C'est bon, c'est bon, continua Augustin, si vous aviez lu Robinson avec autant d'attention et de profit que moi, vous sauriez bien des choses que vous ignorez; et si jamais vous vous trouviez réduits à vos propres ressources, vous vous estimeriez très-heureux...

— Pauvre frère! s'écria Léonie, il se voit déjà jeté par la tempête dans quelque contrée isolée! Vrai, papa, si tu ne lui retires pas ses livres de voyages, Augustin partira un beau matin, comme Christophe Colomb, à la recherche de pays inconnus. »

En entendant sa sœur émettre une semblable proposition, Augustin, le meilleur garçon du monde, lui lança un regard de travers.

« M'ôter mes livres! m'ôter mes livres! voilà une idée!... Tu es cependant bien heureuse, Mademoiselle, de venir me les emprunter pour habiller tes poupées à la chinoise ou à la grecque. Je me souviendrai de cela quand tu viendras me demander des costumes étrangers!

— Ça t'apprendra à tenir ta langue, ma cousine, dit Charles d'un sérieux très-comique.

— Voilà qui est trop fort! répondit Léonie : n'est-ce pas toi qui viens toujours me trouver avec tes princesses marattes, tonquinoises, siamoises, thibétines? « Ma bonne petite sœur, me dis-tu alors (car dans ces cas-là je suis toujours ta bonne petite sœur), vois donc la belle gravure! quel magnifique costume! Si tu habillais ainsi une de tes poupées, pour mieux juger l'effet de ces riches vêtements?... » Dis, n'est-ce pas toi qui as barbouillé de jaune la figure de ma poupée neuve, sous prétexte que je ne sais quelle dame javanaise était couleur citron? Est-ce que, quand tu es trop pressé de *jouir de l'effet*, tu ne prends pas le fil et l'aiguille pour m'aider?... Je prétends, monsieur le lycéen, que tu aimes autant mes poupées que moi-même, et sans une mauvaise honte tu en aurais pour ton propre compte... Charles, il faut que tu racontes cela aux camarades pour les amuser un peu!

— Méchante espiègle, dit Augustin en souriant, il ne manquait que cela pour m'achever... Déjà ils ne m'appellent plus que Robinson II.

— Et moi Vendredi, ajouta Charles; vrai, ton amitié n'est pas tout bénéfice...

— N'écoute donc pas cette petite folle, reprit Augustin en rougissant ; parce que j'ai effectivement... par complaisance... fait l'autre jour quelques points, ne croirait-on pas...

— Faut pas rougir pour cela, dit Léonie, l'illustre Robinson maniait fort bien l'aiguille.

— Vous voilà bien gais, dit M. de la Roche en terminant sa partie d'échecs; avec vos exclamations vous m'avez fait perdre. Victor, habitué au bruit des vents et des flots, ne s'est nullement ému de vos saillies; mais moi, j'ai si bien partagé mon attention entre mes pièces et votre conversation, que j'ai été complétement battu... D'après les derniers mots de Léonie, il me semble qu'il s'agit de Robinson ?

— Et de ses talents comme tailleur, ajouta l'enseigne de vaisseau.

— D'où je conclus, continua M. de la Roche, que Léonie s'amuse encore à taquiner son frère.

— Papa, dit Augustin, n'est-ce pas que Robinson est un chef-d'œuvre ?

— Il s'agit de s'entendre, mon enfant : sous le rapport littéraire, l'œuvre de Daniel de Foë n'a rien de remarquable; son mérite réel consiste beaucoup moins dans le style que dans la conception du sujet et dans la manière dont il est traité. Sous ce double point de vue, c'est certainement un ouvrage hors ligne; je n'en voudrais d'autre preuve que l'immense popularité de ce roman.

— Robinson un roman ! s'écria Augustin tout ébahi.

— Sans doute, un roman; ne t'imagines-tu pas que c'est un véridique récit, des mémoires authentiques? Daniel de Foë, ayant appris qu'un matelot anglais, je crois, avait pendant plusieurs années vécu seul dans l'île déserte de Juan-Fernandez, s'empara de cette donnée, et broda sur ce simple canevas sa délicieuse fable, qui depuis plus de cent ans passionne tant de jeunes imaginations. Robinson a été traduit dans toutes les langues, et le temps, bien loin de l'affaiblir, ne fait que sanctionner le succès de l'œuvre de Foë.

— Comment! Robinson, Vendredi, et jusqu'à ce fameux perroquet, n'ont jamais existé que dans le cerveau d'un romancier?

— Mais cela est *possible*, mon cher Augustin, dit Victor.

— Possible, possible, répondit le collégien, qui regrettait intérieurement d'avoir voué une véritable affection à un héros imaginaire, et se reprochait déjà les larmes que les privations de Robinson lui avaient plus d'une fois arrachées, moi qui avais toujours, continua-t-il, placé les aventures de Robinson sur la même ligne que celles de Cook et de Bougainville!

— Je crois qu'Augustin ne se trompait qu'à moitié, reprit Victor en souriant. Que de voyageurs, je parle en général, abusent étrangement du privilége qu'ils s'arrogent sans scrupule d'enjoliver leurs récits et leurs descriptions avec des fables! Il suffit d'avoir un peu couru le monde pour s'en convaincre.

— Puisque c'est ainsi, je ne lirai plus de voyages, dit Augustin emporté par son dépit. La crainte d'être trompé m'ôterait tout plaisir.

— Alors, s'écria Léonie, tu feras comme ce pauvre fou qui, tourmenté par l'idée qu'on voulait l'empoisonner, résolut de se laisser mourir de faim plutôt que de toucher à aucun aliment.

— Petite espiègle! dit M. de la Roche. Voyons, Augustin, raisonnons un peu. Quel charme si grand trouves-tu dans la lecture des voyages? Est-ce simple curiosité, ou désir de t'instruire, qui te fait rechercher avec tant d'ardeur cette sorte de livres?

— Voilà une question que je ne me suis jamais

faite. En réfléchissant à ce que j'éprouve lorsque je lis les récits des voyageurs, je crois qu'outre l'intérêt qu'ils m'inspirent personnellement en exécutant leurs courses aventureuses à travers des périls sans cesse renaissants, ma curiosité est vivement excitée par la description des mœurs, des usages, de l'industrie, de la manière de vivre des peuples étrangers. Souvent il me semble que j'accompagne le voyageur, que j'entre avec lui dans les grandes villes de l'Inde, si différentes des nôtres, que je gravis à sa suite ces montagnes qui dominent les nuages. Je vois par ses yeux tantôt la merveilleuse végétation des contrées tropicales, tantôt cette énorme croûte de glaces amoncelées qui entourent les pôles d'une infranchissable barrière... Le désir d'acquérir la connaissance de faits curieux et intéressants est donc un des principaux motifs qui me font si avidement rechercher les relations de Lapérouse, de Dumont d'Urville, des missionnaires.

— Très-bien, mon ami; mais ne te semble-t-il pas qu'avant d'explorer dans ce but les contrées lointaines, il serait assez naturel de commencer par regarder autour de toi, et de chercher s'il n'y a pas à portée de tes yeux et de ta main une foule de *faits curieux et intéressants* dont tu ne te doutes pas, pour me servir de tes expressions.

— Ici, autour de nous? dirent à la fois Augustin, Charles et Léonie.

— Oui, mes enfants, l'habitude vous rend insensibles à ce qui frappe journellement vos yeux; vous voyez ainsi beaucoup de choses sans les voir, et sans songer à vous en rendre compte. Ne trouvez-vous pas, par exemple, qu'il est souverainement ridicule de savoir comment les pauvres Océaniens construisent leurs pirogues et leurs cases, comment ils fabriquent leurs étoffes, et d'ignorer les procédés bien supérieurs de nos charpentiers, de nos maçons, de nos tisserands? de se servir tous les jours de mille objets dont vous connaissez à peine la matière, et presque jamais le mode de fabrication? Voici une aiguille : avez-vous quelquefois réfléchi sur l'effrayante main-d'œuvre qu'a demandée ce petit morceau de métal? car, voyez, il est acéré, poli, légèrement aplati à son sommet, et percé avec une précision parfaite d'un trou dont les angles ont été adoucis. Avez-vous comparé cette main-d'œuvre avec le prix de vente d'une aiguille? Et vos habits, vos souliers, vos chapeaux, vos boutons, votre linge? Vous savez à peu près que c'est du cuir, du drap, de la toile, de l'os; mais vous doutez-vous de toutes les transformations, de toutes les préparations qu'a subies une peau de bœuf, un brin de chanvre ou de lin, une toison de brebis ou de chèvre, avant de passer par la main de votre tailleur ou de votre bottier?

« Dans un autre ordre d'idées, toi, par exemple, Augustin, tu sais, j'en suis sûr, comment s'obtient le sucre, comment se préparent les feuilles du thé; mais me dirais-tu comment le lait se convertit en beurre et en fromage? Tu as la tête farcie des noms d'un nombre infini de plantes et de grands végétaux étrangers; mais toi qui reconnaîtrais un cocotier, un arbre à pain, un aloès, un bananier, eh bien! si je te priais d'aller dans la forêt qui touche à notre jardin me couper une branche d'orme, de frêne ou d'érable, tu serais très-embarrassé. Es-tu bien sûr de distinguer un champ de seigle d'un champ de blé, un champ d'orge d'un champ d'avoine, et la luzerne du sainfoin?...

« Tu veux des *faits curieux et intéressants* dont tu ne te doutes pas! En voilà, j'espère, à moins que tu ne regardes comme dignes de ta curiosité que ceux qui se passent à l'autre bout du monde.

— C'est cependant vrai! dit Augustin.

— Mais où trouver toutes ces explications? ajouta Léonie.

— Quand il s'agit de choses matérielles, les meilleures explications laissent toujours à désirer. Il faut voir, et, pour voir, il faut voyager.

— Voyager! s'écria Augustin, qui à ce mot magique se redressa comme un cheval de bataille au son de la trompette.

— Oui, voyager, c'est-à-dire visiter les champs, les fermes, les usines, les ateliers; et c'est un voyage de ce genre que je vous propose pour utiliser vos vacances.

— Irons-nous bien loin? dit Augustin, transporté de joie.

— Aussi loin que nous le pourrons, répondit M. de la Roche, car nous ne quitterons une contrée que lorsque nous aurons épuisé ce qu'elle offre d'intéressant, de digne d'être vu. Il te reste encore vingt jours de vacances; en vingt jours.,.

— Nous ferons bien cent lieues, dit Augustin. Et quand partons-nous?

— Demain matin. Victor s'est chargé de vous

conduire. Je ne mets qu'une seule condition à votre voyage, c'est que tous les soirs vous jetterez sur le papier vos *impressions* de la journée. »

II

Augustin et son cousin Charles couchaient dans la même chambre. Le fils de M. de la Roche, l'imagination enflammée par la proposition de son père, avait eu, la veille, beaucoup de peine à s'endormir. Mille songes fantastiques avaient ensuite agité son sommeil. Tantôt les cinq parties du monde se déroulaient devant lui comme un immense panorama, et son œil embrassait du même regard les Cordilières du Pérou, les pyramides d'Égypte et la grande muraille de la Chine; tantôt il se sentait emporté à travers les espaces avec une vitesse indicible; alors les continents, les mers, les îles fuyaient au-dessous de lui, et il voyait sans cesse surgir de nouveaux horizons.

Les premières lueurs de l'aube blanchissaient à peine l'orient, qu'Augustin se réveilla.

« Charles, dit-il tout bas... Charles, dors-tu? »

Charles, beaucoup moins enthousiaste et moins ardent que son cousin, dormait d'un profond sommeil, et n'entendit pas cet appel matinal.

Il dort, pensa Augustin... un jour comme celui-ci : « Charles!

— Eh bien! qu'y a-t-il? dit Charles en ouvrant à peine les yeux pour les refermer aussitôt.

— Mais il me semble que nous devrions nous lever ; si nous partons de bonne heure, comme papa l'a dit, nous n'aurons pas trop de temps pour nous préparer... Et nos malles ? »

Mais Charles s'était rendormi, excellente raison pour qu'il ne répondît pas. Augustin murmura entre ses dents : « Si mon cousin commence ainsi, ce sera un triste compagnon de voyage ; nous perdrons tous les matins une demi-heure à le réveiller. Charles ! Charles ! »

Cette fois-ci l'intrépide dormeur se mit sur son séant, et prenant sa montre posée sur la table de nuit : « Quatre heures vingt minutes, » dit-il.

A ces mots, Augustin sauta à bas du lit.

« Mais tu es fou, mon cousin, dit Charles ; personne n'est encore levé dans la maison, et hier mon oncle t'a répondu que nous déjeunerions à l'heure ordinaire... De quoi te tourmentes-tu ?

— Mais nos malles ?

— Comment nos malles ! pourquoi pas prendre nos passe-ports pour la Chine ? Ton père ne t'a-t-il pas dit hier que nous ne quitterions un pays, une contrée, qu'après avoir étudié et visité tout ce qu'elle offre de curieux et d'intéressant ?

— Oui, sans doute.

— En ce cas-là, mon cher cousin, je crains fort que nous ne fassions pas aujourd'hui deux kilomètres, et que nous ne revenions dîner et coucher ici.

— Mais c'est donc une simple promenade dont il s'agit ?

— Que t'importe, pourvu qu'elle t'offre des *faits*

curieux et intéressants? N'as-tu pas dit toi-même que ton amour des voyages n'avait pas d'autre motif? Crois-moi, remets-toi au lit, et tâche de faire un somme jusqu'à six heures.

— Non vraiment, répondit Augustin, je n'ai pas plus envie de dormir que d'aller me noyer, et au lieu de m'impatienter entre deux draps, j'aime mieux voir lever le soleil.

— A ton aise; mais tâche de ne pas éveiller toute la maison. »

Augustin acheva donc de s'habiller, et descendit le plus doucement qu'il put. Il prit dans la cuisine la clef d'une porte qui se trouvait au fond du jardin, l'ouvrit, et gagna par un sentier rapide le sommet d'un petit coteau situé à dix minutes de l'habitation.

Malgré le peu d'élévation de l'éminence sur laquelle Augustin était monté, par suite de la disposition inclinée des campagnes environnantes ses regards embrassaient toute la partie orientale de l'horizon, vaguement éclairé par les lueurs indécises de l'aube. Quoiqu'il eût de la même place vingt fois considéré, à une heure plus avancée, le paysage qui se déroulait devant lui, et que sa vue se fût, pour ainsi dire, familiarisée avec tous les accidents du terrain, le jeune homme ne reconnaissait plus son site de prédilection, et contemplait avec étonnement l'aspect entièrement nouveau sous lequel il s'offrait à lui. En effet, aperçus à travers le voile transparent d'un brouillard vaporeux, les arbres, les clochers, les maisons semblaient détachés du sol et suspendus dans l'espace; de plus, quoique ces objets parussent bien plus éloignés qu'ils ne l'étaient réellement, ils avaient pris des proportions démesurées.

Tout à coup, au moment où le soleil allait mêler l'or de ses rayons aux teintes rosées qui coloraient les nuages, Augustin fut brusquement tiré de son extase par un cri perçant qui retentit au-dessous de lui. A ce cri succéda un bruit sourd et éclatant à la fois.

Notre collégien était brave. Sans hésiter, sans réfléchir, il se précipite dans la direction du bruit, et, au risque de se fendre la tête, franchit en quelques bonds la pente abrupte du coteau.

Arrivé sur la route qui passait au pied, il voit dans un des fossés de la route, renversée sur le côté, une petite charrette attelée d'un âne, et dans la charrette une pauvre vieille ensevelie sous une véritable avalanche de légumes de toute espèce, et de cinq ou six pots en fer blanc d'où s'échappaient des flots de lait.

« Au secours! à moi! au secours! » criait de toutes ses forces la paysanne en cherchant à se dépêtrer de ses salades, de ses carottes, de ses navets, de ses choux amoncelés sur elle, et plus encore à redresser ses pots.

Quant à l'âne, premier auteur de l'accident, mollement étendu sur la vase et loin de témoigner la moindre envie de quitter sa position, il allongeait la tête pour atteindre une belle touffe d'herbe qu'il broutait très-philosophiquement.

« Voyons, la bonne femme, dit Augustin en sautant dans le fossé, vous êtes-vous fait mal? êtes-vous blessée?

— Ah! mon cher enfant, comment vais-je sortir de là? Et mon lait! et mes pauvres légumes! Quel malheur! quel malheur!

— Il faut d'abord vous occuper de vous. Comment voulez-vous vous lever? vous avez un pot dans chaque main. Donnez-moi ces pots... Bien... A présent passez-moi tous les légumes, je les poserai à terre en attendant que nous relevions votre équipage.

— Et mon âne! dit la vieille en tendant ses légumes au jeune homme, qui les jetait sans façon sur la route, mon coquin d'âne! pourvu qu'il n'ait pas les jambes cassées.

— Votre âne ne paraît pas souffrir de sa chute; il déjeune même fort tranquillement.

— C'est cependant lui, mon cher enfant, qui est cause de tout cela... La vilaine bête aura voulu manger l'herbe qui pousse sur le bord de la route, et se sera trop approchée du fossé.

— Vous dormiez donc?

— Pas tout à fait..., un petit peu. Je me lève de si bonne heure!... »

Quand les légumes ruisselants de lait eurent été retirés de la charrette, la vieille en sortit à son tour; elle n'avait pas le moindre mal.

« Maintenant, dit Augustin, il s'agit de remonter votre voiture sur la route. Pour cela, il faut commencer par dételer votre âne. A cinquante pas d'ici le fossé se trouve au niveau du chemin. Quand nous aurons relevé la charrette, nous remettrons votre âne dans les brancards, et, s'il est aussi vigoureux qu'il le paraît, malgré la vase il pourra suivre le fossé jusqu'au point où il aboutit à la route.

— Mais, mon bon Monsieur, nous ne serons jamais assez forts pour soulever la charrette.

— Je m'en charge, » répondit Augustin d'un air de triomphe.

Notre collégien venait, en effet, de se rappeler un épisode de voyage qui lui fournissait le moyen de tirer d'embarras la marchande de légumes. Voici comment il s'y prit : il conduisit l'âne sur la route, détacha les guides, les plia en quatre pour leur donner une force suffisante, et les attacha à la partie supérieure de la roue qui se trouvait en l'air ; puis, réunissant les deux traits de l'âne sur cette prolonge improvisée, il fit tirer le roussin de manière à ce que ses efforts parvinssent à rétablir la charrette dans sa position naturelle. L'entêté quadrupède, non sans quelque résistance, donna un vigoureux coup de collier, et l'équipage se trouva debout, au grand ébahissement de la vieille, qui, après bien des jérémiades, se confondait en éloges et en remercîments. D'après le conseil de celui qu'elle ne cessait d'appeler son bon ange, elle suivit avec sa charrette le fond du fossé, gagna la route, et revint auprès de ses légumes. Augustin l'aidait à les recharger, quand il entendit le son de la cloche annonçant le déjeuner.

« Déjà sept heures! dit-il ; c'était bien la peine de me lever avant le soleil pour être en retard aujourd'hui ! Au revoir, la bonne femme ; une autre fois, tâchez de ne pas vous endormir. »

En achevant ces paroles, Augustin prit sa course,

bien décidé à ne s'arrêter qu'à la porte de la salle à manger. Toute la famille venait de se mettre à table, et Mme de la Roche commençait à s'étonner de l'absence de son fils, quand des pas précipités résonnèrent dans le jardin.

« Le voilà, dit-elle, il n'y a que lui pour arriver de ce train-là... Peux-tu courir ainsi, ajouta-t-elle en voyant Augustin se précipiter dans la salle comme un ouragan... Eh! mais, mon pauvre garçon, d'où sors-tu? où t'es-tu mis dans cet état? »

Une explosion de rires mêlée d'exclamations accompagna et couvrit les derniers mots de Mme de la Roche.

Pour comprendre la cause de l'hilarité dont l'entrée d'Augustin fut le signal, il faudrait, mes chers lecteurs, que je pusse vous peindre sa mine essoufflée, ses regards étonnés, sa casquette de travers, ses souliers fangeux, et les larges taches de boue qui mouchetaient son visage, ses mains, ses habits.

« Mais réponds donc, disait sa mère, riant malgré elle du piteux état de son fils, car elle craignait quelque accident fâcheux.

— Maman, c'est que j'ai relevé un âne...

— Un âne! dirent Charles et Léonie en riant de plus belle.

— Tu n'as pas de mal, n'est-ce pas, Augustin? dit M. de la Roche, qui avait repris son sérieux.

— Non, papa.

— Eh bien! va vite te débarbouiller, et tu nous diras ton histoire ensuite. »

Cinq minutes plus tard, Augustin, changé de la tête aux pieds, venait reprendre à table sa place accoutumée, et racontait gaiement son aventure, qui lui valut de vives félicitations.

« Maintenant, mon cher papa, continua le collégien, dis-moi ce que tu as décidé pour notre voyage pendant que j'étais occupé avec la vieille et son âne.

— Nous avons décidé que vous partirez immédiatement après le déjeuner.

— Et pour aller où ?

— Droit devant nous, répondit Victor, l'enseigne de vaisseau.

— Comment, droit devant nous ?

— Oui, nous prendrons le premier chemin, le premier sentier venu, et nous irons à la découverte de *faits curieux et intéressants.*

— Mais c'est une mauvaise plaisanterie qu'un voyage comme le nôtre.

— Pas tant que tu le crois, Augustin. Prépare ton carnet, et attends la nuit pour te prononcer. »

CHAPITRE 1

VIGNE. — VIN. — LABOUR. — CHEVAUX. — RUMINANTS. — LA VACHE MALADE.

Un quart d'heure plus tard, Victor, Augustin, Charles et Léonie s'arrêtaient au milieu de la route, après avoir dépassé la grille de la maison de campagne de M. de la Roche.

« Commandant, dit Léonie en s'adressant à l'enseigne de vaisseau, l'équipage attend vos ordres; prendrons-nous à droite ou à gauche?

— A droite ou à gauche! fit Augustin en haussant les épaules; demande donc au commandant si nous allons *courir* nord ou sud, est ou ouest.

— L'équipage a-t-il droit de donner son avis? s'écria Charles.

— Sans doute, répondit Victor en souriant.

— Eh bien! je propose de ne pas suivre la grande route; de vrais touristes préfèrent les sentiers.

— Adopté à l'unanimité, n'est-ce pas, mes amis? reprit Victor. Charles a raison : assez de gens, au retour de leurs voyages, ne connaissent que les grandes routes des pays qu'ils ont parcourus et jugés du haut de leur chaise de poste. Voilà notre affaire, » ajouta l'enseigne de vaisseau en montrant du doigt un étroit sentier qui s'enfonçait au milieu des champs.

Charles, Augustin et sa sœur s'y précipitèrent, et, après avoir fait en courant une centaine de mètres, revinrent toujours du même train auprès de Victor, qui s'avançait d'un pas très-modéré.

« Mon cher équipage, dit celui-ci à ses jeunes compagnons, j'ai un petit conseil à vous donner; le suivra qui voudra. Si vous continuez à galoper ainsi, à midi vous serez sur les dents, et vous n'en pourrez plus : toi surtout, Léonie, ménage tes forces et tes jambes, si tu ne veux pas que nous soyons obligés de louer un âne pour te ramener à la maison, où dans ce cas nous te laisserions demain. »

Cette recommandation eut tout l'effet qu'en attendait l'enseigne de vaisseau, et les jeunes gens réglèrent leur allure sur la sienne.

« Voilà une magnifique pièce de vigne, s'écria Léonie au bout de quelques minutes de marche; il y a presque autant de grappes que de feuilles. Mais pourquoi, au lieu de planter ainsi des milliers de ceps les uns à côté des autres, et d'empêcher chaque cep de s'étendre, ne laisse-t-on pas courir leurs branches comme nos treilles? un seul pied pourrait aisément ainsi remplacer quinze à vingt pieds.

— Et l'on aurait la facilité, remarqua Charles, de cultiver d'autres plantes entre les ceps.

— Comme cela se pratique en Italie, ajouta Augustin : là, un champ de vigne est un véritable verger; à la place de ces échalas disgracieux, des arbres fruitiers servent de tuteurs aux ceps, dont les rameaux, serpentant de tronc en tronc, de branche en branche, forment une multitude de guirlandes d'un effet ravissant.

— Autre chose encore, reprit Léonie. Pourquoi le vin, qui n'est que le jus du raisin, n'est-il pas doux et sucré? pourquoi...

— Un instant, un instant, mademoiselle la questionneuse, dit Victor. Si tu veux que l'on réponde à ta première question, il ne faut pas en adresser une seconde. Procédons par ordre : Léonie nous demande pourquoi l'on ne cultive pas la vigne dans ce pays-ci comme en Italie : le sais-tu, Charles?

— Il me semble que c'est parce qu'il fait beaucoup moins chaud ici qu'en Italie. Mais je ne me rends pas bien compte des motifs qui ont engagé nos vignerons à adopter un genre de culture entièrement opposé à celui du peuple auquel ils doivent la vigne.

— Ni moi non plus, dit Augustin.

— En ce cas, écoutez-moi, dit Victor. La vigne est originaire de l'Asie centrale, terre privilégiée, immense pépinière d'où nous sont venus la plupart de nos arbres fruitiers, comme je vous l'expliquerai une autre fois.

La vigne est une plante tellement vivace, elle se reproduit avec une si grande facilité, qu'il est peu de végétaux dont le transport à de grandes distances et la plantation demandent moins de soins et de peine. Pour vous en donner un exemple, on a expédié en Australie des bottes de sarments provenant de la taille ordinaire d'un de nos bons vignobles, dans des tonneaux, avec la seule précaution d'entourer chaque botte d'une couche de mousse humide pour prévenir une dessiccation complète. Ces sarments, arrivés à destination, n'ont, pour reprendre, rien exigé de plus que s'ils n'avaient pas voyagé.

Il n'est donc pas étonnant que, dès la plus haute antiquité, nous trouvions la vigne en Grèce, en Italie, etc. Introduite dans les Gaules par les Phocéens, elle s'avança peu à peu vers le nord, pénétra en Allemagne, et aujourd'hui elle prospère en Europe dans toutes les contrées situées au sud d'une ligne imaginaire qui, partant de l'embouchure de la Loire, passerait par Paris, Berlin, Dresde, et viendrait se terminer en Crimée. N'allez pas cependant vous imaginer qu'en deçà de cette frontière de l'empire de la vigne, il ne se trouve pas de pays qui, par leur altitude, le voisinage des hautes montagnes, ne soient réfractaires à sa culture. Une grande partie de la Suisse, la Servie, la Bulgarie et d'autres encore sont dans ce cas.

Au nord de cette ligne, on ne récolte plus de vin; mais on parvient, sans parler de la culture en serre, en choisissant des lieux parfaitement exposés et abrités, à cueillir quelques grappes de raisin à peu près mangeables, si l'année a été propice. Naturellement plus on s'avance au delà de sa frontière, plus la vigne a besoin qu'on lui donne artificiellement la somme de chaleur que lui refuse le climat.

Mais même sous les latitudes qui ne lui permettent pas de mûrir ses fruits, la vigne donne encore des preuves de la vigueur de sa végétation.

Si elle n'atteint pas le développement prodigieux qu'on lui voit prendre dans les pays méridionaux, où elle traverse des fleuves, couronne de ses pampres la cime des plus grands arbres, escalade des rochers de cent mètres de hauteur, elle lance encore au loin ses jets vagabonds qu'elle accroche avec ses *vrilles* à tous les appuis qu'elle rencontre.

Maintenant il vous sera facile de comprendre pourquoi la culture de la vigne a dû se modifier d'autant plus profondément qu'on l'a transplantée sous un climat moins favorable à sa complète fructification. En Grèce, en Italie, les pieds de vigne, largement espacés, forment de gracieuses guirlandes courant d'arbre en arbre, ou soutenues sur des poteaux comme nos treilles et nos tonnelles. Là encore le soleil est assez ardent pour permettre ce mode de culture et pour mûrir parfaitement les grappes sous leur verdoyant abri. Mais déjà dans le midi de la France, la vigne ainsi traitée ne donnerait plus tout ce qu'elle peut donner comme qualité et comme quantité. Il fallut donc arrêter les ceps dans leur essor, afin de concentrer la séve que fournissent les racines dans un petit nombre de branches, et, pour garnir le terrain, rapprocher les pieds les uns des autres. A chaque étape vers le nord le vigneron doit corriger de plus en plus non pas tant les défaillances du soleil que la briéveté de la belle saison. En Provence, la vigne vient partout. Dans le centre de la France, on lui choisit de préférence les coteaux bien exposés; vers la limite de la région de la vigne, un terrain qui s'échauffe facilement offre seul des chances de succès pour récolter un vin passable. Partout où la chaleur menace de faire défaut, on taille très-court, et l'on tient la vigne très-près de terre, afin de mettre à profit la réverbération du sol.

Enfin ce ne sont pas les mêmes cépages qu'on rencontre indifféremment au nord et au midi. Parmi les innombrables variétés de la vigne, on les compte par centaines, il en est de beaucoup moins frileuses, de beaucoup plus précoces les unes que les autres. Tel cépage qui mûrit à Naples ne mûrirait que très-imparfaitement en Provence; tel autre qui mûrit à Montpellier, ne mûrirait pas en Touraine, et à plus forte raison à Paris. Chaque contrée a donc dû adopter les variétés qui trouvaient chez elle la somme de chaleur nécessaire pour que les premiers froids de l'automne ne surprissent pas ses grappes encore en verjus.

— Mais les treilles, dit Charles, on les laisse bien courir. Il y a dans la basse-cour un seul pied qui garnit toute la façade de la maison du jardinier, et qui rapporte beaucoup.

— Sans doute; mais remarquez qu'une vigne palissée contre une muraille blanche reçoit bien plus de chaleur que celle qui croît en plein vent. Placez-vous en été au pied d'un bâtiment exposé au soleil, et vous verrez que vous n'y pourrez tenir, quand à cinquante pas plus loin la chaleur vous semblera tolérable. Cette élévation locale de la température est due à la réflexion, à la réverbération des rayons du soleil; la vigne ainsi palissée retrouve presque son climat natal.

Cependant les cultivateurs d'un village situé à une douzaine de lieues de Paris, qui fournissent en abondance à la capitale le meilleur raisin de table connu, ne doivent sa beauté et son goût exquis qu'à un mode de culture qui se rapproche beaucoup de celui dont je vous parlais tout à l'heure. A Thomery, c'est le nom de ce village, au lieu de permettre aux cordons de leurs treilles de s'allonger presque indéfiniment, les vignerons ne laissent à chaque cep que deux branches mères qui n'ont jamais plus de quatre pieds de long. Pour utiliser toute la surface des murailles contre lesquelles les vignes sont palissées, ils multiplient le nombre des ceps, uniformément placés à deux pieds les uns des autres. Comme chacun des cordons n'a que quatre pieds de long, par une disposition ingénieuse ils donnent à chaque tronc de vigne une hauteur différente, et parviennent ainsi à garnir si bien la superficie du mur, qu'ils récoltent ordinairement, sur un espace de huit pieds carrés, plus de trois cents grappes de raisin.

Rien n'est étrange comme l'aspect des alentours de Thomery vus à une certaine distance; on n'aperçoit que murs coupant le pays en tous sens, et lui donnant l'apparence d'une gigantesque boîte à compartiments.

Une particularité singulière, c'est que la ville de Fontainebleau a donné son nom aux délicieux produits du modeste village, et a confisqué sa gloire à son profit.

Pendant longtemps on s'est imaginé que le sol et l'exposition des treilles de Thomery possédaient des vertus particulières, et qu'il était impossible de récolter ailleurs d'aussi bons raisins; mais ce préjugé, que les vignerons de Thomery, bien loin de combattre, cherchaient à accréditer, l'expérience en a fait justice. Dans le centre de la France, partout où la température naturelle ne diffère pas essentiellement de celle de Thomery, les horticulteurs qui ont de point en point adopté les procédés des cultivateurs de ce village, n'ont pas tardé à récolter un raisin qui ne le cédait en rien au plus beau et au meilleur raisin vulgairement nommé raisin de Fontainebleau. Je n'ai pas besoin de vous dire que les horticulteurs ont dû avant tout se procurer l'espèce de vigne cultivée à Thomery, ce qui n'est pas très-facile, parce que, pour conserver à leurs treilles le monopole du meilleur de tous les raisins, les vignerons de Thomery expédient souvent aux amateurs des plants d'une qualité médiocre.

Mais Léonie a posé une seconde question : *Pourquoi le vin, qui n'est rien autre chose que le suc ou le jus du raisin, n'est-il pas doux comme ce jus?* Qu'avez-vous à répondre à cela, messieurs les collégiens?

— Il me semble que cela provient de la fermentation qu'éprouve la vendange lorsqu'on la foule, dit Augustin.

— Oui, sans doute, dit Charles; mais pourquoi et comment cette fermentation a-t-elle lieu, voilà ce qu'il s'agit d'expliquer : n'est-ce pas, Victor? en un mot, comment la fermentation donne-t-elle un goût sec et piquant à un jus doux et sucré?

— Pour bien comprendre ceci, mes chers amis, il faudrait que vous eussiez quelques notions de chimie, de cette science qui s'occupe de la composition interne des corps et des transformations diverses que ces corps subissent en se combinant entre eux. Je vais cependant essayer de vous expliquer les phénomènes qui se passent dans une cuve de vendange.

Tous les fruits contiennent une certaine quantité de sucre, les uns plus, les autres moins. Aussi longtemps que ce sucre reste renfermé dans les fruits, pourvu que les fruits soient sains, il ne subit aucune transformation : voilà pourquoi le raisin, dont nous nous occupons, conserve sa douceur jusqu'à ce qu'il se gâte. Mais aussitôt que les matières sucrées contenues dans le raisin sont mises en contact avec l'air, elles entrent en fermentation et se changent en vin.

Mais la vendange, le moût du raisin, pour me servir de l'expression propre, outre le sucre qui y domine, contient encore d'autres principes, tels que de la gomme, du tanin, une matière colorante, etc. La qualité du vin est le résultat d'une heureuse proportion de tous ces principes. Selon que l'un ou l'autre domine et se trouve en excès, les vins ont une saveur et des propriétés particulières.

Supposez maintenant que nous ayons là devant nous une de ces grandes cuves dans lesquelles les vendangeurs ont vidé leurs hottes remplies de raisin, voici ce qui s'y passera : quelques heures après avoir été foulé, le moût s'échauffe, et le travail de la fermentation commence. On dirait que toute la masse liquide contenue dans la cuve entre en ébullition; des vapeurs s'en échappent avec bruit; les pellicules et les raffles montent à la surface, et forment au-dessus du moût une espèce de croûte écumeuse.

Bientôt le jus du raisin change de couleur, prend une teinte violacée, et comme le sucre qu'il contenait s'est transformé en alcool et en gaz acide carbonique, ce jus perd sa douceur et prend une saveur vive et piquante. Peu à peu l'effervescence se modère et s'arrête; c'est le moment de soutirer le vin et de le porter dans les tonneaux, pendant qu'il conserve encore un reste de chaleur.

Mais comme les pellicules et les rafles retiennent encore une certaine quantité de vin, on les place immédiatement sous un pressoir pour en extraire jusqu'à la dernière goutte de liquide qu'elles peuvent conserver.

Au lieu de laisser fermenter les vins blancs dans une cuve, immédiatement après la cueillette on fait passer la vendange sous le pressoir et l'on en verse le jus dans des tonneaux, où il subit un degré de fermentation approprié à l'espèce de vin qu'on veut obtenir. En général, plus la fermentation d'un moût a été complète, plus le vin est sec et fort; le contraire a lieu si, par des procédés quelconques, on arrête la fermentation. Dans ce cas, une grande partie de la matière sucrée, n'ayant pas été décomposée, reste dans le vin et lui donne cette saveur douce particulière aux vins de dessert.

— Ainsi, dit Léonie, on n'ajoute rien au jus du raisin, et il se change en vin de lui-même?

— Dans les années froides et pluvieuses, lorsque le raisin n'est qu'à moitié mûr et ne contient par conséquent que fort peu de principes sucrés, les vignerons ont recours à différents moyens pour améliorer le moût qui *boude,* c'est-à-dire qui refuse d'entrer en fermentation. Le plus usité de ces moyens est de jeter dans la cuve une certaine quantité de sucre ou d'eau-de-vie. Quelques grands propriétaires ont des appareils destinés à échauffer artificiellement le moût. Ce sont des chaudières à bascule, qu'on vide

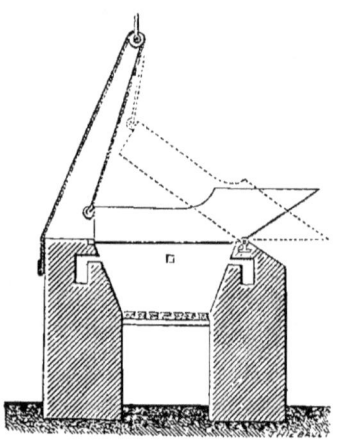

Chaudière à bascule.

avec la plus grande facilité, quoique leur capacité soit considérable, au moyen d'une charnière dont elles sont pourvues, et qui permet de leur donner une inclinaison telle, que le liquide bouillant s'écoule de lui-même par un grand bec dans des vases plus petits et plus maniables. Une chaîne s'enroulant sur une poulie et fixée au côté de la chaudière opposé à la charnière, sert à lui donner graduellement l'inclinaison voulue, et cela sans danger et sans effort. Le grand avantage de chauffer, et par conséquent d'augmenter la force des moûts par l'évaporation de leurs parties aqueuses, est d'épargner au vigneron les dépenses considérables où l'entraîne le premier procédé, dépenses d'autant, plus regrettables que les moûts qui ne peuvent fermenter que par une addition de sucre ou d'alcool, produiront toujours un vin de peu de valeur.

— J'entends souvent parler, dit Charles, de vins falsifiés : donne-t-on ce nom aux vins auxquels on a ajouté du sucre et de l'eau-de-vie?

— Non. Remarquez en effet qu'en agissant ainsi on ne mêle au vin que des substances qui devraient s'y trouver, qui s'y trouveraient si le raisin avait pu mûrir. Les vins falsifiés sont ceux auxquels on a ajouté des matières colorantes, aromatiques, et une foule d'ingrédients qui, la plupart du temps, relèvent le goût plat de certains vins aux dépens de la santé du consommateur. »

En causant ainsi, nos jeunes gens avaient laissé bien loin derrière eux la pièce de vigne; s'avançant toujours à travers champs, ils se trouvèrent au milieu de grandes plaines qui s'étendaient à perte de vue.

« Voilà là-bas, dit Augustin, un paysan qui laboure. J'ai cent fois vu labourer, et, en véritable étourdi, je n'ai jamais pensé à me rendre compte de l'action d'une charrue, ni cherché à découvrir par l'effet de quelle disposition elle pénètre dans le sol, retourne la terre et s'avance en ligne droite.

— Donnons la pièce à cet homme, reprit Charles, il nous laissera examiner son instrument et nous expliquera sa marche. Allons près de lui, car je n'en sais pas plus que toi. »

Et les deux cousins, toujours disposés à faire un temps de galop, prirent leur course vers le laboureur, qui en ce moment leur tournait le dos.

« Eh! brave homme! cria Charles quand il fut à une vingtaine de pas de lui.

— Eh! l'ami! ajouta Augustin, voyant que les paroles de son cousin ne produisaient aucun effet, vous n'entendez donc pas qu'on vous appelle? Êtes-vous sourd? »

Le laboureur, malgré ces bruyantes apostrophes, continua fort tranquillement son sillon. En quelques enjambées les collégiens l'eurent rejoint et dépassé. Mais à peine eurent-ils envisagé le *brave homme* en face, qu'étonnés, confus, ne sachant que dire, ils ôtèrent vivement leurs casquettes et restèrent immobiles.

Voici la cause de leur surprise. Ils avaient abordé le laboureur comme s'ils avaient eu affaire à un valet de ferme, et ils se trouvaient en présence d'un homme dont la physionomie, la tournure et le maintien portaient un tel caractère de distinction, que Charles et Augustin comprirent sur-le-champ l'énormité de leur méprise.

Le cultivateur ne voulut point prolonger l'embarras et la confusion des jeunes gens; il arrêta ses chevaux, quitta les mancherons de sa charrue, et dit avec un sourire des plus affables :

« Votre étonnement, mes chers amis, n'est malheureusement que trop naturel; et quoique, sous ce rapport, la France soit en plein progrès, il est encore si rare de trouver chez nous un homme bien élevé s'occupant sérieusement d'agriculture, que j'excuse de tout mon cœur la manière un peu leste dont vous m'avez interpellé. Mais que puis-je faire pour vous?

— Monsieur, répondit Augustin un peu remis par la bienveillance de cet accueil, nous avons si mal débuté, que nous aurions peut-être mauvaise grâce à vous importuner de nos questions; c'est bien assez pour nous d'être traités avec tant d'indulgence.

— Ne parlons plus de cela. Vous vouliez me questionner, à ce qu'il paraît. Seriez-vous égarés?

— Non, Monsieur; nous désirerions quelques détails sur cet instrument, dit Charles en montrant la charrue.

— Comment! vous avez remarqué de si loin que ce n'est pas la charrue du pays? Vous vous êtes donc occupés d'agriculture?

— Notre ignorance est au contraire telle, Monsieur, que nous ne voyons pas encore en quoi votre instrument diffère de ceux qui sont généralement employés autour de nous : en un mot, nous ne savons pas comment une charrue laboure, et ce n'est que d'hier que nous comprenons combien nous en devons être honteux. Et si nous ne craignions pas d'abuser de vos moments...

— Que cela ne vous inquiète nullement, c'est avec le plus vif plaisir que je vous donnerai toutes les explications qui pourront vous intéresser; et je me félicite d'avoir choisi ce jour pour essayer mon nouvel instrument, puisque je dois votre rencontre à cette circonstance. »

En ce moment Victor et Léonie rejoignaient l'agronome, qui, après un échange de quelques phrases polies, s'exprima ainsi :

« Pour apprécier le travail d'une charrue, il faut, mes jeunes amis, commencer par jeter les yeux sur la partie de ce champ que je viens de labourer et sur celle qui ne l'est pas encore. Là, sous vos pieds, la terre est battue, dure, compacte, et semble uniformément revêtue d'une croûte grisâtre; ici, au contraire, le sol a été complétement retourné, et la croûte dont je viens de vous parler se trouve enfouie à la profondeur où le fer de la charrue a pénétré.

« Par quelle ingénieuse disposition de ses diverses parties ma charrue a-t-elle opéré cette métamorphose du terrain? Examinez-la avec soin. Voyez-vous cette pièce de fer assez semblable à une lame de sabre, c'est le *coutre*; c'est lui qui commence par fendre le sol, par isoler du reste du champ la bande de terre que le *soc* soulèvera et que le *versoir* retournera un instant plus tard. Pendant que je vais achever ce sillon, placez-vous à côté de ma charrue, et suivez-

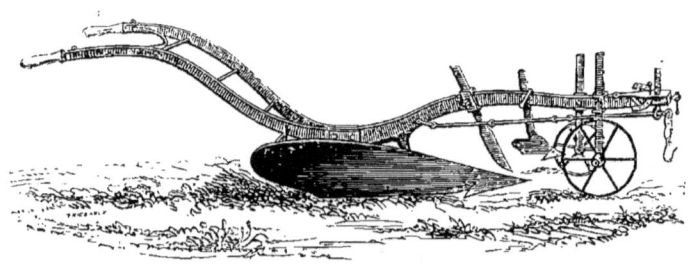

Charrue.

la sans perdre de vue l'effet que produisent successivement sur le sol le coutre, le soc et le versoir.

— C'est bien cela! s'écria Augustin, après avoir examiné pendant plusieurs minutes l'instrument aratoire que l'agronome dirigeait avec la plus grande facilité; c'est bien cela! le coutre tranche la bande de terre verticalement, et aide puissamment à la besogne du soc, qui, prenant cette même bande de terre en dessous, la détache, la soulève, et la force à glisser le long du versoir; puis ce dernier, à raison de sa forme concave et de son élévation, rejette sur le côté la terre à demi retournée. Cela est admirable de simplicité!

— Oui, répondit l'agronome en arrêtant ses chevaux, admirable de simplicité; car vous ne vous doutez pas combien l'ajustage d'une charrue demande de précision. Depuis un demi-siècle une foule d'agriculteurs et de mécaniciens combinant leurs efforts, cherchent avec persévérance une charrue qui réunisse toutes les qualités, tous les avantages qu'offrent isolément les diverses charrues perfectionnées dont le nombre s'augmente tous les jours. Ce problème est insoluble d'une manière absolue, parce que les charrues sont sujettes à travailler dans des conditions trop différentes pour que ce qui est un inconvénient dans un cas ne devienne pas une qualité dans un autre, parce qu'il est enfin des qualités qui s'excluent réciproquement; ainsi en voici une dont je suis enchanté, et cependant je l'ai entendu critiquer très-vertement. On lui avait probablement demandé une besogne pour laquelle elle n'était pas faite. C'est la fameuse charrue d'Howard, si souvent primée dans les concours de France et d'Angleterre. Remarquez d'abord qu'elle est entièrement en fer. Or, l'emploi de ce métal permet seul d'obtenir une charrue à la fois solide et légère, et munie de mancherons assez longs pour faciliter singulièrement sa manœuvre.

Elle vient de me donner un travail parfait : les courbes de son versoir sont si rigoureusement calculées, qu'elle soulève et retourne la terre sans aucune perte de force. Sa marche est régulière, sa fixité très-grande, et je ne crois pas avoir encore essayé de charrue qui exigeât moins de tirage pour un labour de la profondeur de celui-ci. Avec la vieille charrue du pays, mes chevaux seraient en nage, et aujourd'hui on ne dirait pas à les voir qu'ils travaillent depuis trois heures. Est-ce là, mes amis, tout ce que vous désiriez savoir?

— Mais, Monsieur, répondit Augustin, puisque vous attachez tant d'importance à l'instrument, c'est sans doute parce que le labourage lui-même est une opération aussi difficile qu'indispensable?

— « Les labours, a écrit un homme justement « célèbre, sont la principale et peut-être la seule « source de la fécondité de la terre. » D'après ce principe, jugez de leur importance. Le meilleur sol, mal labouré pendant plusieurs années de suite, s'appauvrit et finit par donner des récoltes bien inférieures à celles d'une terre médiocre convenablement façonnée [1]. Il existe en France des cantons qui ne doivent sinon leur stérilité, du moins leur infécondité relative qu'aux détestables charrues qu'on y emploie communément. Un bon labour remplace une fumure, et ferait souvent plus de bien à un hectare [2] de terre que vingt charretées de fumier.

— Voilà qui me paraît étrange, dit Charles. En

---

[1] Façon, dans le langage agricole, est synonyme de labour.

[2] Un hectare est une superficie de terre équivalente à un carré dont chaque côté aurait cent mètres.

labourant un champ on n'y ajoute rien ; on retourne la terre, on l'émiette, et voilà tout!

— Mon enfant, reprit l'agronome en posant légèrement la main sur l'épaule du jeune étourdi, accordez-moi encore quelques minutes d'attention, et votre étonnement changera d'objet. »

Charles comprit la leçon, et s'inclina en rougissant. L'agriculteur continua :

« Sans doute l'effet mécanique de la charrue est de retourner la terre, c'est-à-dire de ramener à la superficie d'un champ la terre située à une certaine profondeur, de la diviser, de l'émietter ; mais, comme la plupart des paysans, vous ne vous doutez certainement pas des conséquences de cette opération. Je ne veux mentionner qu'en passant la destruction des mauvaises herbes. Un labour a des effets plus précieux encore. Supposez que ce champ soit d'une nature homogène jusqu'à un mètre de profondeur, c'est-à-dire qu'en creusant à un mètre vous trouviez une terre exactement pareille à celle de la surface ; supposez encore que le propriétaire, ayant besoin de remblais, fasse ouvrir un grand et large trou de cinquante centimètres de profondeur ; au fond de ce trou il y aura encore cinquante centimètres de terre pareille à celle du reste du champ. Pensez-vous que si, après un seul labour, vous ensemenciez immédiatement ce trou, vous y obtiendriez une récolte de blé comparable à celle du reste du champ, toutes proportions gardées, bien entendu ? Non certes. Et pourquoi cela ? parce que la couche arable, pour devenir réellement fertile, a besoin d'être mise en contact immédiat avec l'air et le soleil. L'une des parties constitutives de l'air, l'oxygène, joue un grand rôle dans la germination des plantes, dans leur accroissement; outre l'oxygène, il y a une foule de gaz qui se combinent avec le sol et le mûrissent, selon l'expression pittoresque de nos paysans. Plus vous remuez la terre, plus vous multipliez ses points de contact avec les agents atmosphériques, plus vous la saturez de principes fécondants. Comprenez-vous maintenant la nécessité des labours, des labours bien faits surtout?

« Non-seulement ces derniers ont besoin d'être d'une profondeur convenable pour préparer aux plantes un lit d'une épaisseur suffisante, mais par eux le cultivateur doit progressivement augmenter l'épaisseur de ce lit en attaquant tous les ans la terre inerte qui repose sous la couche végétale. Quand je dis qu'il doit attaquer la terre inerte et la mélanger avec la couche végétale, remarquez bien que c'est progressivement, par doses presque insensibles, parce que, si la charrue ramenait brusquement à la surface du champ la terre infertile du dessous, cette terre, ne s'étant jamais trouvée en contact avec l'air et n'ayant pas eu le temps d'acquérir des propriétés végétatives, serait incapable de produire avant plusieurs années des récoltes satisfaisantes; en sorte que le champ de l'imprudent qui agirait ainsi se trouverait momentanément frappé de stérilité.

« Il résulte de toutes ces observations que non-seulement les labours émiettent la terre et la mettent en état de recevoir les semences qu'on lui confie, mais encore qu'ils y développent des principes fertilisants; en ce sens, un bon labour est une véritable fumure. M'avez-vous compris?

— Parfaitement, Monsieur, dirent à la fois Charles et Augustin.

— Cependant, ajouta ce dernier, comment les paysans peuvent-ils ignorer cela? Comment peut-il y avoir en France des cantons entiers où les labours soient détestables? Comment supposer que dans ces cantons il ne se trouve pas un seul fermier au courant de ce qui se passe dans des pays mieux cultivés?

— Votre surprise augmenterait encore si je vous disais, mon ami, qu'il arrive assez fréquemment qu'on rencontre, au milieu d'une commune où les terres sont cultivées en dépit du bon sens, une exploitation dirigée avec une rare habileté et dont tous les champs, couverts des plus riches moissons, ressemblent à des oasis jetées au milieu de landes incultes. Il faut ordinairement des années pour que les voisins de cette exploitation se décident à adopter quelques-uns des procédés auxquels elle doit sa prospérité. Beaucoup de gens, pour expliquer ce fait, se contentent d'accuser le paysan de stupidité, d'entêtement, et mettent en avant son apathie et son esprit de routine. Il y a sans doute quelque chose de fondé dans ces reproches; mais on oublie qu'en agriculture toutes les améliorations se tiennent, et que dans la plupart des cas il est impossible au fermier, au paysan, d'en adopter une seule un peu importante sans changer tout son système d'exploitation. Or une telle réforme comporte des dépenses plus ou moins considérables, et une diminution, momentanée il est vrai, dans le rapport de la ferme; c'est là ce qui arrête le plus souvent nos paysans, presque partout pauvres et vivant au jour le jour. D'un autre côté, les fermiers qui seraient plus en position d'entrer dans une bonne voie, craignent, en donnant une plus grande valeur aux terres, de subir une augmentation dans le prix de leur bail; ces mêmes baux sont presque partout si courts, que les fermiers courent le risque, en améliorant leurs terres, de n'avoir pas le temps de recueillir les fruits de leurs peines et de leurs dépenses. Enfin, pour tirer d'une propriété agricole tout le parti possible, pour faire rendre à une ferme son maximum de produits, il est indispensable que celui qui la dirige possède une foule de connaissances dont la plupart des paysans n'ont pas la moindre idée.

— Il me semble cependant, dit Augustin, que ces connaissances doivent se borner à des faits assez simples. Encore un mot à ce sujet, Monsieur, je vous en prie; tout ce que vous nous apprenez est si nouveau pour nous, nous intéresse à un tel point, que, malgré nous, nous nous sentons entraînés à abuser de votre obligeance.

— Permettez-moi, mon jeune ami, au lieu de répondre en ce moment à votre dernière question, de vous faire à tous quatre une proposition : si rien ne s'y oppose, venez achever cette journée à ma ferme; c'est le seul moyen de vous former une idée exacte d'une exploitation agricole. Pourvu que vous consentiez à me suivre partout où ma présence sera nécessaire, vous pourrez tout à votre aise m'accabler de vos points d'interrogation. Quant à Mademoiselle, ma femme lui tiendra compagnie, et lui trouvera bien, j'espère, quelque passe-temps. »

Charles et Augustin, par un mouvement instinctif, se retournèrent du côté de Victor, qui lut dans leurs yeux combien ils brûlaient de profiter de l'offre de l'agronome; faisant donc quelques pas vers lui :

« Monsieur, dit-il, la proposition que vous voulez bien nous faire est une de ces bonnes fortunes trop précieuses pour être refusées. Jamais peut-être ces jeunes gens ne trouveront une occasion aussi favorable de s'initier un peu à la première, à la plus utile de toutes les sciences, puisque c'est l'agriculture qui produit les matières premières dont l'homme se nourrit et se vêtit. Nous acceptons avec reconnaissance votre aimable et précieuse invitation.

— Allons, c'est entendu, repartit gaiement l'agronome. Je vais m'efforcer de vous faire le mieux possible les honneurs de ma basse-cour, de mes étables, de mes champs. Mais avant de nous mettre en route, il faut que je dispose ma charrue de manière à ne pas labourer les chemins en la ramenant à la ferme.

« Voilà qui est fait, reprit l'agronome; si nous n'étions pas obligés de régler notre pas sur l'allure des chevaux, il ne nous faudrait pas une demi-heure pour nous rendre chez moi; mais avec des lourdauds de cette espèce-là nous mettrons trois quarts d'heure. Ce ne sont pas des chevaux de course que nos laboureurs!

— Mais ils sont plus utiles, dit Charles.

— Plus utiles? je ne dis pas cela. L'homme, dans

l'état actuel de la société, a autant besoin de chevaux rapides que de chevaux capables de déplacer lentement un poids considérable. Le cheval de course et le cheval de labour sont placés aux deux points extrêmes de la famille chevaline. La légèreté et la vitesse du premier présentent un parfait contraste avec le poids et la lenteur du second.

— Mais d'où provient, demanda Charles, l'extrême variété que l'on remarque dans la famille chevaline, pour me servir de votre expression, Monsieur? Sur vingt chevaux qu'on rencontre dans les rues de Paris, par exemple, il n'y en a quelquefois pas deux qui se ressemblent : la tête, le cou, les jambes, la croupe, offrent, non pas des nuances difficiles à saisir, mais des différences bien tranchées. Est-il possible de supposer que l'élégant coursier qui fait voler sur les boulevards le tilbury du fashionable descende de la même souche que le cheval de brasseur et le porteur de cerises?

— Non-seulement, mon jeune ami, il est permis de le supposer, mais tous les zoologistes admettent pour les chevaux, comme pour les autres races d'animaux, un type primitif; et il est à croire que, comme nous, la famille des chevaux a eu son premier père.

« Ceci posé, il me reste à vous expliquer les nombreuses et profondes modifications qu'a subies l'espèce chevaline.

« Parmi les causes qui ont altéré la forme primitive du cheval, il faut ranger en première ligne l'influence des climats; par l'influence des climats, je n'entends pas seulement l'action directe de la température chaude ou froide, sèche ou humide, sur l'individu, mais l'action bien plus énergique du régime alimentaire, différant essentiellement d'un pays et même d'un canton à un autre. Supposons un instant un troupeau de chevaux sauvages, dont tous les individus portent le cachet de la même race, s'avançant du fond de l'Asie vers l'ouest. Arrivé aux confins de l'Europe, ce troupeau, par une circonstance quelconque, se divise en deux bandes : l'une suit les bords septentrionaux de la Méditerranée, l'autre sa côte méridionale. La première peuple l'Autriche et l'Allemagne; la seconde pénètre en Afrique par l'isthme de Suez. Deux siècles s'écoulent. Croyez-vous qu'au bout de cette période les descendants des deux bandes auront conservé leur air de famille? Pensez-vous que le ciel brûlant de l'Afrique, ses pâturages maigres, mais pleins de suc et de saveur, ses bêtes féroces dont il faut fuir sans cesse la redoutable atteinte, ses sources si rares qu'il faut aller chercher au loin, n'auront pas modifié la physionomie, les formes, la constitution, la taille et jusqu'au caractère des fils des nouveaux arrivés? Enfin ces modifications seront-elles pareilles à celles qu'auront éprouvées les descendants de l'autre bande, élevés au milieu des grasses prairies de l'Allemagne, où, enfoncés dans l'herbe jusqu'au ventre, ils ne connaissent l'aiguillon de la faim que lorsque la neige couvre la terre? Non certes. A mesure que les générations se succèderont sous l'influence d'un régime et d'une manière de vivre si différents, le cachet originel du troupeau primitif s'effacera également en Europe et en Afrique, mais s'effacera pour faire place à deux types très-opposés : le type arabe, svelte, nerveux, sobre, et admirablement conformé pour fournir avec une rapidité prodigieuse d'im-

Cheval arabe.

Cheval allemand.

menses traites à travers les déserts ; et le type allemand, large, étoffé, trapu, consommant beaucoup, et plus propre au trait qu'à la selle.

« Mais, outre l'influence du climat dans l'acception générale que j'ai donnée à ces mots, influence indépendante de l'homme, l'homme a aussi, et bien plus puissamment encore, modifié l'espèce chevaline, dont la domestication remonte aux premiers âges du monde, par les services plus ou moins pénibles qu'il a exigés d'elle, par les soins qu'il lui a accordés. Enfin chaque peuple s'est étudié à obtenir une race de chevaux qui répondît à ses instincts, à ses besoins, et qui variât avec eux. C'est ainsi que l'Arabe, toujours en guerre, toujours en route, a fini par conquérir le meilleur cheval de bataille et de voyage que l'on connaisse; c'est ainsi que l'Anglais a produit le cheval de course le plus rapide; c'est ainsi que nos éleveurs français sont arrivés à perfectionner et à rendre fixes et héréditaires les diverses qualités rencontrées accidentellement chez quelques chevaux dont la taille et la conformation convenaient au service spécial du cabriolet, du carrosse, du roulage, de la poste, etc. »

Ici l'agronome fut brusquement interrompu par l'arrivée de son garde particulier [1], qui accourait en toute hâte.

« Monsieur, dit celui-ci, la grosse vache anglaise vient d'enfler presque subitement, après avoir mangé sa ration de luzerne. J'ai bien recommandé au bou-

---

[1] Les propriétaires ruraux ont le droit d'avoir un garde particulier chargé de protéger leurs domaines contre les maraudeurs et les braconniers. Ces gardes doivent être agréés par l'autorité et prêtent serment devant le juge de paix; ils dressent au besoin des procès-verbaux. Dans les grandes exploitations agricoles, la surveillance des domestiques et des journaliers rentre également dans leurs attributions, et ce sont de véritables contre-maîtres.

vier de faire ce que vous aviez ordonné dans le cas où une des bêtes serait atteinte de cette maladie, et je me suis empressé de vous avertir.

— Ma belle vache de Durham! s'écria l'agronome; c'est jouer de malheur. Allons, Pierre, tu vas ramener ces chevaux, car je n'ai pas une minute à perdre. Pour vous, Messieurs, qui avez de bonnes jambes, voulez-vous m'accompagner?

— Allez, allez, dit Victor; Léonie et moi nous resterons avec le garde, et nous vous rejoindrons. »

Charles et Augustin, qui ne demandaient pas mieux, prirent avec l'agronome le chemin de la ferme, où, grâce à une marche forcée, ils arrivèrent en dix minutes. En traversant la cour principale, l'agronome, avisant une servante, lui cria :

« Va vite me chercher mon *trocart;* il est dans mon cabinet; madame te le donnera. Tu me l'apporteras à la vacherie. »

Quand l'agronome entra dans l'étable, la vache était dans un état pitoyable. Le bouvier et la fille de basse-cour avaient inutilement employé pour la soulager les potions les plus énergiques indiquées en pareil cas ; déjà, malgré les recommandations expresses de leur maître, ils avaient commencé à administrer à la pauvre bête quelques-uns de ces remèdes bizarres, toujours inutiles, trop souvent dangereux, auxquels les paysans attribuent des vertus surnaturelles. Mais rien n'avait soulagé la *malade*. Tout son flanc gauche était prodigieusement gonflé, et la tension de la peau était si grande, que, sous la moindre percussion, elle résonnait comme un tambour. La vache immobile, stupéfiée, le cou tendu, les naseaux dilatés, haletait et semblait faire des efforts impuissants pour respirer. Tous ces symptômes annonçaient une asphyxie imminente. Quelques instants encore, et cette superbe bête, amenée à grands frais d'Angleterre, allait cesser de vivre.

La fille de basse-cour se désolait. « Ma pauvre *Lady*, criait-elle en sanglotant, toi si belle, si douce, mourir comme cela tout à coup! Hier, ce matin encore, tu te portais si bien! Moi qui étais si fière en te conduisant au pré! Le bon Dieu m'en punit, c'est sûr... Voyez donc, Monsieur, comme elle me regarde! elle me demande de la soulager... Mais je t'ai fait tout ce que j'ai pu, ma grosse.. Que je suis malheureuse! »

Pendant que la sensible vachère exhalait ainsi ses chagrins, l'agronome frappait du pied d'impatience; son *trocart* n'arrivait pas. Enfin la servante apporta l'instrument. Aussitôt le bouvier, sur l'ordre de son

Vache atteinte de météorisation.

maître, saisit la queue de la vache, et lui faisant faire un demi-tour de dedans en dehors autour de la jambe postérieure gauche, pour mettre ce membre dans l'impossibilité de frapper l'agronome, celui-ci se plaça à côté de la malade, le visage tourné vers sa croupe. Alors, appuyant d'une main, sur le flanc gauche de l'animal, la pointe acérée d'un long stylet, renfermé dans une gaîne de métal ouverte par les deux bouts, d'un grand coup porté par la paume de la main droite sur le manche du stylet, il enfonça à la fois sa gaîne et sa lame dans le corps de la vache. L'agronome retirant aussitôt le stylet, dont la gaîne était restée dans la plaie, les vapeurs gazeuses qui distendaient les flancs de la malade s'échappèrent impétueusement par l'issue qui leur était offerte, avec un sifflement aigu comparable à celui d'un soufflet de forge.

Charles et Augustin, que cette scène avait vivement impressionnés, virent avec étonnement la vache, qui semblait au moment de tomber suffoquée, sortir presque instantanément de l'espèce de torpeur où elle était plongée, et aspirer avec délices de larges bouffées d'air. Sa peau se ramollit, ses flancs s'affaissèrent, et l'agronome n'avait pas achevé de fixer au moyen de rubans la canule restée dans la plaie, que tous les symptômes alarmants s'étaient dissipés comme par miracle.

« Monsieur, demanda le bouvier, qu'y a-t-il maintenant à faire?

— Dans quelques instants vous promènerez la bête dans la cour; puis vous la ramènerez dans sa stalle, où vous la laisserez tranquille. Seulement visitez-la souvent, et venez m'avertir s'il survenait quelque nouvel accident.

« Vous voyez, mes amis, ajouta l'agronome en s'adressant à nos jeunes gens, que tout n'est pas roses en agriculture; si j'avais été absent, je perdais plus de six mille francs. Cette vache me coûte cela.

— Mais, Monsieur, dit Augustin, quelle est donc la singulière maladie qui nécessite un si étrange remède? Ce qui m'étonne le plus, c'est que la vache ne paraisse pas se ressentir de l'effroyable blessure que vous lui avez faite.

— Cette blessure est sans conséquence; elle n'intéresse que la peau et les tissus du *rumen*... Vous avez sans doute remarqué combien la perte de sang a été insignifiante?

— C'est vrai, et cependant votre stylet a près d'un pied de long, et vous l'avez enfoncé jusqu'au manche.

— Allons, je vois bien qu'il faut vous faire un petit cours d'anatomie et de pathologie même, répondit l'agronome en riant. Écoutez-moi donc.

« Vous savez que les vaches appartiennent à l'ordre des mammifères ruminants, dont l'estomac présente une disposition très-remarquable; il est divisé en quatre compartiments, qui communiquent à la fois entre eux et avec l'œsophage. Le premier de ces compartiments, le plus grand de tous et celui auquel on a donné le nom d'*herbier*, est une vaste poche où l'animal entasse l'herbe, le foin ou les feuilles qu'il pâture. Je dis qu'il entasse, parce que, lorsqu'un bœuf, par exemple, tond avec rapidité une prairie, il fait plutôt ses provisions qu'il ne mange en réalité; il ne mangera véritablement que plus tard, quand son herbier sera bien garni et qu'il n'aura pas à s'occuper d'autre chose. Voici comment il s'y prendra alors. Sous l'effet de contractions musculaires que mes observations personnelles me portent à considérer comme volontaires, le bœuf chasse de la panse [1], par petites portions, le fourrage qu'elle contient; ces petites portions passent de la panse dans le *bonnet*, second compartiment de l'estomac, où elles s'arrondissent en forme de boules de la grosseur du poing, et remontent dans la bouche de l'animal. Arrivées là, elles sont mâchées avec soin, suffisamment humectées, puis avalées de nouveau. Cette fois-ci, au lieu de descendre dans l'herbier, elles se rendent directement dans un troisième compartiment stomacal, le *feuillet*, d'où, après avoir subi diverses élaborations préliminaires, elles entrent enfin dans le dernier compartiment, la *caillette*, véritable organe de la digestion chez les ruminants, puisque c'est lui qui absorbe au profit de toute la machine animée les parties nutritives contenues dans les aliments. Outre ces quatre compartiments, le chameau en possède un cinquième, destiné à contenir sa provision d'eau. Grâce à cette annexe, le chameau, quand il rencontre une source, boit non-seulement pour étancher sa soif présente, mais engloutit et met en réserve une grande quantité de liquide, qu'il fait remonter dans sa bouche pour s'abreuver au besoin. C'est ainsi que, transportant ses vivres avec lui, seul de tous les animaux il ose s'enfoncer au milieu des déserts et tenter des voyages immenses à travers des sables brûlants et dépourvus de toute végétation.

[1] Panse, herbier, rumen, sont des expressions synonymes.

« Revenons maintenant à notre vache, qui, comme nous l'a dit le garde, achevait d'*emmagasiner* sa ration de luzerne lorsqu'elle a été prise d'un mal subit. Soit mauvaise disposition de sa part, soit mauvaise qualité des aliments ingérés, ces aliments n'ont pas plutôt été entassés dans le rumen, qu'ils sont entrés en fermentation et ont dégagé une énorme quantité de gaz. Ces gaz, ne trouvant aucune issue, n'ont pas tardé à s'accumuler et à exercer une forte pression sur les parois internes de l'estomac. Celles-ci, en se dilatant, refoulaient de plus en plus tous les organes environnants, le cœur, les poumons, les grosses veines, dont les fonctions ne peuvent être, sans danger de mort, entravées ni suspendues.

Comme par sa conformation et sa position le rumen de la vache touche presque à la peau, il m'a été possible, sans léser aucun organe important, d'enfoncer mon *trocart* dans ce compartiment de l'estomac. Cet instrument fort simple se compose d'une canule et d'un stylet; l'un et l'autre sont disposés de manière à ce qu'en s'enfonçant, le stylet entraîne la canule avec lui. Il suffit alors, pour donner une issue aux gaz dont je vous parlais tout à l'heure, de retirer le stylet et de laisser la canule. Quand tous les symptômes de cette maladie, connue sous le nom de météorisation, auront disparu, je retirerai la canule de la plaie où je l'ai fixée, plaie en général fort peu dangereuse, et dont la cicatrisation s'achève en quelques jours... Mais voici le bouvier; il accourt vers nous... Qu'est-il encore arrivé?

— Monsieur, la vache enfle de nouveau. Elle paraissait pourtant déjà si bien!

— C'est bon, je te suis... Je crois deviner la cause de cette rechute, continua l'agronome en se tournant vers ses deux auditeurs; il est probable que quelques fragments de luzerne, entraînés par les gaz, se sont accumulés dans la canule et la bouchent ; il me suffira d'y enfoncer une petite baguette pour repousser dans le rumen les corps qui interceptent la sortie des gaz. Allons voir si je me trompe, et de là nous passerons dans la salle à manger, où le dîner nous attend; car à la ferme on dîne à midi. »

L'agronome avait deviné juste; à l'aide d'un mince rameau de saule il remédia en un clin d'œil au nouvel accident survenu à la vache, puis il conduisit dans la salle à manger Charles et Augustin, tout émerveillés du savoir et de l'affabilité de leur hôte. Victor et Léonie, que la maîtresse de la maison avait de son côté parfaitement accueillis, s'y trouvaient déjà ; et, après de nouvelles excuses, nos quatre voyageurs, dont une longue course avait aiguisé l'appétit, prirent place autour de la table.

CHAPITRE II

FLEGME ALLEMAND. — PLAISIRS DE LA VIE AGRICOLE.
— APPRENTISSAGE AGRONOMIQUE. — CONCOURS DE CHARRUES. —
AMÉLIORATIONS AGRICOLES.

La composition du dîner était d'une grande simplicité. Quatre plats seulement parurent sur la table ; mais leur saveur nette et franche indiquait assez qu'ils ne devaient leur aspect appétissant et leur goût exquis qu'à l'excellence et à la parfaite cuisson des viandes et des légumes, et nullement à ces combinaisons culinaires qui font ressembler nos grandes cuisines à des laboratoires de chimie.

L'agronome, que j'appellerai désormais par son nom, M. de Morsy, est un de ces hommes qu'on ne peut rencontrer sans éprouver instinctivement le désir de se lier avec lui, tant la loyauté chevaleresque de son caractère, la bonté de son cœur et jusqu'à l'élévation de son esprit éclatent dans sa physionomie, dans son ton et dans son langage. Aussi nos jeunes gens se sentaient-ils spontanément entraînés vers lui. Augustin surtout, plus impressionnable, plus expansif, plus affectueux que son cousin, oubliant qu'il ne connaissait M. de Morsy que depuis le matin, traitait l'agronome comme un de ces vieux amis avec lesquels on peut penser tout haut. Il parlait de ses impressions, de ses sentiments, de ses projets; et si parfois, au milieu d'une de ses saillies, il sentait une bouffée de rouge colorer ses joues, la retenue qu'il s'efforçait de garder un moment disparaissait bientôt devant les manières cordiales et le laisser aller plein de dignité de son hôte.

« Puisque vous aimez tant les aventures de voyages, mon cher Augustin, lui dit-il, il faut que je vous raconte celle qui m'a fait agriculteur; car je ne me suis pas toujours occupé de vaches et de charrues.

En sortant de l'École polytechnique, j'embrassai la carrière des armes; mais bientôt la monotonie de la vie de garnison et un passe-droit qui me piqua au vif me firent à vingt-six ans renoncer à l'état militaire. Ne sachant que faire, complétement libre de mes actions et possesseur d'une assez belle fortune, je me mis à voyager, mais à voyager sérieusement; car je ne connais rien de plus insipide que ces courses sans but comme sans résultat dont tant de désœuvrés se passent la fantaisie, et qui ne laissent dans l'esprit que le souvenir des hôtels où l'on dîne bien ou mal.

J'explorai donc l'Espagne et l'Italie en vrai philosophe, étudiant les mœurs, les monuments, les antiquités; admirant les beautés naturelles des pays, dont l'aspect, comme les productions, varie à chaque pas, selon la nature du sol, l'exposition, les abris, e climat, et même le caractère des habitants.

Lorsque j'arrivai en Allemagne, en 1845, je vous dirai que jusque-là je m'étais très-superficiellement occupé d'agriculture; c'était sans doute un oubli de ma part; mais n'était-ce pas aussi un peu la faute des contrées que j'avais visitées?

Un matin, après avoir couché dans une petite ville du Wurtemberg, à S***, je demandai à mon hôte, au moment de partir, des indications précises sur le chemin que je devais prendre pour me rendre à N***. Il m'en désigna deux, la grande route et un chemin de traverse passant par une magnifique forêt. Je choisis ce dernier, sur l'assurance du maître de l'hôtel qu'il suffisait, pour ne point m'égarer, d'appuyer à droite à chaque bifurcation de la route. Il m'avertit encore que la bonne voie conservait jusqu'à ma destination une largeur uniforme.

Muni de ces instructions, je partis à cheval, selon mon habitude. J'avais environ seize kilomètres à parcourir dans la forêt, et bientôt je m'engageai sous un dôme de verdure que formaient au-dessus de ma tête des arbres séculaires.

Le mois de septembre tirait à sa fin, et cependant la journée était chaude et lourde. En essuyant mon front baigné de sueur, je m'applaudis plus d'une fois de voyager à l'ombre; mon cheval faisait probablement la même réflexion.

Je ne tardai pas à rencontrer une de ces bifurcations dont on m'avait parlé. Je pris à droite, et je reconnus avec plaisir la justesse des indications de mon hôte. Dès ce moment, à cette inquiétude vague qui tient toujours sur le qui-vive le voyageur parcourant une route inconnue, succéda chez moi une sécurité complète. Rien ne dispose à la méditation comme la solitude des forêts. Je tombai insensiblement dans une profonde rêverie. Dieu seul sait quels fantômes, quels souvenirs tristes ou séduisants évoqua mon imagination, à quelles excursions vagabondes se livra ma pensée! Tout ce dont je me souviens, c'est que je fus brusquement rappelé à la vie réelle par un bruyant coup de tonnerre, et que je me trouvai dans un étroit sentier qui, devant comme derrière moi, fuyait en serpentant à travers les arbres. En tirant ma montre, j'acquis la triste certitude que j'avais marché une bonne heure à l'aventure. Ma position était des plus critiques. D'énormes nuages semblaient surgir des profondeurs de l'horizon, que j'apercevais par moments; et quoique leurs couches menaçantes n'eussent pas encore envahi la partie du ciel où se trouvait le soleil, il pâlissait, et laissait tomber sur la terre ces rayons ternes et livides qui donnent au feuillage une teinte si lugubre. Chaque bouffée d'air, en mourant sur mon visage, me semblait sortir de la bouche d'un four. Tout dans la nature annonçait l'imminence d'un violent orage.

Mon parti fut vite pris. Ce sentier, me dis-je, porte de nombreuses traces du passage d'hommes et de bestiaux, donc il conduit à quelque village; or, en ce moment tous les chemins me sont indifférents, pourvu qu'ils me mènent à un gîte.

A peine avais-je déroulé et jeté sur mes épaules mon manteau de toile cirée, que la tempête éclata. La forêt, si calme une seconde auparavant, se remplit aussitôt de sifflements et de craquements épouvantables. Courbé sur ma selle, le visage fouetté par la pluie, étourdi par les éclats du tonnerre, aveuglé par les éclairs, je galopais depuis un quart d'heure environ, quand plusieurs mesures d'un chant grave et doux frappèrent mes oreilles. Je m'arrêtai pour mieux écouter, et, par un de ces moments de répit que laissent aux voyageurs comme aux matelots les plus terribles ouragans, je distinguai nettement un chœur de cinq ou six voix exécutant une de ces belles cantates religieuses si populaires en Allemagne.

Le sentier que je suivais à tout hasard traversait alors une assez large clairière. Persuadé que j'étais dans le voisinage d'une maison, je regardai de tous côtés; mais aucune trace d'habitation ne s'offrit à mes yeux. Et cependant les accents mélodieux continuaient à alterner, pour ainsi dire, avec la grande voix de la tempête. Mon étonnement, ma curiosité étaient surexcités au dernier point. D'où sortaient ces chants? Certainement, me dis-je, les Allemands sont d'intrépides musiciens, mais pas assez pour improviser par un pareil temps un concert en plein air!

Enhardi par cette réflexion, je quittai le sentier, et, me guidant sur les accords, qui devenaient de plus en plus distincts, je m'enfonçai dans la clairière. Je ne tardai pas à me trouver en face d'un amas de rochers dont la disposition et l'assemblage formaient une espèce de grotte naturelle où une demi-douzaine de jeunes gens s'étaient mis à l'abri de l'orage. Ils ne m'avaient pas entendu venir, et lorsque mon cheval allongea inopinément sa tête sous la voûte, tous poussèrent une exclamation de surprise et d'effroi. « Mes amis, leur dis-je en sautant à terre et en attachant mon cheval à un arbre, vous recevrez bien parmi vous un voyageur égaré? Un abri et de la bonne musique, c'est plus que je n'espérais. » Puis m'adressant plus particulièrement à un grand blondin de seize à dix-sept ans dont le costume et les manières annonçaient une certaine supériorité sur ses camarades, je lui demandai où je me trouvais.

« Dans la grotte de l'Ermite-Blanc. Nous avions, mes camarades et moi, fait la partie de venir cueillir des noisettes, et, surpris comme vous par l'orage, nous nous sommes réfugiés ici. Nous demeurons dans le bourg de O***.

— A quelle distance suis-je donc de S***?
— A quatre heures de marche.
— Et de N***?
— Vous n'en êtes guère plus près.
— Très-bien. D'où je conclus que, parti ce matin de S*** pour me rendre à N***, je me trouve moins avancé qu'avant de me mettre en route.
— Rien n'est malheureusement plus vrai; et le mieux que vous ayez à faire, Monsieur, c'est d'accepter pour cette nuit un lit chez mon père, si toutefois vous voulez bien nous accorder cet honneur. »

Je n'oublierai jamais l'expression à la fois modeste et bienveillante que prit la candide figure du jeune homme lorsqu'il m'adressa cette proposition. Pour toute réponse, je lui serrai affectueusement la main, et sans hésiter, sans recourir à ces vaines formules de politesse, j'acceptai.

— Comme nous avons fait nous-mêmes, dit Victor à demi-voix.

— Ce dont je vous sais un gré infini; rien ne glace le cœur comme les cérémonies hors de saison. Mieux vaut refuser tout net une offre cordiale que d'accepter après s'être fait prier.

Je continue. Peu à peu le ciel s'éclaircit, le vent tomba, et les roulements du tonnerre s'éteignirent dans le lointain.

Mes compagnons firent aussitôt leurs préparatifs de départ; c'est alors seulement que je vis dans un enfoncement obscur un gros sac de noisettes. Déjà l'un des jeunes gens s'apprêtait à couper une forte branche pour suspendre le sac et le porter à deux, quand j'offris de laisser cette corvée à mon cheval. Sur mon assurance positive que je préférais faire la route à pied, ma proposition fut acceptée, et les noisettes occupèrent bientôt sur ma selle ma place accoutumée.

D'après mes calculs, nous devions être à moitié chemin, quand, sur un signe de mon hôte, l'un des jeunes gens se glissa sous bois et disparut. Je devinai qu'il prenait les devants pour m'annoncer; mais je n'eus pas l'air de m'en apercevoir. En approchant des maisons, mes compagnons, qui semblaient avoir hâte de rentrer chez eux pour rassurer leurs familles, vinrent les uns après les autres me souhaiter le bonsoir, en sorte que je restai bientôt en tête-à-tête avec mon hôte.

« Voyez-vous, me dit-il, en laissant le bourg sur la droite, ces bâtiments à demi masqués par un immense tilleul? c'est la ferme de mon père. Suivons ce sentier, nous y serons dans cinq minutes. »

Nous ne tardâmes pas, en effet, à nous trouver devant une grande barrière peinte en vert; elle fermait l'entrée d'une vaste cour. Au fond s'élevait la maison d'habitation, flanquée à droite et à gauche de granges, de hangars, d'étables et de bergeries, d'où s'échappait un murmure confus qu'accentuait par intervalles le bêlement d'un agneau, le mugissement d'une vache. Sur le perron rustique du corps de logis, le père de mon jeune conducteur m'attendait; aux premiers mots de son fils, il se tourna vers moi et me dit : « Monsieur, soyez le bienvenu dans ma maison. Puissiez-vous y entrer content et en sortir sans regrets! » Et sans quitter ma main, qu'il avait prise, il me conduisit dans une grande salle éclairée par une lampe à deux becs suspendue au plafond. Deux tables y étaient dressées; la plus petite (petite comparativement à sa voisine) s'étendait parallèlement à la cheminée, la plus longue occupait le fond de la pièce. La première, garnie d'une nappe, était servie en argenterie, en porcelaine; mais sur l'autre, en bois d'érable, blanche et polie comme l'ivoire, on ne voyait que de lourdes assiettes en terre bleue et des gobelets d'étain.

Mon hôte s'empressa de m'offrir un de ces larges fauteuils où probablement le grand-père de son aïeul s'était assis; et quand j'y fus commodément installé, il me présenta sa famille, composée de quatre garçons et de deux filles. Le plus jeune de ses enfants me parut avoir une douzaine d'années, et l'aînée vingt-cinq ans environ. C'était une fille d'une apparence frêle et délicate, d'une physionomie calme et grave.

« Voilà ma bonne Brigitte, continua le fermier, qui m'aidera à vous faire les honneurs de la maison. J'ai perdu ma femme il y aura douze ans dans neuf jours, et depuis ce moment Brigitte s'est consacrée à combler le vide que la mort de sa mère a laissé au milieu de nous. Bien jeune, elle s'est trouvée chargée des nombreux et saints devoirs imposés à une mère de famille, et cependant elle les a dignement remplis. Aussi Dieu la récompensera dans cette vie et dans l'autre. »

En achevant ces paroles, mon hôte, visiblement ému, embrassa sa fille sur le front, tandis que tous les enfants tournaient vers Brigitte des regards où respiraient à la fois la plus vive tendresse et la satisfaction d'entendre louer leur sœur devant un étranger.

Vous ne sauriez vous imaginer, mes chers amis, combien les simples paroles du brave homme m'allèrent au cœur. Je le voyais pour la première fois, je ne me trouvais que depuis dix minutes au milieu de sa famille, et cependant je les aimais déjà tous. On eût dit qu'il régnait dans cette maison une atmosphère d'affection, de bienveillance, de franchise, de candeur, de bonhomie dont il était impossible de ne pas éprouver immédiatement la douce influence.

A huit heures précises, les gens de la ferme arrivèrent dans la salle où le souper était servi. Ils se rangèrent autour de la grande table, chacun devant son assiette. Aussitôt mon hôte m'invita à me placer au haut bout de la petite table réservée pour lui et sa famille. Tout le monde resta debout, et l'on eût entendu voler une mouche. Alors le fermier fit à haute voix une courte prière; les assistants répondirent *amen*, et le repas du soir commença.

Une heure plus tard, mon hôte, après avoir indiqué à son fils les travaux du lendemain, donnait à tous ses enfants, en commençant par son aînée, sa bénédiction paternelle, et je restai seul avec lui.

« Mon cher hôte, lui dis-je, j'avais beaucoup entendu parler des mœurs patriarcales des cultivateurs allemands et de l'admirable tenue de leurs grandes exploitations agricoles; mais tout ce que je vois, tout ce que j'entends depuis la rencontre de votre fils ajoute à ma surprise. Les instructions que vous venez de donner pour demain à ce brave garçon et le nombre de vos domestiques me font supposer que vous faites valoir une très-grande étendue de terre.

— A peu près deux cents hectares des mesures françaises.

— Comment? des mesures françaises? vous les connaissez donc? vous parlez donc français?

— Il me serait difficile de le parler; mais je le sais assez bien pour lire les écrits de vos célébrités agricoles. Nous ne comprenons pas ici comment, avec des traités si complets, vos cultivateurs sont aussi arriérés qu'on le dit. Matthieu de Dombasle est un digne rival de notre Thaër, et son *Almanach du Bon Cultivateur* est un petit chef-d'œuvre de clarté et de raison; la traduction en est très-répandue dans toute l'Allemagne.

— Croyez-vous que ce soit avec des livres que l'on fasse des agriculteurs?

— Il s'agit de s'entendre : il est évident que l'homme qui ferait son éducation agricole dans son cabinet serait complétement incapable de passer immédiatement à l'application des principes dont il aurait meublé sa tête ; mais un chimiste, un jurisconsulte, un médecin qui n'auraient jamais fréquenté ni les laboratoires, ni les tribunaux, ni les hôpitaux, ne seraient-ils pas dans le même cas ? L'agriculture est une science tout comme une autre, et, qui plus est, la plus difficile, celle dont le domaine est le plus vaste, celle dont l'utilité est la plus incontestable. »

Notre conversation une fois entamée sur un chapitre si neuf et si intéressant pour moi se prolongea une partie de la nuit. Je n'oublierai jamais avec quel légitime orgueil mon hôte me parla de sa profession, qu'il plaçait au-dessus de toutes les autres. Je ne lui eus pas plutôt parlé d'une ferme que je possédais, et avoué mes irrésolutions, mes embarras pour donner un but à mon existence, pour accomplir cette loi sévère : *Travaille, ou tu deviendras méchant,* qu'il s'écria :

« Vous hésiteriez à embrasser la plus belle des carrières, la seule qui permette à l'homme le plein développement de toutes ses facultés intellectuelles et physiques ! Où est en effet la profession qui vous offre cet avantage ? On ne peut se vouer exclusivement soit aux travaux d'esprit, soit aux travaux manuels, sans détruire l'harmonie de son organisation, sans fausser sa destinée. Seul peut-être, l'agriculteur exerce à la fois son corps et son esprit. Quelle variété de travaux ! quel vaste champ ouvert à l'intelligence ! Si rapide que soit votre conception, si juste que soit votre tact, de quelque génie que vous soyez doué, pouvez-vous vous flatter de résoudre, dans le cours de la plus longue vie, la moitié seulement des problèmes agricoles qui aujourd'hui sont à peine effleurés? Faire rendre à la terre tout ce qu'elle peut produire, tirer parti d'une foule de plantes encore sauvages, en les forçant à nous donner un vêtement, une boisson, un aliment, quelle étude plus digne d'occuper l'homme supérieur! Un pas immense, il est vrai, sépare nos charrues du pieu de bois qui servit à enfouir le premier grain de blé; mais il reste plus à faire que nous n'avons fait.

« Ce n'est pas, ajoutait-il, que je veuille prétendre que la vie du cultivateur soit douce; j'avoue qu'elle est rude, sérieuse, complétement remplie : l'agriculture est exigeante, elle demande tous les jours que Dieu nous donne. Les gelées tardives ou précoces, les sécheresses, les longues pluies, les orages viennent alternativement mettre notre patience et notre habileté à l'épreuve; mais en revanche le fermier vit exempt de ces soucis, de ces angoisses qui empoisonnent tous les instants de l'industriel, du banquier, du marchand. Il ignore les faillites, les crises désastreuses, les revirements subits de fortune. Les révolutions passent à côté de lui sans le toucher; et comme aucun parti, aucun gouvernement ne peut se passer de lui, tous le ménagent et même l'honorent. Son indépendance est complète, et les débouchés ne manquent jamais à ses productions. Je ne vous parle pas des charmes attachés à nos travaux mêmes : rendre à la culture un coin de terre infertile, récolter du froment là où venaient seulement l'avoine et le seigle, c'est, abstraction faite de toute idée de profit, un de ces bonheurs intimes, profonds, qu'il faut avoir goûtés pour les comprendre.

« Chaque découverte, chaque procédé nouveau qui répond à l'attente du cultivateur est pour lui une conquête réelle, féconde en jouissances d'abord, parce qu'elle a été laborieusement achetée, ensuite parce que produire est le plaisir le plus vrai que Dieu, dans sa sagesse infinie, nous ait accordé. »

J'ai insisté, mes chers amis, sur cette longue conversation avec mon hôte, parce qu'elle décida de mon avenir. Quand le digne agriculteur eut fermé la porte de la chambre où il m'avait conduit, tout en me déshabillant je repassai dans mon esprit ce que je venais d'entendre. Plus je réfléchissais, plus je reconnaissais la justesse des observations et la sagesse des conseils de l'homme que la Providence semblait avoir exprès placé sur mon chemin. Malgré les fatigues de la journée, je ne m'endormis que lorsque le ciel blanchissait déjà.

Le lendemain, mes premières paroles, en rencontrant mon hôte, furent celles-ci :

« Vous m'avez rendu agriculteur dans l'âme, mais j'en sais moins que ce petit garçon qui passe là-bas. Laisserez-vous votre ouvrage imparfait? m'aurez-vous fait entrevoir la terre promise, et me refuserez-vous les moyens d'y entrer? Si vous y consentez, je m'installe ici jusqu'à ce que vous me disiez : Allez faire valoir vos terres, vous en savez assez pour commencer. »

Le brave Allemand accueillit ma proposition avec joie.

« Vous êtes une trop belle conquête pour que je

n'en sois pas fier, me dit-il. Il vous suffira de travailler (il appuya sur ce mot), il vous suffira de travailler une année avec nous pour voler de vos propres ailes. »

Bref, je passai à O*** quinze mois, pendant lesquels je pris une part active à tous les travaux de la ferme...

« Et pendant lesquels, ajouta Mme de Morsy, qui n'était autre que la bonne Brigitte, que M. de Morsy avait épousée et ramenée en France, nous admirâmes tous votre inconcevable aptitude... Mon mari, Messieurs, voulut non-seulement apprendre à diriger, à commander le nombreux personnel de la ferme de mon père, mais à conduire un chariot, à botteler le foin, à dresser une meule, à semer, à labourer; il s'occupa même des menus détails de la basse-cour, de la fabrication du beurre et des fromages. Tout cela n'était qu'un jeu pour lui, au point qu'il osa, dans un concours public de charrues, prendre part à la lutte, et qu'il réussit à s'en tirer avec honneur.

— Ceci exige une petite explication, reprit M. de Morsy. Il y avait à la ferme un vieux serviteur qui depuis longtemps n'avait point de rivaux pour manier une charrue et exécuter avec une rare perfection les labours les plus difficiles. Sa réputation d'habileté s'était répandue à vingt lieues à la ronde. Quand il paraissait dans le champ d'épreuve avec sa charrue repeinte à neuf, au soc acéré, au versoir brillant et poli comme une glace, toutes les mains, toutes les voix applaudissaient, et l'on criait : « Voilà le vieux Thomas qui vient chercher sa rente! » C'était en effet une rente, car pas un ne se présentait pour disputer le premier prix au vétéran.

Or, quelques jours avant le concours qui eut lieu pendant mon séjour à O***, le pauvre Thomas se blessa à la jambe assez grièvement pour être forcé de garder le lit. Vous peindre le chagrin du bonhomme serait chose difficile. Il lui était arrivé ce qui arrive à plus d'un héros : de trop grands succès lui avaient tourné la tête. Tous nos raisonnements pour lui faire prendre en patience ce qu'il appelait son malheur furent inutiles. « On dira, s'écriait-il dans son désespoir, que je l'ai fait exprès pour ne pas me présenter, parce que le grand Worms est venu s'établir dans le pays; j'ai déjà entendu des envieux le vanter comme si le bon Dieu lui-même lui avait appris à conduire une charrue. Il était, à ce qu'il paraît, le plus habile de son canton. Tant mieux, me disais-je, voilà un gaillard comme il m'en fallait un, puisque les amis et les voisins ne veulent plus lutter avec moi. On s'imaginera, parce que Thomas se fait vieux, qu'il n'est plus bon à rien... Maudite jument, que ne m'a-t-elle plutôt cassé les deux jambes le lendemain de la fête! »

A part son excessif et ridicule amour-propre, Thomas était un excellent homme, et de plus il m'avait pris en affection. Il me considérait comme son élève; plus d'une fois j'avais eu toutes les peines du monde à garder mon sérieux lorsque dans un champ écarté, loin de tous témoins, il me confiait ce qu'il appelait ses secrets, me faisant jurer sur l'honneur que je ne les dévoilerais à aucune personne du pays. Mais en recevant ces précieuses confidences, et tout en riant en moi-même des singulières bouffées d'orgueil de mon maître, j'étais réellement étonné de la justesse de ses observations.

L'avant-veille du concours on vint me dire que Thomas désirait me parler. Je le trouvai étendu sur son lit, les deux mains ramenées sur ses yeux. Il était tellement absorbé dans ses réflexions, que je m'approchai de lui sans être entendu.

« Eh bien! père Thomas, comment allons-nous aujourd'hui? Vous désirez me parler? m'a-t-on dit.

— Oui, mon cher Monsieur; et si le vieux Thomas vous a jamais rendu quelque service, il va à son tour vous en demander un.

— Vous le savez bien, je suis prêt à vous être utile autant que je le pourrai : de quoi s'agit-il, mon brave?

— C'est que j'ai peur que vous ne le vouliez pas.

— Comment! que je ne le veuille pas?

— Oui, ce que je vais vous demander.

— Mais encore, dites toujours.

— Écoutez, Monsieur, dit le paysan en prenant un air grave et en se dressant sur son séant, je n'ai pas eu de secrets pour vous, et vous êtes le seul à qui j'aie confié tout ce que j'ai appris pendant quarante ans. Puisque je ne puis paraître au concours, je vous en conjure, prenez mon attelage et allez-y à ma place; on verra ce que peut le vieux Thomas quand il se mêle de donner des leçons de labourage. Vous n'avez pas cinquante fois mis la main à ma charrue, et pourtant vous vous défendrez contre le grand Worms; quant aux autres, si vous vous souvenez de ce que je vous ai dit, ils verront qu'ils sont à peine dignes de décrotter le versoir d'un conscrit formé par moi. »

Cette proposition inattendue me jeta dans un singulier embarras : je ne savais que répondre *à mon professeur*, qui, pâle d'émotion, attendait mes paroles comme un arrêt.

« Mais, mon ami, lui dis-je enfin, vous n'y pensez pas ; je vous ferai certainement honte.

— Du tout, du tout! Si ce n'est que cela qui vous retienne, présentez-vous hardiment. Il y a huit jours, quand vous travailliez dans les bruyères, sur les Grandes-Buttes, je vous ai vu conduire mes bêtes et manier mon outil : j'étais caché derrière l'ormeau, et vrai... là... vrai... je crois que j'ai été un moment jaloux de vous. Le soir, au clair de la lune, je voulus revoir votre ouvrage. On aurait dit que Thomas avait passé par là : c'était là de la terre proprement remuée! pas une motte plus haute que l'autre, des coins carrés comme s'ils avaient été faits à la bêche ; et cependant quel abominable sol que celui de la pièce des Grandes-Buttes ! Depuis que je suis dans la ferme, je n'ai jamais vu un garçon y aller sans rechigner. C'est Thomas qui vous le dit, quand on façonne un morceau de ce champ-là comme vous l'avez fait, on peut s'attaquer au grand Worms lui-même.

— Mais pourquoi toujours revenir à Worms? Depuis qu'il est entré en service dans le voisinage, il a gagné l'affection de tout le monde ; il est obligeant, gai, point querelleur : que vous a-t-il donc fait?

— Ce qu'il m'a fait ! répondit Thomas en s'animant, ce qu'il m'a fait ! il est venu exprès dans le pays pour me voler ma réputation; il s'est dit : il y a à O*** un vieux radoteur qui autrefois m'aurait battu; mais aujourd'hui c'est autre chose; ses mains tremblent, et moi j'ai des poignets de vingt-six ans : allons prendre sa place et ses prix. Et il est venu, le sans cœur! Mais, patience, il faut espérer que l'année prochaine je n'aurai pas la jambe cassée par une jument la veille de la fête. »

Rien n'était difficile comme d'ôter de la tête du vieux paysan ses injustes préventions à l'égard de son rival, qui, au fond, n'avait d'autre tort que de soutenir contre lui une lutte fort légitime. Je ne désespérai pas toutefois de rappeler Thomas à de meilleurs sentiments, et je le quittai en lui promettant de consulter son maître et de me conformer à son avis.

Aux premiers mots que je dis à mon hôte de la bizarre idée de son maître laboureur, il éclata de rire.

« Voilà qui est parfait! s'écria-t-il. Ce sera un excellent baptême agricole; et puisque Thomas vous a confié des secrets dont il nous juge indignes, c'est bien le moins que par reconnaissance vous lui fassiez ce plaisir. Quel dommage que je ne puisse pas prévenir vos anciens camarades de l'École polytechnique! Ils riraient bien en voyant un ex-lieutenant du génie disputer la palme du labourage à de gros paysans allemands.

— Et vous croyez que leur présence me ferait reculer? Pas du tout. Je serais peut-être plus fier de mon nouveau talent que je ne l'eusse été de l'épaulette qu'on m'a refusée. Dans une heure mon nom sera sur la liste des concurrents. »

C'est ainsi que je pris part à un concours de charrues ; ce ne fut pas, comme le mot de ma femme aurait pu vous le faire croire, pour le plaisir puéril de faire parade de mon adresse.

— Mais la fin de cette aventure? s'écrièrent Charles et Victor ; vous vous arrêtez au plus beau moment.

— Va pour la fin de l'histoire, reprit M. de Morsy.

Le concours en question n'était qu'un des accessoires de la fête du bourg, fête fort renommée et fort suivie. Comme mes excursions de ferme en ferme m'avaient naturellement mis en rapport avec beaucoup de monde, j'étais très connu dans le pays ; aussi le bruit que je remplaçais Thomas causa-t-il une véritable sensation, et donna-t-il au concours de charrues un intérêt inaccoutumé.

Par une coïncidence bizarre (Thomas y voyait évidemment le doigt de Dieu), les juges choisirent pour terrain d'épreuve un champ d'avoine nouvellement fauchée, situé sur le versant le plus rapide des Grandes-Buttes où je m'étais récemment exercé ; c'était, selon l'expression de Thomas, une abominable terre grasse, caillouteuse, en un mot excessivement difficile à bien travailler.

Le concours devait commencer à dix heures du matin. Dès neuf heures, une foule compacte entourait l'espace où nous (je dis *nous*) allions déployer nos talents. On avait dressé pour les juges, les *maîtres* et leurs familles, une espèce d'estrade qu'abritaient de grandes toiles blanches décorées de rubans, de drapeaux et de fleurs.

Les concurrents se rangèrent en ligne à droite de

l'estrade : de même que les artilleurs se tiennent derrière leurs pièces, ils se placèrent derrière leurs charrues tout attelées et prêtes à entrer en lice. Ces charrues, selon le goût plus ou moins sûr des propriétaires, avaient été bariolées de vives couleurs; mais toutes, ainsi que les harnais des chevaux, étaient d'une propreté irréprochable; sans parler du coutre et du soc, chaque ferrure, chaque tête de clou brillait au soleil comme de l'argent.

Pour moi, habillé de pied en cap à la mode du pays, large chapeau rond orné d'un gros nœud de rubans, veste longue, culotte courte illustrée de boutons de métal larges comme des pièces de cinq francs, guêtres blanches, souliers à boucles, j'attendais comme les autres, mon fouet en bandoulière, le signal du combat.

Le vieux Thomas s'était fait porter en fauteuil jusqu'au lieu du concours, et, par une distinction particulière, il avait été admis dans l'enceinte réservée aux concurrents; il se trouvait donc à quelques pas de moi. Je priai mon voisin d'avoir l'œil sur mes chevaux, et j'allai donner une poignée de main à mon professeur.

« Il a plu beaucoup ces jours passés, me dit-il rapidement et à voix basse; j'ai envoyé examiner le terrain cette nuit, il est mouillé à six pouces. Le programme n'exige qu'un labour de cinq pouces; mais prenez-en sept pour arriver jusqu'au sec; votre charrue crottera moins, et votre ouvrage aura dix fois meilleure mine. Vous savez qu'avant de partir vous avez le droit de tourner autour de votre équipage et d'examiner si tout est bien; mais une fois parti, vous ne pouvez plus quitter les mancherons sans être mis hors de concours. Quand vous ferez votre examen, diminuez de deux mailles le trait de Pied-Noir : ce maudit cheval, quand la terre est grasse, ne suit pas toujours bien sa raie ; forcé, par le raccourcissement de ses traits, de tirer davantage, il aura moins de distraction. Autre chose encore : servez-vous le moins possible de votre fouet ; un cheval touché piétine et donne un coup de collier qui peut déranger la charrue. »

En ce moment, soit que le voisin ne fît pas attention à ses chevaux, soit impatience de leur part, ils firent un brusque mouvement. « Attends, Pied-Noir ! » s'écria Thomas. A cette voix connue, les deux chevaux tressaillirent et tournèrent la tête en poussant un hennissement comprimé, qui annonce chez ces animaux la surprise et la joie. Thomas, flatté sans doute des bons sentiments de ses bêtes, ne put s'empêcher de leur dire quelques-unes de ces douces paroles dont un charretier émérite est si prodigue. De nouveaux hennissements prouvèrent au brave homme qu'il avait été compris.

A dix heures précises, le bourgmestre, qui remplissait le rôle de président, lut à haute voix le programme du concours.

La pente inclinée du coteau des Buttes avait été divisée en un nombre de carrés égal à celui des charrues inscrites. Chaque carré, de forme irrégulière, portait un numéro que les laboureurs devaient tirer au sort.

Quant à l'épreuve elle-même, il s'agissait de labourer à plat un certain espace de terrain, et d'y tracer, pour ralentir l'écoulement des eaux pluviales, huit sillons transversaux à la pente du terrain, ayant au moins un pied de profondeur. Les rebords de ces sillons ne devaient pas être plus élevés que la surface du champ : c'était là le plus scabreux de l'opération. A l'égalité de mérite dans l'exécution, celui qui aurait le plus rapidement terminé sa besogne serait préféré.

Nous tirâmes immédiatement nos bulletins, et ce fut le n° 1 qui m'échut; or le carré n° 1 s'étendant devant le point d'où nous partions, il s'ensuivait que j'avais à peine vingt pas à faire pour me mettre à l'œuvre. Quand le bourgmestre dit avec sa plus grosse voix : « N° 1, allez! » j'étais, je vous l'assure, parfaitement calme ; mais, derrière moi, le visage du vieux Thomas trahissait la plus vive émotion. Mes chevaux franchirent sans la moindre difficulté l'étroite distance qui me séparait de ma pièce de terre ; mais quand je voulus commencer mon labour, les maudites bêtes, ne sentant pas la main de leur véritable maître, refusèrent de prendre. Pied-Noir fit deux pas et se jeta de côté; l'autre cheval ne bougea pas d'abord, et quand le sifflement de mon fouet le décida à démarrer, ce fut Pied-Noir qui resta immobile à son tour. Pour empêcher que le fer de ma charrue ne décrivît sur la terre de honteux festons, je la soulevais de toutes mes forces; mais j'avais beau exciter mes chevaux du fouet, de la voix et des guides, ils se tourmentaient, piétinaient et reculaient au lieu d'avancer.

Ce fâcheux début fut bientôt salué par d'universels éclats de rire qui ressemblaient un peu à des huées.

Thomas ne se possédait plus; si sa jambe avait pu le porter, nul doute qu'il ne se fût précipité vers moi et qu'il n'eût pris ma place. « La Grise! Pied-Noir! s'écria-t-il, canailles! attendez-moi! » Ces mots furent magiques, et les deux chevaux partirent bravement cette fois. Mais, pendant que je suivais mon sillon, un grand tumulte régnait parmi mes rivaux. « Hors de concours! hors de concours! criaient-ils tous ensemble, Thomas s'en est mêlé, c'est contre la règle. » Thomas, pâle, en proie à une violente colère, essayait de faire tête à l'orage; debout sur une seule jambe, il gesticulait, interpellant à la fois les juges, les assistants, les laboureurs...

« Il était magnifique, dit Mme de Morsy, le pauvre Thomas! on eût dit Neptune gourmandant les flots mutinés.

— Pour moi, continua M. de Morsy, le cœur de l'homme est ainsi fait, à ma tranquillité avait succédé une animation extraordinaire. Blessé dans mon amour-propre, je désirais, autant que Thomas peut-être, sortir triomphant de l'épreuve; la passion avait doublé mes forces. Les chevaux ont un tact merveilleux pour deviner la position d'esprit de celui qui les conduit; les miens, de ce moment-là, sentirent qu'il ne fallait plus broncher; ils frissonnaient à ma voix et au moindre mouvement de mes guides... Pour en finir, si l'intervention de Thomas ne m'eût pas mis hors de concours, peut-être le grand Worms n'aurait pas été proclamé vainqueur.

« Voilà, Messieurs, la fin de l'aventure; je n'ai pas le droit d'en tirer la moralité; mais, ce soir, M. de la Roche s'en chargera sans doute.

« La ferme des Landes, où j'ai le plaisir de vous recevoir aujourd'hui, appartient depuis longtemps à ma famille. Dès que j'eus pris la résolution de me livrer exclusivement à l'agriculture, j'écrivis à Paris à mon homme d'affaires de s'occuper de la résiliation de cinq à six baux, en offrant aux fermiers des indemnités raisonnables; et, comme je vous l'ai dit, au bout de quinze mois je quittai mon hôte devenu mon beau-père, et je vins m'installer ici.

« Je crois pouvoir avancer sans vanité que la terre des Landes a bien changé d'aspect depuis mon arrivée. Il y a quinze ans de cela, quand je commençai à la faire valoir, elle méritait parfaitement son nom très-peu flatteur. La propriété se composait en grande partie de vastes bruyères, où quelques misérables troupeaux trouvaient à peine de quoi vivre; de champs où végétaient tristement des blés qui épiaient à soixante centimètres de terre; de pièces de seigle et d'orge dans lesquelles, au mois de juin, on aurait facilement tiré un lièvre à soixante pas; d'étangs qui débordaient en janvier et tarissaient en août. En un mot, sauf les bois et quelques hectares de terres situées autour de cette maison, on se serait cru, en traversant ma propriété, au fond de la malheureuse Sologne.

« Si en commençant j'avais voulu étendre mes améliorations sur tous les points de mon exploitation, je crois que j'aurais échoué; mais j'agis comme un conquérant en pays ennemi. Je débutai par me faire une bonne position autour de ma maison, c'est-à-dire par mettre dans le meilleur état possible les terres qui la joignaient; ensuite j'agrandis peu à peu le cercle de mes opérations. Tous les ans, selon mes ressources en fumiers, en engrais artificiels, en attelages, j'attaquais vigoureusement cinq, dix, quinze, vingt hectares de terrain; comme je n'éparpillais point mes forces, comme je les concentrais au contraire sur un espace restreint comparativement à mes moyens d'action, je réussissais presque toujours. Il est vrai qu'une fois un champ entrepris je ne reculais devant aucune difficulté, devant aucun sacrifice : défoncements, écobuage, marnage, fossés d'écoulement pour les eaux, drainage, j'appelais à mon aide tout l'arsenal de la stratégie agricole. N'allez pas cependant vous imaginer, mes jeunes amis, qu'avant de déclarer la guerre à un champ je ne fisse pas mes calculs pour savoir si ma victoire ne me coûterait pas un peu trop cher; car si, pour améliorer un mauvais sol, vous dépensez plus que ne vaut une pareille étendue de bonne terre, vous comprenez qu'il y aurait folie à tenter l'expérience.

« Maintenant que vous vous êtes bien reposés, si vous voulez venir avec moi visiter la ferme et les environs, je suis, comme je vous l'ai dit, tout à votre disposition. Nous commencerons par les étables, les machines et les instruments aratoires.

— En ce cas, dit Mme de Morsy, comme ces choses-là n'ont pas encore un grand attrait pour Léonie, nous irons vous retrouver ou vous attendre à la laiterie. »

CHAPITRE III

ÉTABLES. — ENGRAIS. — INSTRUMENTS ARATOIRES.

M. de Morsy n'eut pas plutôt introduit nos jeunes gens dans son étable, qu'Augustin s'écria :

« Voilà des bêtes admirablement logées. Quel luxe de propreté et de bon arrangement! Quelle différence entre les bouges sales et infects, sans air, sans lumière, où la plupart des paysans enferment leurs vaches pendant la nuit! Mais, Monsieur, comment à cette heure ces animaux ne sont-ils pas au pâturage?

M. DE MORSY. — Par la raison que mes vaches ne vont jamais aux champs, et ne sortent d'ici que deux fois par jour pour aller boire à la rivière.

CHARLES. — Mais alors vous êtes obligé, Monsieur, de faire cueillir et apporter ici l'herbe de vos prairies. Quel surcroît de main-d'œuvre et de dépense! Et puis, comment vos bêtes, soumises à un véritable emprisonnement, peuvent-elles se bien porter?

M. DE MORSY. — Leur trouvez-vous un aspect triste ou maladif?

Charles. — Au contraire, toutes ces vaches paraissent jouir de la meilleure santé ; elles ont le poil vif et brillant, et un embonpoint remarquable.

Augustin. — D'où nous devons conclure que ce régime est excellent.

Charles. — Pour les vaches, sans doute ; mais la première moitié de mon observation subsiste toujours ; et ce n'est pas toi, mon cher cousin, qui nous diras quels sont les avantages décisifs que Monsieur retire d'un système de stabulation beaucoup plus dispendieux que celui d'un fermier dont les bestiaux vont eux-mêmes chercher leur nourriture dans les pâturages. D'abord une étable où les vaches passent seulement la nuit n'a pas besoin d'être aussi vaste, aussi aérée, aussi bien disposée qu'une étable où elles doivent vivre renfermées. Les frais de construction et d'installation sont donc infiniment plus élevés dans le second cas que dans le premier. Ensuite une jeune fille ou un jeune garçon d'une quinzaine d'années suffisent pour garder dans un pâtis une vingtaine de vaches, tandis qu'ici il faut plusieurs hommes pour faucher l'herbe, la porter, la distribuer, et tenir ce local dans l'état de propreté que tu admirais tout à l'heure.

M. de Morsy. — Bravo, Charles ! Et vous concluez…

Charles. — Je ne conclus rien du tout, Monsieur ; j'attends que vous vouliez bien nous expliquer les avantages d'un procédé dont mon ignorance n'aperçoit que les inconvénients.

M. de Morsy. — Voyons, mes amis, réfléchissez un peu ; ne trouvez-vous rien à dire en faveur de mon système, connu en agriculture sous le nom de *stabulation perpétuelle?* La disposition de l'étable même devrait vous mettre sur la voie. Comment, Charles, vous gardez le silence?

CHARLES, *à demi-voix.* — J'aurais peut-être mieux fait de tenir également ma langue il n'y a qu'un instant.

M. DE MORSY. — Quelle est la véritable richesse du cultivateur? ce sont les engrais; avec eux il peut tout, sans eux il ne peut rien. Les engrais sont à la terre ce que la nourriture est à l'homme, dit un agronome anglais; mais il faut être un peu paysan pour sentir l'énergique justesse de cette comparaison. La première, la grande affaire de celui qui dirige une exploitation, est donc de se procurer par tous les moyens la plus grande masse possible d'engrais. Or, de tous les engrais, celui sur lequel l'agriculteur peut toujours le plus sûrement compter, parce qu'il se trouve chez lui, c'est le fumier de ses animaux domestiques.

« Il doit donc disposer non-seulement les étables et les écuries, mais les toits à porcs et jusqu'au pigeonnier et au poulailler, de manière à pouvoir recueillir complétement, avec promptitude et facilité, les déjections elles-mêmes et les litières imbues de ces déjections : il doit également veiller à la conservation de toutes ces matières, qui, faute de soins, perdent par l'évaporation et par une décomposition trop rapide la moitié de leurs principes fertilisants.

« Partant de ces données, dont l'évidence est palpable, les agriculteurs ont naturellement cherché, d'une part, à nourrir sur leur ferme un grand nombre de bestiaux, et de l'autre à faire produire à ces mêmes bestiaux beaucoup de fumier.

« Eh bien ! dans l'état actuel de la science agricole, le système de stabulation perpétuelle est celui qui permet à la fois de nourrir le plus de bestiaux avec un espace de terre donné, et d'obtenir le plus de fumier d'un nombre donné de bestiaux.

Charles. — Il est tout simple que ces vaches, qui ne sortent presque pas d'ici, salissent plus leurs litières que si elles y passaient seulement la nuit ; mais je ne comprends pas que la nourriture à l'étable soit plus économique que la nourriture au pâturage.

M. de Morsy. — Plus économique? oui et non, selon l'acception que vous donnez à ce mot, mon ami. Si vous voulez dire que la stabulation perpétuelle exige plus de soins, plus de dépenses, plus de main-d'œuvre que le pâturage, vous êtes dans le vrai ; mais la question n'est pas là. Il ne s'agit pas d'examiner lequel des deux systèmes est le plus ou le moins cher, mais lequel des deux offre le plus de bénéfice net.

Or, tout compte fait, la stabulation enrichit le fermier, tandis que le pâturage le ruine [1]. Voici pourquoi :

Supposons deux fermiers ayant chez eux vingt

---

[1] Il existe cependant des cantons où la nourriture au pâturage est seule possible et avantageuse : ce sont les localités où se trouvent de vastes étendues de terre qui ne peuvent être utilisées autrement que par le pâturage, et là où le bétail donne un assez grand bénéfice par ses seuls produits de vente, et où la culture est en même temps trop restreinte pour que le fumier soit d'une haute importance ; en un mot, dans les localités où l'agriculture n'est qu'accessoire, et où le bétail est la branche principale et le seul moyen d'utiliser le sol. — Moll, *professeur d'agriculture au Conservatoire des arts et métiers de Paris.*

vaches; l'un les nourrit à l'étable, l'autre au pâturage. Le premier disposera évidemment d'une plus grande quantité de fumier que son voisin, qui, d'après des calculs rigoureusement établis, en aura un tiers de moins. Or, moins les terres sont fumées, moins elles rapportent : demi-fumure, demi-récolte, disent judicieusement les paysans.

Le fermier dont les vaches pâturent sera obligé de leur abandonner une étendue considérable de terre, dont elles absorberont toute la récolte.

Or, comme les agronomes les plus éclairés estiment qu'en moyenne un hectare de prairies artificielles fournit autant de fourrage que deux hectares de prés pâturés, il s'ensuit que le fermier qui tient ses vaches à l'étable, n'ayant pas besoin de pâturages, nourrira ses vaches avec moitié moins de terre que son voisin. Me comprenez-vous?

Victor. — Parfaitement, Monsieur. Le cultivateur dont vous venez de parler, n'étant pas obligé de sacrifier à ses vaches une partie de ses terres où elles puissent vaguer tout l'été, les cultive comme il l'entend; et, au moyen de fourrages artificiels, il nourrit ses bestiaux avec le produit de dix hectares de terre, si son voisin est obligé de leur abandonner vingt hectares. Je cite ces nombres au hasard.

Charles. — J'ai souvent entendu parler de prairies artificielles; mais j'avoue que je ne me rends pas bien compte de ce qu'on entend par ces mots.

M. de Morsy. — Jusqu'au milieu du siècle dernier, les prés naturels, c'est-à-dire les terrains où l'herbe croît spontanément et en abondance, servirent presque exclusivement à la nourriture des animaux domestiques herbivores : on cueillait l'herbe, ou bien on la laissait consommer sur place par les troupeaux ; mais on ne la cultivait point. Aussi longtemps que les bras manquèrent à la terre, aussi longtemps que les populations clair-semées n'eurent pas besoin de stimuler avec toute l'énergie de la faim la fécondité du sol, la moitié d'une ferme se composait de prairies où croissaient et multipliaient de nombreux troupeaux. Le fermier se bornait à faire deux parties de ses prairies : les bonnes, ordinairement situées le long des fleuves et des rivières, où toute la famille des graminées végétait haute, fine et touffue; et les mauvaises, qui produisaient, soit une herbe dure et grossière, trop coriace pour être consommée en sec, soit un gazon maigre, ras, et par conséquent incapable d'être fauché. La récolte des premières, où les troupeaux n'étaient lâchés qu'après la fenaison, servait à les nourrir pendant l'hiver ; et, comme je vous l'ai dit, ils pâturaient le reste de l'année dans les secondes.

Les prairies naturelles furent donc la base de l'agriculture des pays peu ou médiocrement peuplés : agriculture qui cherchait avant tout à épargner le travail et à produire facilement, parce que, les terres et les denrées ayant peu de valeur, leur rapport eût été au-dessous de frais de culture tant soit peu élevés.

Mais à mesure que les populations s'accrurent, le prix du vin, du blé, de la toile, de la viande et du sol lui-même monta progressivement. Dès ce moment les cultivateurs durent changer de système. Leurs devanciers avaient compensé par l'étendue de leurs exploitations le rapport exigu de chaque hectare de terre; ils se virent, eux, dans la nécessité de compenser par un rapport plus grand de chaque hectare de terre le rétrécissement de leur domaine. Ayant plus de bras à leur disposition, ils purent moins ménager le travail; vendant leurs récoltes plus cher, ils purent moins ménager les frais de culture. On vit alors s'opérer une véritable révolution dans la constitution agricole d'une grande partie de l'Europe, révolution plus complète dans certains pays que dans d'autres, selon la faveur des circonstances.

Nulle part elle ne fut aussi rapide que dans l'Allemagne centrale; là les cultivateurs entrèrent résolûment dans la voie nouvelle. Voyant avec regret l'étendue de prairies naturelles qu'exigeait l'entretien d'une paire de vaches, prairies qui, transformées en terres arables, eussent offert un rapport bien supérieur à celui des bestiaux qu'elles nourrissaient, ils cherchèrent à se procurer par la culture, des récoltes fourragères capables de remplacer l'herbe et le foin des prés naturels. Vers 1750 ou 1760, Schoubart, frappé de la croissance rapide du trèfle et des qualités de cette plante pour l'alimentation des herbivores, finit, après plusieurs tentatives, par ensemencer un champ avec une pareille quantité de trèfle et d'avoine. Ce qu'il avait espéré se réalisa : à une récolte d'avoine succéda une récolte de trèfle, et les deux furent également belles. Cette innovation sembla si heureuse, fut couronnée d'un tel succès, que le gouvernement décerna à Schoubart le titre de noble de Kleefe d (ce mot signifie en allemand *pièce de trèfle*).

Bientôt on fit alterner avec les céréales non-seulement le trèfle, mais une foule de plantes de la famille des légumineuses, tels que le lupin, le mélilot, la luzerne, le sainfoin, la vesce, la lentille, etc.

La culture des prairies artificielles une fois adoptée permit au fermier et d'augmenter sur son domaine le nombre des bestiaux, et de les nourrir à l'étable. La réunion de ces deux circonstances quadrupla la masse de ses engrais, et comme la fécondité du sol s'accroissait en proportion de l'abondance des fumures, la quantité de terre nécessaire à l'alimentation des bœufs, des vaches, des chevaux, des moutons de la ferme, diminua d'année en année pour ne s'arrêter qu'à la plus basse limite.

Si l'entretien du bétail à l'étable coûte comparativement plus cher au cultivateur que l'entretien au pâturage, ce surcroît dans les dépenses brutes fut largement payé par le surcroît des revenus généraux de l'exploitation.

En effet, la stabulation et les prairies artificielles peuvent seules rendre possible la suppression des jachères, parce que seules elles permettent de restituer au sol, par de copieuses fumures, les éléments de fécondité, les sucs nourriciers que chaque récolte lui enlève; car, de même qu'on ne peut exiger d'un cheval mal nourri qu'un demi-jour de travail, de même on ne peut demander à une terre mal fumée qu'une récolte tous les deux ou trois ans.

Toutefois les prairies artificielles contribuèrent encore par un autre motif à la suppression des jachères. C'est une vérité reconnue par la théorie et par la pratique, qu'un champ s'appauvrit si on le force à produire plusieurs années de suite soit du blé, soit du trèfle, soit toute autre plante; qu'au contraire on entretient la fertilité d'un sol en y cultivant alternativement des céréales, des fourrages, des racines; or, de toutes les plantes utiles, celles qui épuisent le moins la terre, celles qui la reposent le plus, ce sont justement les légumineuses. Ainsi, en remplaçant par un trèfle la jachère qui dans les cantons pauvres et arriérés suit une récolte de blé, non-seulement vous n'épuisez pas votre champ, mais si vous fauchez ce trèfle en vert, votre champ sera, après l'enlèvement d'une masse de fourrage considérable, mieux disposé à produire qu'il ne l'eût été par une année de repos complet.

Remarquez, mes amis, que j'ai dit *si vous fauchez ce trèfle en vert;* cette restriction était indispensable, car si on laissait le trèfle arriver à maturité, il fatiguerait autant la terre où il grainerait qu'une récolte de céréales. Du reste, dans ce cas-là le trèfle ne pourrait plus être considéré comme une prairie artificielle.

Augustin. — Comment se fait-il, Monsieur, qu'une plante fatigue moins la terre à l'époque où elle grandit et se développe qu'au moment de sa fructification? Le contraire devrait avoir lieu, ce me semble, car j'ai bien remarqué dans notre jardin que la croissance de toutes les plantes éprouvait un temps d'arrêt marqué à l'époque de la fructification; je ne m'explique réellement pas comment la quantité de nourriture qu'un végétal tire de la terre n'est pas en proportion constante avec le volume qu'acquiert plus ou moins rapidement ce même végétal.

M. de Morsy. — Vous croyez donc, mon ami, qu'une plante ne se nourrit que par ses racines?

Augustin. — Mais oui, Monsieur, je le crois.

M. de Morsy. — Eh bien, mon enfant, votre erreur est complète, et j'espère la redresser avant que nous nous quittions; mais finissons-en d'abord avec mon étable et mes vaches.

Je vous ai dit qu'elles ne quittaient ce local que deux fois par jour, pour aller boire à la rivière. Cette double promenade quotidienne leur procure assez d'exercice pour les maintenir en bonne santé. Du reste, vous voyez que j'ai pris toutes les précautions pour rendre leur prison confortable; au nord et au midi, les murs sont garnis de soupiraux qui se ferment à volonté, et de hautes fenêtres qui me permettent de renouveler l'air et laissent pénétrer une lumière abondante. Les quatre grandes ouvertures que vous apercevez dans le plafond sont les orifices intérieurs de quatre cheminées. En hiver, lorsque la température est très-basse, je suis obligé de faire fermer les trappes et les fenêtres pour préserver les bêtes de la rigueur du froid; mais sans ces cheminées, qui offrent un dégagement suffisant à l'air vicié par la respiration et aux vapeurs de toute espèce, une odeur nauséabonde ne tarderait pas à remplir cette étable, et elle deviendrait pour ses habitants un séjour excessivement malsain.

J'ai calculé qu'une vache avait besoin, pour n'être pas gênée, d'un espace de deux mètres quatre-vingts centimètres de longueur, sur un mètre soixante centimètres de largeur, soit quatre mètres quarante-huit centimètres carrés. Beaucoup de cultivateurs sont loin d'accorder autant de place à leur gros bétail; en voulant économiser le terrain et les frais de construction, ils font un détestable calcul. Il résulte de mes observations personnelles qu'un bœuf à l'engrais, qu'une vache laitière et même un cheval, logés trop à l'étroit, souffrent cruellement, et que cette souffrance influe d'une manière notable sur leur santé. Je vous citerai deux faits qui se sont passés ici. Il y a quelques années, je fus obligé de faire réparer successivement mes étables et mes écuries. Pendant les travaux, je renfermai mes vaches dans des bâtiments non appropriés à cet usage, mais parfaitement sains et aérés; seulement, au lieu d'accorder comme ici à chaque bête quatre mètres quarante-huit centimètres carrés, je crus pouvoir, sur la foi d'auteurs très-estimables, réduire cet espace à trois mètres quarante centimètres carrés. Au bout de huit jours, l'appétit de mes vaches avait notablement diminué; leur lait était moins abondant et moins chargé de crème; enfin elles donnaient fréquemment des signes évidents de gêne et d'impatience. Pour mes chevaux, que j'avais aussi mis à l'étroit, soit qu'ils reposassent moins bien pendant la nuit, soit qu'ils mangeassent moins tranquillement, mes charretiers s'accordèrent à reconnaître une diminution marquée dans la vigueur et l'énergie de leurs attelages.

En été, je nourris mes vaches avec du trèfle et de la luzerne; ces deux fourrages constituent à peu près le fond de leur ordinaire. Au printemps, lorsqu'ils ne commencent pas encore à donner, je les remplace par du seigle coupé en vert, des vesces, des lentilles d'hiver et quelques autres plantes d'une croissance précoce. Chacune de mes vaches consomme alors par jour environ trente kilogrammes de fourrage vert, plus quatre kilogrammes de paille ou de foin que je fais hacher et mêler au vert. Je me suis toujours bien trouvé de cette addition; pendant les temps humides surtout, elle me paraît indispensable pour la santé du bétail.

Comme il n'existe autour de mon exploitation ni distilleries, ni sucreries de betteraves, ni moulins à extraire l'huile du colza, ni brasserie, dont les résidus conviennent parfaitement à l'alimentation des bêtes bovines, mes vaches reçoivent en hiver un mélange de vingt kilogrammes de pommes de terre et de betteraves, dix kilogrammes de carottes, plus cinq kilogrammes de fourrage sec. Les pommes de terre crues favorisent essentiellement la sécrétion du lait; les betteraves, au contraire, poussent à la graisse; l'une et l'autre données exclusivement, par le fait des propriétés précitées, épuiseraient les animaux ou diminueraient considérablement leurs produits. En mélangeant les pommes de terre et les betteraves, on conserve aux vaches laitières un embonpoint raisonnable; et si elles ne fournissent point autant de lait en hiver qu'en été, par compensation celui d'hiver est moins aqueux et plus riche en crème.

Victor. — J'aperçois au fond de l'étable quatre vaches qui non-seulement diffèrent de toutes les autres, mais ne se ressemblent nullement entre elles; ce sont évidemment des bêtes étrangères au pays.

Charles. — En effet, il y en a une sans cornes. Vous les lui avez peut-être fait scier parce qu'elle est méchante?

M. de Morsy. — D'abord, mon ami, je n'ai point de bêtes méchantes et dangereuses chez moi; mon taureau lui-même est fort doux, et, malgré son aspect terrible, toutes les personnes qu'il voit habituellement peuvent l'approcher et le toucher sans crainte. La race bovine est essentiellement pacifique et inoffensive; mais la brutalité et les mauvais traitements suffisent pour aigrir le caractère de ces animaux. Si, au lieu de jurer, de crier et de les battre à tort et à travers, le bouvier leur parle avec douceur, les caresse, les appelle par leurs noms, surtout quand ils sont jeunes, ils deviennent d'une docilité parfaite, et ne songent jamais à se servir des armes puissantes que la Providence leur a données. Dans tous les pays que j'ai parcourus, j'ai remarqué, et beaucoup d'autres l'avaient observé avant moi, que les bestiaux sont d'autant plus soumis à l'homme qu'ils sont l'objet de plus de soins et de bons procédés; passez-moi l'étrangeté de cette expression, qui rend parfaitement ma pensée. Ainsi, en Auvergne, où les gardiens traitent les bœufs et les vaches avec beaucoup de patience et de douceur, ces animaux sont eux-mêmes doux, patients, et d'une intelligence remarquable. Rien de plus curieux, au reste, que les habitudes des bouviers auvergnats : c'est en chantant certains airs bien connus de leurs bêtes qu'ils les excitent au travail, qu'ils les arrêtent, qu'ils s'en font suivre. Chaque paire de bœufs, en sortant de l'étable, se dirige vers son conducteur, et prend d'elle-même sa place d'attelage à la charrue.

Dans les montagnes, les vaches obéissent sans difficulté à la voix du pâtre, et reconnaissent les limites du champ qu'elles ne doivent point franchir. Si leur conducteur veut les emmener ailleurs, il se lève, entonne sa chanson, se dirige où il a l'intention d'aller, et à l'instant tout son troupeau s'avance derrière lui. Le soir, quand l'heure de la traite arrive, la personne chargée de ce soin appelle les unes après les autres les vaches par leur nom, et chacune vient d'elle-même offrir ses mamelles gonflées de lait.

Voici maintenant ce qu'est devenue cette même race auvergnate dans une autre province de France, où l'éducation lui a complétement manqué, où l'homme n'est pour elle qu'un maître cruel et impitoyable.

Non loin des embouchures du Rhône s'étend une vaste contrée entrecoupée d'étangs et de marais à moitié déserts et stériles, où d'innombrables troupeaux de bœufs vivent à peu près à l'état sauvage, chaque propriétaire se contentant de marquer ses bestiaux avec un fer rouge. Quand il a besoin d'une bête pour la boucherie ou pour le travail, des pâtres à cheval et armés d'une longue lance vont la chercher, et, avec l'aide de leurs chiens, ils la ramènent frémissante de rage, mais domptée. Quelquefois ces pâtres, dont la vie est sans cesse exposée, conduisent avec une adresse et une dextérité merveilleuse jusqu'à cent de ces bœufs. Alors la marche du troupeau est une véritable mêlée : tous les bœufs, pressés les uns contre les autres, s'avancent au galop ; les pâtres, montés sur des chevaux rapides, voltigent autour de cette masse confuse et mugissante et la poussent dans la direction voulue, ramenant à grands coups de lance l'animal qui s'écarte et tente de forcer le cercle où ses gardiens l'enserrent par la vélocité de leur course et la promptitude de leurs évolutions.

Du reste, les pâtres de la Camargue[1], plutôt toréadors que bouviers, ne donnent jamais à leurs bœufs ni soins ni nourriture; aussi ces animaux ne voient-ils dans l'homme qu'un ennemi, et le traitent-ils comme tel en toute occasion. Sans la profonde terreur que les pâtres sont parvenus à inspirer à ces bœufs, jamais ils ne pourraient impunément se hasarder au milieu d'eux. Les femelles sont aussi dangereuses que les mâles, et dans la saison des veaux les gardiens, souvent victimes de leur aventureux métier, se défient autant des mères que des taureaux.

Je vous ai cité ces deux faits saillants, ces deux points extrêmes, parce que nulle part, je crois, l'influence des procédés de l'homme envers les animaux domestiques n'a été aussi palpable, aussi décisive. Quand, pour réparer les désastres d'une épouvantable épizootie qui emporta au milieu du xviiie siècle presque tous les bœufs de la Camargue, on y introduisit la race auvergnate, les individus de cette race étaient d'un caractère doux et inoffensif. S'ils avaient trouvé dans leur nouvelle patrie des gardiens patients et affectueux, ils auraient sans nul doute conservé leurs précieuses qualités; ils ne viendraient pas tous les ans rougir de leur sang et de celui

---

[1] On appelle ainsi l'immense delta formé par les deux bras du Rhône.

des toréadors provençaux les arènes d'Arles et de Nîmes[1].

Revenons maintenant à ma vache sans cornes. Elle appartient à l'une des meilleures races de la Grande-Bretagne, à la race écossaise d'Angus. Introduite ou obtenue dans le comté de ce nom, elle s'y est singulièrement améliorée depuis 1825, et aujourd'hui elle offre un excellent type du bœuf de boucherie. Sa viande, savoureuse, enveloppée d'une graisse fine et serrée qui pénètre entre les masses musculaires, est si estimée sur les grands marchés anglais, qu'elle est toujours payée un peu plus cher que celle des autres races. A une belle conformation la race d'Angus joint les qualités les plus essentielles : une constitution vigoureuse, une fécondité remarquable, une douceur extrême, enfin une précocité qui ne le cède qu'à celle de la race de Durham.

CHARLES. — Dans les explications que vous venez de nous donner, Monsieur, vous vous êtes servi d'une expression qui m'a frappé. Vous nous avez dit que la race d'Angus avait été introduite ou obtenue dans le comté de ce nom. Introduite, je le comprends; mais obtenue..., obtenir un animal qui diffère de ceux de sa famille, voilà ce qui brouille toutes mes idées.

— Eh bien, reprit M. de Morsy en souriant, je vais vous étonner encore davantage. En 1725 naquit à Dishey, en Angleterre, dans une condition obscure, un homme justement célèbre, qui se dit un

---

[1] Les courses de taureaux font encore les délices des habitants de ces deux villes. C'est des marais de la Camargue que viennent les principaux acteurs de ces dégoûtants spectacles.

beau matin : Nos bœufs ne commencent à s'engraisser qu'à six ans; ils ne font qu'une livre de viande avec trente livres de bon foin : voyons si je ne pourrais pas fabriquer une race de bœufs qui prendra graisse à deux ans, et qui avec quinze livres de foin fera une livre de viande. Voilà, vous me l'avouerez, un audacieux projet; mais si le concevoir était déjà un trait de génie, le réaliser était bien autre chose encore. Et cependant Bakewell, c'est le nom du célèbre éleveur, le réalisa. Quels furent les moyens que Bakewell mit en œuvre pour arriver à de si importants résultats, quelle marche progressive suivit-il dans ses croisements? C'est un secret qu'il a précieusement gardé pendant sa vie et emporté dans sa tombe.

Tout ce que l'on sait de positif, c'est que Bakewell choisit pour souche de sa race deux vaches du Leycester. Ces vaches appartenaient à une race fort ancienne, originaire de l'Irlande et depuis longtemps acclimatée dans le Lancashire. Entre les mains de Bakewell la descendance de ces deux vaches se modifia d'une façon merveilleuse : partant de ce principe, que tout ce qui dans une bête de boucherie n'est pas de la viande est inutile, il diminua le volume général de la charpente osseuse, amoindrit la tête et le col, morceaux de peu de valeur, élargit la croupe aux dépens des quartiers antérieurs, et couronna cette réforme extérieure par une refonte intime du tempérament. Quand on réfléchit aux difficultés d'une pareille entreprise, de quelle somme de patience, de sagacité, d'esprit d'observation il faut être doué pour la mener à bonne fin, on ne sait vraiment ce qu'on doit admirer le plus, du génie qui a entrevu la possibilité d'une telle œuvre, ou du succès lui-même. Le succès eut en Angleterre un retentissement immense. Un moment Bakewell, à bout de ressources, fut sur le point d'interrompre ses travaux ; mais le parlement vint au secours de l'éleveur obéré et lui fournit les fonds nécessaires pour continuer ses expériences. Comprenez-vous maintenant ce que l'on entend par une race obtenue?

Charles. — Parfaitement, Monsieur, et la race, on pourrait presque dire créée par Bakewell, s'est-elle conservée, existe-t-elle encore?

— Elle existe encore, mais elle est bien déchue de son importance ; quand une route aussi belle que celle tracée et jalonnée par Bakewell a été ouverte, et c'est là son beau titre de gloire, les imitateurs ne se font pas attendre.

Parmi ceux-ci les frères Collings obtinrent des résultats bien supérieurs à celui de leur maître.

Bakewell, on ne peut s'en expliquer le motif, avait pris pour point de départ une race osseuse, grossière et dont la conformation était très-éloignée du type qu'il voulait produire.

Les frères Collings s'attaquèrent, au contraire, à une race qui se distinguait déjà entre toutes les races anglaises par les qualités qu'ils voulaient développer, la race Durham. Ils l'entreprirent vers 1770. Au bout de dix ans le succès dépassait toutes leurs espérances. Entre leurs mains les Durham avaient subi une transformation complète : non-seulement leur ossature avait notablement diminué de poids et de volume, non-seulement les parties les plus estimées comme viande avaient pris un développement énorme, mais jamais on n'avait vu des bœufs qui s'engraissassent si vite et si jeunes.

Taureau Durham.

Mais la gloire des frères Collings n'en reste pas moins fort au-dessous de celle de Robert Bakewell. Entre eux et lui il y a toute la distance qui sépare l'inventeur des imitateurs, l'homme de génie qui a ouvert la route, des hommes de talent qui n'ont fait que s'y engager après lui.

Voici un échantillon des Durham, ajouta M. de Morsy en allant trouver dans son étable un taureau qui, de l'air le plus pacifique, allongea sa tête vers son maître; voyez la finesse et le peu de longueur des membres, la légèreté de la tête, l'ampleur de la poitrine descendant presque jusqu'aux genoux, l'horizontalité de la ligne des reins, la forte courbure des côtés, et la dimension extraordinaire des hanches et du bassin. Remarquez cet ensemble massif et carré. Mis dans un coffre rectangulaire, assez grand pour la contenir, on n'y verrait d'autre vide que celui qui resterait entre les jambes. Et cependant mon Durham n'est pas une de ces bêtes exceptionnelles que l'on admire dans les concours.

Augustin. — Fait-on travailler les Durham comme les autres bœufs?

— Par sa conformation, par son tempérament éminemment lymphathique, le Durham est tout à fait impropre au travail : c'est une machine à viande qui, sous le joug, ferait piteuse figure. Au reste, si vous voulez, pendant que nous y sommes, bien saisir toute la différence qui existe entre une race de boucherie et une race de travail, venez avec moi à l'autre bout de l'étable. Nous voici bien loin des Durham, reprit M. de Morsy en montrant aux jeunes gens deux bœufs qui effectivement ne ressemblaient guère au taureau qu'ils quittaient. Ceux-ci sont de bons et vrais français, et nos chers voisins n'ont rien qui les vaille. Regardez-moi comme ces gaillards-là sont membrés et charpentés : ce cou épais et musculeux, ces articulations bien accusées, ce vaste poitrail, ce corps anguleux, tout sillonné de muscles saillants, indices de force et d'énergie! Ce sont deux Aubrac, race originaire des montagnes de l'Aveyron. Sobres, infatigables, durs au chaud et au froid, ils traînent de lourds fardeaux dans des chemins rocailleux et escarpés, où ils font preuve d'autant de force que d'adresse. Un de mes amis, cultivateur en Auvergne, me disait dernièrement que presque tous les bois de charpente qui descendent des montagnes de la Haute-Loire et de l'Ardèche vers le Rhône, sont voiturés par des vaches de la race d'Aubrac, qui, en trois jours, font environ quatre-vingts kilomètres par des routes abominables. Or, la charge de chaque chariot attelé d'une paire de vaches est de douze cent cinquante kilogrammes en moyenne.

Augustin. — Et quand ils ont si bien travaillé, que deviennent les Aubrac, puisque ce ne sont pas des animaux de boucherie?

M. de Morsy. — Je vous ai dit que la race d'Aubrac n'était pas une race de boucherie, mais cela n'empêche pas qu'ils n'aillent à l'abattoir, où ils font même très-bonne figure pour une race de travail. L'abattoir est la destination finale de toute l'espèce bovine. Bœufs et vaches, tous y vont, les uns vieux et plus ou moins engraissés, après une vie de rudes labeurs, les autres à la fleur de l'âge et n'ayant eu pour unique tâche que celle d'engraisser le plus complétement et le plus promptement possible.

Charles. — Mais alors, les Durham, par exemple, qui n'ont jamais travaillé, qui ne sont devenus utiles qu'après la mort, doivent donner moins de bénéfices à l'agriculteur qui les a élevés, que ces Aubrac, qui, pendant la plus grande partie de leur existence, ont si vaillamment gagné leur nourriture?

M. de Morsy. — Vous soulevez là, sans vous en douter, mon ami, un problème agricole dont la solution est loin d'être aussi simple qu'elle vous le paraît au premier abord. L'examiner de près nous mènerait beaucoup trop loin. Tout ce que je puis vous dire, c'est qu'à mesure que dans une contrée l'agriculture devient plus savante, plus lucrative, les races de travail y perdent tout le terrain qu'y gagnent les races de boucherie. Elles ont presque disparu des riches contrées de l'Angleterre, et tendent à disparaître ou à se modifier dans les régions les mieux cultivées de l'Allemagne et de la France. On leur substitue le cheval, l'animal de trait par excellence, par la bonne raison que quand on veut des bêtes à deux fins il faut se contenter de la médiocrité, puisque les aptitudes dont nous nous occupons s'excluent mutuellement et ne peuvent coexister qu'aux dépens l'une de l'autre.

Ainsi, à l'âge où un Aubrac n'a pas encore achevé sa croissance, un bœuf de Durham est en état d'être livré à la consommation et donne ordinairement cinq à six cents kilogrammes de viande nette. Mais remarquez bien que ce n'est pas seulement le poids qu'il faut envisager, mais la promptitude avec laquelle l'animal a pris graisse et les proportions existantes lors de l'abattage entre les déchets et la viande. Or, d'après ce que je vous ai dit de l'exiguïté de la charpente osseuse, caractère principal des races de boucherie améliorées, vous comprendrez facilement combien le déchet dans les individus de ces races est minime en comparaison du déchet que donnent les espèces communes. Aussi Backwell considérait-il moins la taille elle-même que la constitution d'une bête destinée à l'engraissement, ayant reconnu que l'éleveur, vendant à tant le kilo un bœuf de mille kilogrammes, pouvait très-bien se trouver en perte si ce bœuf avait consommé une énorme quantité de nourriture, et retirer au contraire un bénéfice raisonnable en livrant au même prix un bœuf de six cents kilogrammes.

Augustin. — Mais, Monsieur, j'ai lu dans un ouvrage que toutes les parties d'un animal tué s'utilisaient; il n'y aurait donc point de déchet proprement dit?

M. de Morsy. — Oui sans doute, mon ami, toutes les parties d'un bœuf, d'un porc, d'un mouton, s'utilisent; mais les bouchers considèrent avec raison comme déchets celles de ces parties dont la valeur vénale n'égale pas la valeur de la viande. Un bon bœuf pesant en vie sept cent cinquante kilogrammes donne ordinairement de cinq cents à cinq cent vingt-cinq kilogrammes de viande nette, représentant à Paris une valeur de sept cent cinquante francs environ. Restent donc deux cents kilogrammes de déchets, estimés à peine cent francs. La différence entre le poids de viande et le poids des déchets serait encore beaucoup plus forte, si je ne comptais pas comme viande nette les os eux-mêmes; mais il faut bien dans mon calcul les faire figurer comme viande, puisque les bouchers ont trouvé le moyen de forcer leurs pratiques à leur payer ces os au même prix que la chair.

Augustin. — Je regrette bien de n'avoir pas mieux examiné cette année le bœuf gras. On devait avoir choisi un véritable type de perfection.

M. de Morsy. — Voilà ce qui vous trompe : le bœuf promené en grande pompe dans la capitale de la France n'avait d'extraordinaire que sa taille gigantesque; c'était un colosse, voilà tout. Permis aux badauds de l'admirer; mais si un connaisseur le rencontra, il dut hausser les épaules. Quelle différence entre cette masse sans distinction, sans qualités, et les bœufs charolais présentés un mois plus tard au concours agricole de Poissy ! Là le premier prix fut remporté par un animal qui

Bœuf charolais.

ne pesait, il est vrai, que huit cent trente-deux kilogrammes, moins de moitié que le héros du carnaval; mais s'il ne l'égalait pas en poids, ses formes et sa constitution étaient si parfaites, qu'il fut d'emblée proclamé vainqueur dans un concours où, malgré sa haute stature et ses mille neuf cent soixante-quinze kilogrammes, l'autre n'eût pas gagné le plus obscur accessit.

Tous les agronomes regrettent que le gouvernement ne transforme point l'inutile et ridicule parade du bœuf gras en une exhibition solennelle des plus belles bêtes de boucherie, soit bœufs, soit porcs, soit moutons, que les éleveurs français aient obtenues. Il serait très-facile de donner à cette fête un caractère essentiellement agricole, en composant le cortége non pas de Turcs et de Bédouins, mais de laboureurs conduisant des charrues, des semoirs, des batteurs mécaniques, en un mot tous les instruments nouveaux et perfectionnés, sur lesquels les noms des inventeurs seraient inscrits au milieu d'un écusson orné de fleurs, de couronnes et de rubans.

Cet hommage rendu à la plus noble des professions aurait le double avantage, et de récompenser les efforts d'hommes aussi utiles que modestes, et de modifier insensiblement l'opinion du peuple des villes, pour qui *cultivateur* est synonyme de *rustre* et de *lourdaud*.

Mais quittons cette étable, mes bons amis; car, de digressions en digressions, nous passerions ici la journée, et nous avons autre chose à voir. Allons à la porcherie.

Augustin. — Les porcs! voilà des bêtes qui m'inspirent un dégoût, une répugnance invincible. Sont-ils réellement aussi sales et aussi stupides qu'on le pense généralement?

M. de Morsy. — Le cochon est un animal d'une laideur repoussante; tous ses mouvements sont disgracieux, et deux sens, l'ouïe et l'odorat, prennent seuls chez lui un développement prononcé : ceci est incontestable. Mais comment ne pas pardonner au cochon son aspect repoussant en faveur des qualités précieuses que lui seul possède? Sa voracité, son insatiable appétit, sa gloutonnerie proverbiale, qui le rendent omnivore, constituent son principal mérite. Fruits, légumes, racines, insectes, viandes, résidus, le cochon mange tout, et transforme toutes ces substances en une chair savoureuse. Si les localités permettent à son propriétaire de lui laisser chercher sa subsistance, il se suffit à lui-même dans des contrées où vaches et moutons périraient de faim; tenu captif dans un bouge de quelques pieds carrés, il s'y accoutume et y vit des débris dont aucun autre animal ne voudrait se repaître.

Sale comme un porc! dit-on communément. Eh bien! vous seriez fort étonnés d'apprendre que le porc est le plus propre de tous les animaux domestiques. Bien loin de se plaire dans l'ordure, seul des habitants de nos basses-cours il ne salit jamais la litière où il repose. Libre dans la porcherie, il se retire dans un coin de sa loge pour satisfaire ses besoins; et quand il est attaché, il va aussi loin que sa corde lui permet d'aller. Aucun animal ne se laisse laver, brosser, bouchonner avec autant de plaisir, et ne se prête plus volontiers à ces opérations. Le bain est pour lui d'une nécessité absolue; et manquant d'eau, il se vautre dans les bourbiers pour se rafraîchir.

Voyons maintenant ce que dit de l'intelligence du cochon un des plus grands zoologistes modernes, le célèbre Cuvier : « L'intelligence est chez les cochons « bien supérieure à celle dont nous les croyons ca- « pables; ils doivent être placés sous ce rapport au- « dessus des ruminants, et en même ligne que les « éléphants... » Du reste, la première fille de basse-cour venue sait que le porc reconnaît parfaitement la personne qui le soigne, et le charcutier qui est venu chercher ses camarades. Dans les départements où l'on élève beaucoup de cochons, aux environs d'Autun, par exemple, les porchers, qui gardent dans les champs de nombreux troupeaux de cochons, en ont toujours un qu'ils affectionnent. Cet animal, dont son maître s'occupe davantage, se familiarise singulièrement, vient au moindre appel, et ne tarde pas à égaler un chien en instinct et en mémoire. Il me reste à vous citer une expérience qui m'est personnelle. L'année dernière, j'avais fait venir de l'école royale d'Alfort six porcelets d'une race nouvellement obtenue. Ces gorets habitaient une cour séparée. J'allais tous les jours les visiter plusieurs fois, notamment après mon dîner, et ordinairement alors je prenais sur la table un morceau de pain ou une poignée de fruits, que je leur distribuais. Ils finirent par remarquer, parmi mes visites quotidiennes, celle qui leur valait un petit régal; ils se rappelèrent parfaitement l'heure de cette visite; et dès ce moment, aussitôt que je me montrais après mon dîner, tous accouraient en grognant, tandis que le reste de la journée ils ne se dérangeaient nullement pour moi. »

En causant ainsi, M. de Morsy avait conduit ses hôtes près d'une cour carrée ayant vingt-cinq mètres sur chaque côté, et entourée d'un mur de quatre pieds de haut. Deux murs intérieurs, se coupant à angle droit, divisaient l'espace quadrangulaire situé entre les murs extérieurs en quatre compartiments égaux, ayant une destination spéciale. Chacun de ces compartiments renfermait une rangée de loges située au midi, un bassin rempli d'eau, et une auge en pierre saillissant des deux côtés du mur extérieur, de telle manière, que ce mur, descendant jusqu'aux bords supérieurs de l'auge, permettait de distribuer la nourriture aux porcs sans entrer dans le compartiment lui-même. Quelques sureaux s'élevaient çà et là, et offraient aux animaux un abri dans les grandes chaleurs.

M. de Morsy, après avoir fait remarquer à ses visiteurs ces diverses dispositions, continua en ces termes :

« Le compartiment portant le numéro 1 renferme les porcelets nouvellement sevrés et ceux de deux à trois mois au plus. Ils exigent jusqu'à cet âge de grands soins, si l'on veut que leur croissance soit rapide. Les eaux grasses, les résidus de la laiterie, et des légumes crus et bouillis composent leur ordinaire.

Dans la cour numéro 2 sont les truies pleines ou nourrices. Il est très-important qu'elles aient une habitation séparée. Le calme et le repos leur sont indispensables, et elles se trouveraient fort mal des jeux turbulents de leurs voisins de droite. De plus, elles ont besoin d'une nourriture spéciale qui, sans les engraisser, entretienne la vigueur des unes et répare chez les autres les fatigues de l'allaitement. Les petits gorets adoptent en naissant une des nombreuses mamelles de leur mère, et n'en changent plus jusqu'au sevrage; j'ai moi-même vérifié l'exactitude de ce fait singulier.

Ici sont les porcs adultes, et là-bas ceux dont l'engraissement est plus ou moins avancé.

Le porc étant omnivore, il suffit pour l'engraisser de lui donner une nourriture abondante; et, selon les qualités plus ou moins substantielles de cette nourriture, il acquerra plus ou moins vite un embonpoint plus ou moins complet.

Tous les habitants de la campagne engraissent un porc par les moyens qu'ils ont à leur disposition, les uns avec des épluchures de légumes, les autres avec des pommes de terre, des betteraves, des glands ramassés dans la forêt voisine, des marcs de raisin et d'eau-de-vie, des tourteaux de colza, de navette, de cameline. Quand leur cochon est à peu près gras, ou quand ils sont à bout de leurs ressources, ils le tuent et le salent. C'est la seule viande que se permettent la plupart des journaliers et des paysans pauvres ; mais le cultivateur qui se livre en grand à l'engraissement des porcs procède tout différemment.

Engraisser complétement, le plus rapidement et le plus économiquement possible ses cochons, voilà le problème qu'il se pose.

Son premier soin est de se procurer une race d'animaux dont la conformation et le tempérament diminuent les difficultés que présente toujours la dernière période de l'engraissement.

Nous possédons aujourd'hui en France plusieurs races de porcs que les éleveurs d'outre-Manche ont obtenues par les mêmes procédés que ceux employés pour créer les Durham, et qui sont d'une précocité admirable. Seulement, comme leur chair, à notre goût du moins, ne vaut pas celle de nos porcs, et que nos paysans lui reprochent, et avec raison, de fondre dans la marmite et de passer dans le bouillon, on est un peu revenu chez nous de l'engouement qui suivit l'introduction de ces races. Elles ne nous ont pas moins rendu un immense service ; car elles nous ont permis, par des croisements judicieux avec nos grandes races, d'un développement si long et d'un engraissement si difficile, d'obtenir des demi-sang mieux conformés, plus prompts à prendre graisse, tout en conservant cette chair et ce lard fermes que nous exigeons en France.

Quand donc, pour en revenir où j'en étais, l'éleveur a fait son choix d'une race pure ou croisée, il lui reste ensuite à adopter le genre de nourriture qui lui permet de tirer le parti le plus avantageux de ses produits. Je m'explique.

Le cultivateur ne peut trouver profit à l'engraissement des porcs qu'autant qu'il vendra ses porcs gras infiniment plus cher qu'il ne vendrait les aliments que ces mêmes porcs ont consommés : il doit donc choisir parmi ses produits propres à être donnés en nourriture aux porcs, ou ceux dont la valeur vénale est la moindre, ou ceux dont la consommation donnera à ses porcs une valeur supérieure à la valeur primitive de ces produits en nature.

Ces principes ne doivent pas seulement guider le fermier dans l'engraissement des porcs, il doit les appliquer à tous les animaux qu'il élève. S'il ne s'agissait que d'engraisser un bœuf, l'opération serait très-simple et très-facile. Ce qui demande beaucoup de connaissances, beaucoup d'expérience, beaucoup de tact et d'habileté, c'est de l'engraisser fructueusement, c'est-à-dire de vendre le bœuf gras plus cher qu'il n'a coûté.

Ceci bien entendu, voici comment je procède pour engraisser un porc :

Quand un animal me paraît propre à être entrepris, c'est le mot, en même temps que je le soumets à un nouveau régime alimentaire, je ne le laisse plus vaguer librement dans sa cour; seulement, pendant les premiers jours, pour l'habituer peu à peu à une réclusion complète, je lui accorde quelques moments de liberté, que je finis par supprimer tout à fait.

Forcé par ma position à donner à mes porcs une nourriture purement végétale, je débute avec eux par des choux, des raves, des topinambours, d'abord administrés crus, ensuite cuits. Quand je m'aperçois que mes porcs commencent à se fatiguer de ces aliments, je les remplace par des pommes de terre, des betteraves, auxquelles j'associe à la fin d'épaisses bouillies de farine d'orge, de seigle ou de sarrasin, ainsi que les eaux grasses et les résidus de la cuisine et de la laiterie.

Comme vous voyez, je commence l'engraissement par les aliments les moins nutritifs et les moins appétissants, pour terminer par ceux qui, sous un moindre volume, contiennent beaucoup de substance alimentaire. Cette marche est indispensable pour deux motifs : d'abord parce que l'appétit d'un animal à l'engrais diminue progressivement, ensuite parce que les dernières livres de graisse sont beaucoup plus difficiles à produire que les premières.

En effet, tant qu'un porc n'est arrivé qu'à un certain degré d'embonpoint, il est gai, vigoureux, bien portant; mais à mesure que l'engrais fait des progrès, le porc devient triste, lourd; il reste des journées entières couché sur sa litière; enfin sa sensibilité s'émousse au point de ne plus sentir la morsure des rats. M. Grognier, professeur à l'école vétérinaire d'Alfort, dit avoir trouvé toute une nichée de ces animaux logée dans le dos d'un porc qui ne semblait pas se douter qu'on le dévorait tout vivant.

Porc gras.

L'expérience indique à l'éleveur le moment où il doit tuer un porc à l'engrais, sous peine de le voir périr d'une maladie connue sous le nom de cachexie graisseuse, et de perdre en un moment tout le fruit de ses dépenses et de ses soins.

Augustin. — Vous nous avez dit, Monsieur, que vous étiez forcé par votre position d'alimenter vos porcs avec des végétaux; il y a donc des fermes où ils sont nourris et engraissés avec de la viande?... Cela me semble étrange.

M. de Morsy. — A l'école vétérinaire d'Alfort, où l'on s'occupe beaucoup de l'élève des porcs, ces animaux sont presque exclusivement nourris avec la chair des chevaux et autres bestiaux morts dans l'établissement. Ce mode d'alimentation réussit parfaitement, et c'est une nouvelle preuve que le porc doit être considéré comme le plus précieux des animaux domestiques, puisque c'est le seul dont l'homme puisse faire varier la nourriture à sa volonté ou selon ses ressources. Depuis le premier anneau de l'immense chaîne des végétaux jusqu'au dernier échelon du règne animal, on peut dire que, sauf un petit nombre d'exceptions, le porc se nourrit de tout ce qui a végété ou vécu.

La fécondité du porc tient du prodige; et Vauban a calculé que les descendants d'une seule truie pouvaient, en dix ans, composer une famille de six millions d'individus [1].

---

[1] Voici un extrait de ce calcul; nous l'empruntons à la *Maison rustique du XIXe siècle*.

« On suppose, dit Vauban, qu'une truie, la seconde année de son âge, porte une ventrée de six cochons mâles et femelles, dont nous ne compterons que les femelles, attendu que, pour parvenir à la connaissance que nous cherchons, nous n'avons pas besoin des mâles; et, partant. . . . . 3 femelles.

La troisième année, que nous comptons pour la seconde génération; la mère truie porte deux ventrées; ci. . . . . 2 ventrées.

Les trois filles de la première génération, chacune une, font ensemble. . . . . 3 d°.

Total. . . . . 5 ventrées,

qui, à chacune trois femelles, font pour le total de la deuxième génération. 15 femelles.

La quatrième année, qui est la troisième génération, la mère truie, devenue grand'mère, porte deux fois. . . . . 2 ventrées.

Les trois filles de la première génération portent deux fois chacune, et font. 6 d°.

Les quinze filles de la seconde génération portent chacune une fois, ce qui fait. . . . . 15 d°.

Total. . . . . 23 ventrées,

qui, à chacune trois femelles, font pour le total de la troisième génération. . . . . 69 femelles.

Continuant ce calcul, Vauban admet que la septième année la mère ne porte plus.

La huitième année, il cesse d'admettre à la production les trois premières filles de la mère.

Les trois jeunes gens. — Six millions !

M. de Morsy. — Oui, six millions bien comptés. Les calculs du maréchal sont clairs et irrécusables; en rentrant chez moi, je vous les soumettrai, et vous en jugerez vous-mêmes. Ce qui vous paraîtra peut-être moins extraordinaire, mais ce qui au fond l'est davantage, c'est la progéniture d'une truie du comté de Leicester en Angleterre. Des procès-verbaux authentiques, déposés à la société royale d'agriculture de Londres, attestent que cette bête mit bas et éleva, dans le cours de sa vie, trois cent cinquante-cinq petits, dont la vente produisit cent cinquante livres sterling (3,750 fr.).

Augustin. — Tout ce que vous venez de nous apprendre, Monsieur, me fait regretter davantage

---

La neuvième année, il retranche encore du nombre des portières les soixante-neuf arrière-petites-filles résultant de la troisième génération.

La onzième année, qui est la dixième de la génération, les trois cent vingt-une trisaïeules ne comptent plus.

Il n'en résulte pas moins une production de. . . 1,072,473 ventrées.
qui, à chacune trois femelles, font pour le total
de la dixième génération. . . . . 3,217,419 femelles.

Notons : 1° Que l'on n'a pas compté les mâles dans ce calcul ;

2° Que toutes les ventrées ne sont estimées qu'à six cochons, bien qu'elles soient presque toujours plus nombreuses ;

3° Que, bien que les mères, grand'mères, etc., soient plusieurs fois répétées, elles ne sont comptées qu'une fois chacune.

Eh bien, malgré toutes ces restrictions, la production d'une seule truie nous donnera, après dix générations. . . . . 6,434,838 individus.
Otons-en pour la part des loups et des maladies. 434,838

Restera à faire état de. 6,000,000

qui est autant qu'il pe   en avoir en France.

que le cochon soit si laid. Comment le bon Dieu a-t-il pu donner ces formes ignobles à un animal si précieux?

M. DE MORSY *d'un ton grave*. — Mon enfant, je n'attacherai pas à vos dernières paroles plus d'importance que vous n'y en attachez sans doute vous-même, et je ne veux pas y voir un doute blâmable envers la sagesse infinie du Créateur. Mais, croyez-moi, admirons toujours les œuvres de Dieu, même quand leur perfection nous échappe. Si la conformation du porc n'a rien de cette harmonie qui se fait remarquer dans celle du cheval, voyez comme elle est merveilleusement appropriée à sa destination! Le corps du cochon, ramassé, cylindrique, est un véritable sac de viande; aucun animal ne remplit aussi complétement l'espace où il se meut. Renfermez, en effet, son corps dans quatre lignes droites, et vous serez surpris du peu de vide que vous rencontrerez.

Voyez ce groin semblable à un coin et armé du boutoir, espèce de pioche qui permet au porc de fouiller le sol et de chercher dans les entrailles de la terre, si la nourriture est rare à la surface; cette gueule, armée de quarante-quatre dents capables de broyer les os et de briser les coquillages que les flots rejettent sur la grève; ces deux canines qui débordent le museau et fournissent aux tribus sauvages des armes pour se défendre contre les grands carnassiers. S'agit-il de traverser un fleuve, de franchir des marais ou des bourbiers, de pénétrer dans un fourré inextricable, où trouverez-vous un quadrupède en état de suivre un porc?

Plus grand, avec son appétit vorace et son goût

INSTRUMENTS ARATOIRES.   117

pour la chair, il eût été pour nos basses-cours un hôte incommode et dangereux; plus petit, une proie trop facile dans les contrées où, comme dans la Caroline du Sud, les fermiers l'envoient des semaines entières s'engraisser en liberté dans les forêts. A mes yeux, le cochon est un des plus riches présents que la Providence ait faits à l'homme, et ne voir en lui qu'un objet de dégoût est injustice et ingratitude. »

Pendant que M. de Morsy s'exprimait ainsi, un domestique s'était approché de lui et attendait respectueusement qu'il eût cessé de parler.

« Monsieur, dit-il alors, le mécanicien que vous avez fait demander est arrivé. Il vous attend près de la machine à battre; mais il ne voudrait pas commencer à la démonter en votre absence.

— Messieurs, reprit M. de Morsy, voici une bonne occasion d'examiner un des appareils les plus compliqués de ma ferme. Comme je vais me servir bientôt de ma batteuse, j'ai jugé prudent de la faire visiter en détail par un homme spécial. Quelquefois une réparation insignifiante, exécutée à temps, prévient des avaries plus graves. Que de machines, que d'instruments se brisent et se trouvent hors de service, faute d'un boulon ou d'un écrou qu'on a négligé de serrer ou de changer!

La première machine qui résolut le problème de l'égrenage mécanique des céréales fut inventée par un Écossais, dont le nom mérite d'être conservé, André Meikle. Sa machine était loin d'être parfaite, mais si elle laissait beaucoup à désirer sous plus d'un rapport, elle servit de point de départ à toutes les batteuses qui existent aujourd'hui. La machine de

Meikle se répandit assez rapidement en Angleterre, en Allemagne, en Suède, et ne parut en France que vers 1818. L'illustre Matthieu de Dombasle comprit aussitôt tout le parti que l'agriculture devait tirer de ce puissant auxiliaire. Il construisit et modifia assez heureusement la batteuse de Meikle, et son modèle, presque entièrement en bois, fut adopté dans un certain nombre de fermes de l'est et du nord de la France.

Mais ce ne fut qu'à partir de 1840 que le battage mécanique commença réellement à se naturaliser chez nous.

Aujourd'hui c'est par centaines que l'on compte les modèles de la machine à battre. A l'exposition uni-

Batteuse.

verselle de 1855, les constructeurs français, anglais, américains, belges, prussiens, etc., en présentèrent soixante-six, et toutes offraient des dispositions très-ingénieuses. La machine américaine de Pitts remporta le premier prix, la médaille d'honneur. Cette machine, qui excita une admiration générale, a cependant été singulièrement perfectionnée depuis par un mécanicien français, M. Nicolaïs. Elle bat cinq cents gerbes à l'heure, nettoie parfaitement le grain, qui tombe dans des sacs : il n'y a plus qu'à les lier.

C'est la machine que vous avez sous les yeux. Elle sort d'une de nos bonnes fabriques d'instruments agricoles, celle de Cumming d'Orléans.

J'en suis satisfait. J'ai calculé qu'avec elle l'égrenage d'un hectolitre de blé me revient à trente-cinq centimes environ. Le même travail exécuté au fléau me coûterait bien près de trois francs. Il est vrai que je devrais ajouter à ces prix l'intérêt du coût de la machine et la moins-value résultant de son usure.

Charles. — Il n'est pas étonnant qu'en face d'une si grande économie les machines à battre aient été adoptées dans toutes les fermes où l'on sait compter.

M. de Morsy. — D'autant plus que les services que nous rendent les batteuses ne se bornent pas à l'économie en question. D'abord elles suppriment un des travaux les plus abrutissants, les plus pénibles, les plus insalubres de ceux auxquels les ouvriers agricoles sont condamnés. Ce n'était jamais sans une impression douloureuse que je voyais mes aides, sous les ardeurs d'un soleil brûlant ou dans la poussière d'une grange, se livrer pendant des journées entières à un exercice violent où tous les muscles des bras et du tronc étaient en jeu. Rarement la saison se passait sans que l'on eût à déplorer, soit chez moi, soit dans le voisinage, la mort de quelque batteur emporté par une pleurésie ou une fluxion de poitrine. Or, à mes yeux, une machine n'eût-elle d'autre mérite que d'améliorer le sort des ouvriers agricoles, que je considèrerais son adoption comme obligatoire pour tout homme placé à la tête d'une grande exploitation.

Mais outre l'économie que je vous citais tout à l'heure, les batteuses nous en donnent de plus importantes encore. Ainsi, dans les années humides, ou bien lorsque les moissonneurs ont été surpris par ces épouvantables orages qui crèvent en torrents de grêle et de pluie, les gerbes, malgré toutes les précautions, tous les efforts du cultivateur et des siens, ne sont jamais rentrées dans un état de siccité convenable. Soit qu'on les dispose en meules, soit qu'on les serre dans les granges, elles entrent en fermentation; et le grain qu'elles contiennent germe et se détériore plus ou moins complétement. Alors le fermier n'a d'autre ressource que de battre sans retard; mais le battage à la main est d'une lenteur désespérante, et, de plus, les batteurs, recherchés, embauchés à des prix exorbitants, manquent, ou font la loi. Heureux celui qui dans ces circonstances a une batteuse à sa disposition! Alimentée sans interruption par les gens de la maison, fonctionnant jour et nuit, elle exécute en vingt-quatre heures la besogne de quarante batteurs, et sauve ainsi une récolte gravement compromise.

Autour de ces avantages décisifs viennent se grouper des avantages secondaires : ainsi les grains sont plus parfaitement nettoyés; le cultivateur peut profiter d'une hausse passagère pour vider ses greniers;

il peut surveiller une opération qui ne dure que quelques jours, tandis qu'il lui est impossible de prévenir les dilapidations des batteurs travaillant chez lui une grande partie de l'hiver ; le battage au fléau n'apprête pas aussi bien la paille destinée à la nourriture des bestiaux que l'appareil mécanique ; enfin le batteur, quel que soit le mode de rétribution allouée, qu'il travaille à la mesure ou à la journée, n'a aucun intérêt à extraire complétement le blé de la paille. »

Le mécanicien avait mis à nu les organes de la machine pendant que M. de Morsy donnait ces détails à nos jeunes gens. Grâce aux explications de leur hôte, ils se rendirent parfaitement compte de l'ensemble du mécanisme, des fonctions et du jeu des pièces les plus importantes. Augustin, pour qui tous les engins mécaniques avaient un vif attrait, était émerveillé.

« Mais comment, demanda-t-il, mettez-vous cette batteuse en mouvement? Pour donner à ces batteurs une vitesse de mille tours à la minute il faut une force énorme.

— Énorme, non. Voyez-vous là-bas cette locomobile de six chevaux-vapeur? elle est très-suffisante pour faire marcher la batteuse.

— Une machine à vapeur dans une ferme?

— Eh! pourquoi pas? pourquoi, nous autres agriculteurs, nous priverions-nous, pour nos travaux d'intérieur, d'un serviteur docile, puissant, infatigable, qui ne dépense que lorsqu'il travaille, et proportionnellement à la besogne qu'il fait? A l'heure qu'il est, il n'est pas en Angleterre d'exploitation un peu importante qui n'ait sa locomobile ou sa machine fixe. Au train dont vont les choses en France, j'espère qu'il ne se passera pas un demi-siècle avant que la vapeur soit aussi bien accueillie à la ferme qu'elle l'est déjà dans la fabrique.

Une des causes qui ont peut-être le plus contribué à cette lourdeur, à cette infériorité intellectuelle de nos populations rurales, c'est la somme de travaux purement manuels de la culture, travaux pénibles, monotones, n'exigeant que l'emploi brutal des forces physiques. Rien n'engourdit, ne tue l'esprit, comme ces corvées qui n'intéressent que les bras. Avec la machine à vapeur, l'homme reprend son véritable rôle. Il dirige une force aveugle. Quoique la machine à vapeur, tant par l'uniformité de son mouvement, par la facilité avec laquelle on règle sa force et sa vitesse, que par son économie, soit le moteur par excellence, dans beaucoup d'exploitations on donne encore la préférence au manége. Il permet d'utiliser les attelages dans les moments où ils sont sans emploi. Mais, si bien agencé, si bien construit que soit un manége, et nous en possédons de très-bons, il est loin d'offrir les avantages d'une machine à vapeur. D'abord il exige un très-grand emplacement; ensuite, comme les chevaux et les bœufs ne peuvent aller qu'au pas, chaque fois qu'on veut demander à un manége de transmettre à un mécanisme une grande vitesse, pour multiplier la vitesse si faible des chevaux, on en est réduit à des complications d'engrenages qui absorbent en pure perte une partie de la force produite par le moteur.

Ma locomobile ne me sert pas seulement à faire marcher mes batteuses. Elle remplit mes bassins, met en mouvement mon hache-paille, mon coupe-racines, monte mes foins dans mon grenier, que sais-je encore, en attendant qu'elle exécute mes labours en traînant mes charrues, mes scarificateurs, mes herses, mes rouleaux.

Charles. — J'ai en effet entendu parler d'essais de labourage à la vapeur par des personnes qui ne me parurent avoir qu'une médiocre confiance dans ces tentatives.

M. de Morsy. — Cela ne m'étonne pas : en France, nous commençons invariablement par rire de toute idée nouvelle. C'est un travers national qui a son bon et son mauvais côté. Toujours en est-il que déjà le labourage à la vapeur se répand assez en Angleterre pour qu'à l'heure qu'il est les constructeurs de ces appareils aient grand'peine à suffire aux commandes qui leur sont adressées.

Nous sommes loin d'être aussi avancés. On ne compte que quelques exploitations où on laboure à la vapeur. Mais déjà nos constructeurs entrent en lice avec ceux de l'Angleterre, et nous avons eu des concours où les appareils de Lotz de Nantes, du marquis de Poncins, de Bodin, ont lutté avec ceux d'Howard et de Fowler.

Il est clair que le prix très-élevé de cet outillage sera le plus grand obstacle à sa propagation chez nous. Une amélioration, si grande, si réelle qu'elle soit, par le seul fait qu'elle exige une avance de fonds considérable, n'est que trop capable de tenir longtemps en échec nos cultivateurs, bien moins riches, et surtout bien moins hardis et moins entreprenants que leurs confrères d'outre-Manche. Mais laissez faire le temps, et vous verrez que le labourage à la vapeur ne restera pas plus en route que les batteuses, les moissonneuses, les faneuses, etc.

Voici en attendant comment s'établit la supériorité du labourage à la vapeur sur celui qui s'exécute avec des bœufs ou des chevaux. On peut avec le premier labourer en tout temps, à toute profondeur, et avoir facilement raison des sols les plus durs, les plus rebelles.

Le champ n'est pas battu, piétiné sous les pas des animaux, qui, lorsque la terre est humide et grasse, la corroient, pour ainsi dire, et détruisent en partie le travail de la charrue.

La rapidité avec laquelle s'exécute l'opération permet de la répéter autant de fois que l'utilité s'en fait sentir. On peut, en cas de presse, commencer le travail de meilleure heure qu'avec des chevaux et le prolonger même pendant la nuit, chose impossible avec des moteurs animés, à moins de disposer de triples attelages.

Des calculs comparatifs prouvent que, s'il s'agissait de créer de toutes pièces une exploitation agricole, bâtiments, outillage, animaux, il y aurait avantage notable dans les frais de premier établissement et dans le capital de roulement en adoptant le labourage à la vapeur.

Parmi les objections que l'on a faites à cette grande innovation, il en est une assez spécieuse. Avec la vapeur, dit-on, vous aurez moins d'animaux, partant moins de fumier, qui est le nerf de l'agriculture. Et pourquoi, dans une ferme où les labours, les défoncements seraient exécutés mécaniquement, aurait-on moins de bestiaux? On pourrait, au contraire, avec une culture plus intensive, en nourrir davantage. Seulement, au lieu d'employer son foin, son herbe, ses racines, à l'alimentation d'animaux moteurs, on les emploierait à celle d'animaux de boucherie, que l'on vendrait à l'âge où les premiers commencent à travailler. Ne vaut-il pas cent fois mieux se procurer sa force motrice avec de la houille qu'avec des fourrages dont on peut faire de la viande?

Reste une dernière considération. Tous les cultivateurs savent combien ils seraient plus tranquilles, plus maîtres de la direction de leur exploitation, s'ils pouvaient se passer de journaliers, d'hommes de corvée, qui font presque toujours défaut au moment où l'on en a le plus besoin, et exécuter leurs travaux avec le personnel fixe de la ferme, personnel dressé, dont on connaît les aptitudes, les qualités, les défauts, et que l'on a toujours sous la main. Chaque fois qu'une machine s'introduit chez nous, nous faisons un pas dans cette voie, et en même temps nous élevons la condition de nos coopérateurs, en les déchargeant d'un travail purement manuel pour faire un appel à leur intelligence.

Augustin. — Vous ne nous avez pas dit, Monsieur, de quelle manière on s'y prend pour labourer à l'aide de machines à vapeur. On est donc obligé de poser des rails dans les champs? car il me semble impossible qu'une locomotive se promène dans une terre labourée.

M. de Morsy. — Ce serait assez difficile en effet : aussi dans la plupart des systèmes en ce moment en présence les machines restent-elles fixes à l'extrémité du champ de labour.

Voici en gros comment les choses se passent chez M. le marquis de Poncins, qui, tout en conservant le fond du système d'Howard, y a apporté, en l'établissant sur son exploitation, d'heureuses modifications.

La locomobile de M. de Poncins reste immobile pendant toute la durée du travail. Elle est munie de tambours enrouleurs et dérouleurs, et ceux-ci, commandés par la machine, attirent alternativement des câbles métalliques encadrant le champ à labourer. C'est à ces câbles qu'est fixée la charrue, si je puis donner ce nom à un cadre en fer de dix mètres de longueur et supporté par quatre roues, que l'on arme, suivant la nature du travail à effectuer, de socs, de coutres, de versoirs, de herses, etc.

Quand la locomobile de M. de Poncins a fini sa besogne, elle se transforme en un clin d'œil en locomotive, et revient au logis traînant après elle un wagon où les ouvriers et une grande partie des appareils de culture trouvent place.

Il y a dans mon cabinet une grande planche représentant une vue générale d'un labourage à vapeur tel qu'il s'exécute chez M. le marquis de Poncins : elle vous en apprendra plus que toutes les explications que je pourrais ajouter.

Augustin. — Ainsi, même en France, on n'en est plus aux tâtonnements, aux expériences, et le labourage à la vapeur a fait ses preuves dans la pratique. Quelle révolution dans toutes les habitudes agricoles quand on labourera, on sèmera, on moissonnera avec des appareils mécaniques mus par la vapeur! Et vous pensez, Monsieur, qu'on en viendra là?

M. de Morsy. — C'est au moins très-probable, sinon certain. Mais, en attendant ces merveilles de l'avenir, continuons notre revue d'instruments... Mais tenez, à propos d'instruments, regardez, pendu à ce clou, ce fléau que j'ai rapporté du département de l'Ariége, et que je conserve comme un spécimen de la routine. Dites-moi s'il est possible d'imaginer un outil plus mal conçu par rapport au but auquel il est destiné; et cependant il est d'un usage général dans le pays où je l'ai pris, et quelques propriétaires ont vainement essayé d'en faire adopter un meilleur. Les nôtres du moins sont judicieusement construits : le manche, le bras du levier, est mince et deux fois et demie plus long que le batteur; celui-ci est court, et lourd surtout vers son extrémité. Ainsi établi, le fléau, aisément soulevé et agité en l'air, retombe de tout son poids sur l'épi, et produit tout l'effet qu'on en peut attendre.

Dans celui-ci, au contraire, le manche est gros et court, et le batteur long, mince et léger. Paraît-il croyable qu'une population puisse employer un outil qui semble un défi porté aux plus simples notions du sens commun!

Augustin. — C'est prendre un marteau par la tête et cogner avec le manche. Mais je croyais avoir lu que dans le Midi on ne se servait pas du fléau, et que l'on égrenait les céréales en faisant piétiner les gerbes par des mules.

M. DE MORSY. — Dans presque tous les départements situés le long de la Méditerranée, ce procédé est presque exclusivement employé. Sur une aire de quinze à vingt mètres de diamètre on étend une épaisse couche de blé; un conducteur se place ensuite au centre de l'aire : tenant dans ses mains les guides de deux, quatre et jusqu'à six paires de mules, il les fait trotter en cercle, tandis que plusieurs hommes, à l'aide de longues fourches, poussent sous les pieds des animaux la paille qui n'a pas été suffisamment froissée. Le dépiquage est très-expéditif, et l'on prétend qu'un haras de vingt-quatre chevaux peut dépiquer par jour 3,200 gerbes de blé, rendant 200 hectolitres de grain. La rapidité de l'opération et l'amélioration de la paille sont, du reste, les seuls et faibles avantages de ce procédé. D'abord, aucun mode d'égrenage, tout bien calculé, n'est aussi dispendieux ; ensuite, comme il est impossible de disposer sous un abri quelconque une aire assez vaste pour que le cercle parcouru par les chevaux ou les mules ait un diamètre suffisant, si malheureusement le temps se met à la pluie ou à l'orage pendant l'opération, le cultivateur éprouve inévitablement une perte considérable.

En Espagne, en Italie, même dans quelques-uns de nos départements, les paysans attellent des bœufs, des chevaux ou des mulets à des cylindres cannelés ou garnis de dents, et font passer et repasser ces rouleaux sur leurs gerbes.

Parmi ces appareils il en est de très-ingénieusement disposés, et dans les environs d'Agen j'en ai vu un qui, traîné par un seul cheval, et desservi par un homme et quatre femmes, dépiquait fort convenablement 20 hectolitres de blé par jour; mais le travail s'exécutait en plein air; il ne peut même pas s'exécuter autrement, parce qu'il est indispensable que la paille soit échauffée par les rayons du soleil pour laisser plus facilement échapper le grain.

Les rouleaux, quoique sous tous les rapports inférieurs aux machines à battre, rendent de grands services dans les exploitations du sud et du sud-ouest, partout enfin où la précocité de la moisson et un ciel ordinairement pur et radieux, même assez avant dans l'automne, permettent d'opérer en plein soleil.

Sous ce hangar, ajouta M. de Morsy en ouvrant la porte d'un vaste hangar qui communiquait avec la grange, voici ma collection d'instruments.

Ce semoir, qu'après beaucoup de tâtonnements j'ai fini par adopter tout à fait, parce qu'il convient parfaitement à mes terres un peu fortes, est encore une importation anglaise. Il a cependant été construit en France. C'est le semoir de Smith.

Vous comprendrez facilement comment il fonctionne. La graine, placée dans la caisse, tombe au moyen d'une série de disques armés de cuillers dans les conduits aboutissant à l'extrémité des socs qui tracent les sillons. Tous ces disques sont commandés par un axe horizontal auquel un système d'engrenage centré sur l'essieu des roues qui portent tout l'appareil, donne le mouvement. Le semoir fonctionne donc dès qu'il se met en marche, et l'émission de la semence se règle sur la rapidité de la progression de l'instrument; quoique forcément assez compliqué, il est beaucoup plus facile à manier et moins sujet à se déranger que nos anciens semoirs. Avec deux chevaux pour le traîner et deux ouvriers, l'un qui

Semoir.

dirige l'attelage, et l'autre qui s'occupe de l'instrument, je puis ensemencer entre trois et quatre hectares par journée de dix heures.

CHARLES. — Mais un bon semeur doit aller beaucoup plus vite... presque aussi vite qu'il peut marcher.

— C'est vrai. Les habiles semeurs de la Picardie emblavent jusqu'à cinq hectares par jour. Mais quelle que soit leur adresse à répandre uniformément la semence, leur travail, si bien qu'il soit fait, ne vaut pas celui du semoir.

Le semoir a deux avantages : il sème en ligne, et

INSTRUMENTS ARATOIRES. 131

de plus il place la graine à une profondeur déterminée et la recouvre immédiatement. De cette façon elle est non-seulement mise à l'abri de la voracité des oiseaux, mais chaque graine se trouvant dans les meilleures conditions pour germer, on économise près d'un tiers de la semence qu'emploierait un semeur à la main, parce qu'avec lui il faut faire la part des oiseaux et la part des graines qui ne lèveront pas, soit parce qu'elles seront trop enterrées, soit parce que la herse les laissera sur le sol. Vous savez que c'est avec la herse que l'on couvre les graines semées à la volée. Là, à droite, vous voyez une demi-douzaine de herses. Elles ne diffèrent entre elles que par leur poids, résultant de la matière dont sont faites leurs dents, fer ou bois, et par la force et la longueur de celles-ci.

Augustin. — Est-ce aussi un instrument aratoire que couvre cette grande enveloppe de toile goudronnée.

M. de Morsy. — C'est une de ces moissonneuses mécaniques dont je vous ai déjà dit quelques mots. Je vais faire enlever sa chemise, pour que vous l'examiniez à votre aise.

Voilà une des dernières et des plus précieuses conquêtes de l'agriculture. Je dis conquête parce que les moissonneuses ont fait leurs preuves et acquis droit de cité dans nos exploitations. Est-ce à dire que la meilleure des moissonneuses soit, je ne dirai pas parfaite, mais aussi bonne qu'elle pourra l'être, qu'elle le sera certainement dans quelques années? Non, sans doute. C'est l'ingénieur qui invente une machine, mais ce sont ceux à qui elle est destinée, ceux qui s'en servent qui la corrigent en s'apercevant de ses défauts, que peut seule révéler la pratique. Ce sont eux qui indiquent les désidérata, les améliorations à faire. Jamais le plus habile constructeur ne nous donnera seul et du premier jet une bonne machine agricole, il faut l'intervention du cultivateur. Si les moissonneuses laissent encore beaucoup à désirer, c'est qu'il n'y a, ni assez longtemps qu'on s'en sert, ni assez de gens qui s'en servent. Or leur emploi ne prendra de l'extension, ne se généralisera, quelques avantages qu'il puisse offrir, qu'à mesure que le niveau intellectuel s'élèvera dans nos campagnes. Pour conduire, régler une moissonneuse, il faut être en état d'observer, de réfléchir, de raisonner : eh bien ! demandez donc tout cela à la majorité des gens que nous employons ? Aussi longtemps qu'au lieu d'aides intelligents, zélés, qu'au lieu de coopérateurs intéressés à nos succès, nous aurons des valets récalcitrants, ignorants et têtus, deux défauts qui vont ordinairement de compagnie, toujours prêts à dépenser de la force musculaire, de la force brutale, là où il faudrait dépenser de l'intelligence, tous les instruments qui demandent des soins, du tact, quelques notions de mécanique usuelle, ne réussiront pas dans la plupart de nos fermes. L'homme doit être au niveau de l'outil qu'il emploie. Plus un instrument est parfait, plus son rôle a d'importance, plus les services qu'on lui demande sont complexes, plus cet instrument exige un conducteur habile et éclairé. Malgré l'immense supériorité de la locomotive sur la charrette, la première serait entre les mains d'un rustre aussi dangereuse qu'inutile, tan-

INSTRUMENTS ARATOIRES.   133

dis qu'il tirera parti de la seconde. L'homme qui veut ménager ses forces physiques à l'aide d'un engin quelconque, doit, proportionnellement à l'effet utile de cet engin, compenser par un effort d'intelligence le soulagement qu'il donne à ses bras. Mais revenons à ma moissonneuse.

Moissonneuse.

Pour vous mettre en mesure d'apprécier cette ingénieuse machine, il faudrait que je puisse vous la montrer fonctionnant. Son organe le plus important, sa scie, est animée d'un mouvement de va-et-vient excessivement rapide, mouvement que lui donne chaque tour de roue. Les tiges de blé que le volant, aidé du râteau, dans la première période de son évolution, a infléchies contre la scie sont coupées par elle : puis le râteau, qui a concouru avec le volant à abaisser les tiges sur le tablier, par un brusque mouvement automatique vers la gauche, ramasse ces tiges, les pousse hors du tablier, et les dépose en javelles sur le champ.

Presque toutes les moissonneuses qui existent aujourd'hui ont emprunté à l'inventeur de celle-ci, un Américain, Mac-Cornick, l'idée de sa scie, de son tablier, de son volant, et n'ont au fond modifié que les transmissions de mouvement, la disposition des pièces, la forme du bâti. La gloire, le mérite de Mac-Cornick est d'avoir fourni le type de toutes les machines de ce genre, et d'avoir le premier démontré *pratiquement* la possibilité de substituer un engin mécanique à la faux, à la sape, à la faucille. Aussi, en lui accordant, à l'exposition universelle de 1855, la grande médaille d'honneur, le jury a-t-il voulu récompenser l'*inventeur*, car sa machine, à beaucoup près, ne valait pas celle-ci, qu'il a heureusement perfectionnée vers 1862.

Je n'ai pas besoin de vous faire ressortir les avantages des moissonneuses : ils sont trop évidents. L'époque de la moisson a toujours été pour nous un moment de crise, qui s'aggrave d'année en année. Sans machines nous sommes à la merci d'ouvriers nomades, exigeants par fois au delà de toute mesure, nous faisant durement la loi, et trop souvent il fallait subir cette loi du plus fort, ou voir le travail s'arrêter, et les faulx, tout à coup inactives, laisser sur pied des blés dont chaque heure diminuait le rendement d'une manière sensible. Si, grâce à Mac-Cornick, nous ne sommes pas maîtres de la situation, du moins n'avons-nous plus besoin d'hommes spéciaux, mais de simples journaliers, hommes, femmes, enfants, que nous trouvons dans le pays, que nous connaissons, qui nous connaissent, et nos intérêts communs nous commandent des égards réciproques.

Faisons quelques pas à droite et derrière la moissonneuse, vous verrez d'autres machines qui coupent, fanent et rassemblent les fourrages. Voici d'abord la faucheuse.

Faucheuse.

Les détails que je vous ai donnés sur la machine à moissonner rendent pour celle-ci toute explication inutile.

Vient ensuite la faneuse. Elle est traînée par un cheval et armée d'une série de longues dents, qui, dès que la machine est mise en marche, prennent un mouvement rotatif très-rapide. Les dents rasent la terre de plus ou moins près selon la volonté du conducteur, soulèvent le foin et le lancent en l'air beaucoup plus vite qu'on ne pourrait le faire à la main.

Ce nuage de foin qui vole et tourbillonne en l'air, et semble retomber en pluie, offre, vu à certaine distance, un spectacle presque fantastique pour celui qui ne sait pas ce que c'est.

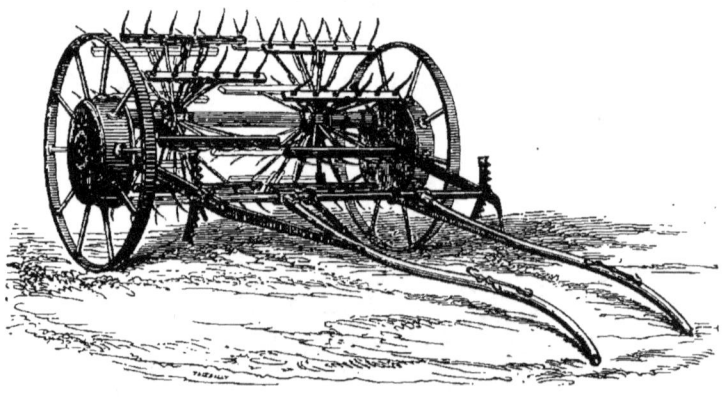

Faneuse.

Quand la faneuse a séché le foin et l'a bien éparpillé, voici pour le rassembler un autre instrument,

Râteau.

également attelé d'un cheval. Il suffit de le regarder pour comprendre son mode d'action. Dès que les dents de ce puissant râteau sont suffisamment chargées, à l'aide de ce levier, le conducteur, sans arrêter le cheval, le soulève : le foin, abandonné à lui-même, reste en place, et aussitôt un mouvement inverse du levier remet les dents en fonction. »

Parmi les instruments méthodiquement rangés qui garnissaient le local, Augustin remarqua un énorme rouleau. « Voilà, dit-il, une masse qui ne doit pas être facile à mettre en mouvement. Quel poids énorme représente tout ce métal !

M. DE MORSY. — Il pèse en effet environ mille kilogrammes. Deux et souvent trois chevaux ne sont pas de trop pour le faire fonctionner. C'est à notre

Rouleau.

grand agronome, à Matthieu de Dombasle, que nous devons le type de cet énergique instrument. Avec son aide, si dures et si grosses que soient les mottes de terre laissées par la charrue, elles sont brisées et mises en poussière. Le rouleau que vous voyez n'est cependant pas le rouleau squelette de notre de Dombasle. Sa puissance a été singulièrement augmentée par un constructeur anglais nommé Crosskill. Il a d'abord multiplié les disques; et non-seulement dans son appareil les disques sont indépendants comme dans le rouleau Dombasle, où ils étaient simplement enfilés dans l'essieu sur lequel ils roulaient; mais dans l'engin Crosskill ils roulent en outre sur un anneau qui leur permet de monter ou de descendre, selon les inégalités du terrain. Il résulte encore de cette disposition que les disques changent continuellement de position relative, ont une mobilité extrême, et se décrottent les uns les autres. C'est certainement un des instruments les plus parfaits que possède l'agriculture.

Charles. — Monsieur, est-ce une herse, ou une charrue, cet instrument qui me semble tenir de l'un et de l'autre?

M. de Morsy. — C'est un scarificateur quand il est muni des dents que vous lui voyez, et il devient un extirpateur lorsqu'on les remplace par celles que vous apercevez rangées dans ce coffre.

Les scarificateurs et les extirpateurs font le même travail que les herses; mais ils agissent beaucoup plus énergiquement. Les premiers pénètrent assez profondément dans les sols labourés qu'une forte pluie suivie d'un grand hâle a durcis. Ils divisent la croûte, l'émiettent, et la mêlent au reste de la terre. Les seconds sont destinés à arracher les mauvaises herbes. Ce sont des instruments très-commodes, qui font beaucoup de besogne, et dont il est très-difficile de se passer avec des terres fortes et battantes.

Quand les premiers scarificateurs ont paru, leurs partisans enthousiastes affichaient la prétention de rendre les charrues inutiles. C'était aller trop loin. Vous savez maintenant, mes amis, que pour conserver la fécondité d'un champ il faut tous les ans ramener du fond à la surface la moitié inférieure de la couche végétale où s'enracinent les plantes. Or ni le scarificateur ni l'extirpateur ne retournent complétement le sol; ils ne peuvent donc prétendre à détrôner la charrue.

Mais si la charrue retourne bien la terre, elle n'opère sa division, son émiettement, qu'en repassant plusieurs fois à la même place; et trois labours sont dans la plupart de ces cas presque indispensables pour obtenir l'ameublissement complet d'un sol naturellement compacte. Or c'est un long et dispendieux travail que de donner trois façons à un champ avec un instrument aussi lent et aussi lourd qu'une charrue.

On peut donc dire avec beaucoup de raison aux enthousiastes du scarificateur et de la charrue : Ces deux outils ont chacun leur spécialité; retournez vos chaumes et vos trèfles avec une bonne charrue, puis ensuite, avec le scarificateur, brisez les mottes et les racines, aplanissez et pulvérisez vos guérets. Demandez à chacun de ces instruments la seule besogne qu'il exécute bien. Un scarificateur traîné par un cheval, dès qu'il ne s'agira plus que d'ameublir, fera deux fois plus d'ouvrage qu'une charrue traînée par trois chevaux, et cet ouvrage sera plus fini.

Le scarificateur, plus que toute autre machine

aratoire, a besoin d'être approprié au sol dans lequel il doit agir. Une bonne charrue se tire à peu près partout d'affaire; il n'en est pas de même du scarificateur : celui qui ferait merveille dans une contrée sablonneuse ne rendrait aucun service dans une terre tenace et *collante ;* il suffit de jeter un coup d'œil sur les instruments que voilà pour vous en convaincre. Ce scarificateur est celui de Roville; il est armé de sept socs disposés sur quatre lignes et solidement fixés à un châssis ayant la forme d'un triangle dont le sommet est tronqué.

Les trois socs placés en arrière des deux premiers labourent la portion du sol que ceux-ci ont laissée intacte; en sorte que, lorsque l'instrument marche, la bande de terre située entre les deux socs extrêmes se trouve intégralement attaquée.

Plus le sol est argileux et résistant, plus il est nécessaire d'adopter des socs pointus et étroits, de les rapprocher, et au besoin d'en retrancher quelques-uns.

Dans les terres très-légères, au contraire, comme il est superflu de favoriser la pénétration des socs, qui est assurée, on peut, pour obtenir un effet utile plus grand, les élargir, les espacer, les multiplier, disposer, en un mot, tout l'instrument de manière à ce qu'il prenne à la fois une large bande de terre.

J'ai choisi ces exemples aux deux extrémités de l'échelle servant à mesurer les divers degrés de ténacité que présentent les sols, afin de vous faire mieux comprendre l'utilité et le but des modifications que tout agriculteur, selon la nature de ses terres, doit apporter à ses scarificateurs. Les espèces de gros cylindres que vous voyez à côté sont les rouleaux. Nous les employons dans les contrées sablonneuses pour raffermir le sol, le plomber et unir sa surface.

En général, on doit herser avant de semer, herser une seconde fois après avoir confié les grains à la terre si l'on ne s'est pas servi d'un semoir mécanique, et enfin rouler. Les jardiniers opèrent de la même manière, comme vous avez dû le remarquer plus d'une fois; seulement, au lieu de herses, ils ont des râteaux, et, après avoir opéré les semis, ils plombent la terre avec leurs pieds chaussés de sabots plats.

Si maintenant nous allions retrouver à la laiterie Mme de Morsy et Léonie? »

CHAPITRE IV

LA LAITERIE, SES TRAVAUX ET SES PRODUITS.

La laiterie de la ferme des Landes est en partie située au-dessous du niveau du sol; on y descend par un large escalier de six marches. Elle se compose de quatre pièces voûtées en plein cintre et éclairées par le haut et par les côtés. Chacune de ces salles a sa destination spéciale, et sert exclusivement : 1° à conserver le lait; 2° à faire le beurre; 3° à la fabrication des fromages; 4° à laver et à rincer les vases et les ustensiles.

Nos jeunes gens et leur guide aussi aimable que savant n'étaient plus qu'à quelques pas de l'escalier dont il vient d'être question, quand Léonie, l'œil animé, la physionomie radieuse, franchit lestement la dernière marche, tenant à la main une jolie assiette bleue, où sur une large feuille de vigne s'élevait en forme de pyramide triangulaire un morceau de beurre gros comme le poing. En apercevant son frère, la petite fille jeta un cri de joie :

« Tiens, Augustin, regarde, dit-elle, mais n'y touche pas! »

Augustin, qui ne comprenait rien à l'extase de sa sœur devant un morceau de beurre, ouvrait de grands yeux. Sa figure étonnée, en face de la figure triomphante de Léonie, offrait un de ces naïfs tableaux dignes de la palette d'un artiste.

« Mais tu ne vois donc pas, reprit la jeune fille, que c'est du beurre de ma façon? J'ai moi-même recueilli et battu la crème dans une baratte de cristal; j'ai ensuite lavé mon beurre à grande eau pour en exprimer le petit lait; après cela je l'ai mis en forme, et ce soir je le porterai à maman. N'est-ce pas, madame de Morsy, que c'est mon ouvrage?

Mme DE MORSY. — Oui, Messieurs; je n'ai fait que donner les indications nécessaires à cette chère enfant, et, comme elle vous le dit, ce beurre est entièrement de sa façon.

AUGUSTIN. — Allons, Léonie, te voilà plus savante que moi.

Mme DE MORSY. — Ne riez pas trop, Monsieur; en une heure Mademoiselle s'est parfaitement mise en état de vous expliquer tous les détails de la fabrication du beurre.

M. DE MORSY. — Puisque Léonie peut me remplacer ici, Messieurs, vous me permettrez bien de vous quitter un moment; j'ai quelques ordres à donner.

LÉONIE, *toute confuse*. — Madame, ils vont se moquer de moi! Je ne me rappelle déjà plus ce que vous avez bien voulu me dire.

AUGUSTIN. — Voyons, petite sœur, ne te fais pas prier, et montre à Madame qu'elle n'a pas perdu son temps en essayant de t'instruire; c'est la meilleure manière de la remercier de son obligeance. Nous t'écoutons.

Mme DE MORSY. — Entrons d'abord dans la *salle au lait.* »

La première chose qui frappa nos jeunes gens en pénétrant dans cette pièce fut l'exquise propreté qui brillait de toutes parts. Figurez-vous, lecteur, une chambre de moyenne dimension pavée en dalles bleues. Tout autour des murs règne, à hauteur d'appui, une table en maçonnerie soutenue par de légères voûtes surbaissées. Sur cette table, revêtue, ainsi que la partie de la muraille qui l'avoisine, de plaques de faïence d'une blancheur éclatante, sont symétriquement rangées des terrines larges et peu profondes. Ces terrines rouges, dont la couleur se détache vivement sur celle de la faïence ; ces dalles bleues, mollement éclairées par le demi-jour que tamisent les vitres dépolies des fenêtres, donnent à la laiterie de la ferme des Landes un aspect coquet et gracieux, dont il est impossible de n'être pas surpris et charmé.

« C'est ici, dit Léonie, encouragée par un sourire de Mme de Morsy, qu'on apporte le lait aussitôt après la traite ; on le verse, en le remuant le moins possible, dans les terrines que vous voyez.

Mme DE MORSY. — Vous rappelez-vous, mon enfant, ce que je vous ai dit des trois parties, des trois éléments qui constituent le lait? Il faudrait commencer par l'expliquer à ces messieurs.

LÉONIE. — Le lait se compose de trois éléments bien distincts : la crème, le caillé et le petit-lait.

Avec la crème on fait le beurre ; avec le caillé, le fromage ; le petit-lait se consomme en nature ; cependant, en le faisant évaporer, on obtient du *sucre* de lait.

La séparation des trois éléments constitutifs du lait s'opère naturellement; il suffit de le laisser en repos. Mais on a remarqué que cette opération était beaucoup plus prompte et plus complète, premièrement, lorsque le lait était déposé dans de grandes terrines bien larges et très-peu profondes; secondement, lorsqu'on plaçait ces terrines dans un lieu frais où la température n'éprouvait pas de brusques variations. On a encore remarqué que la crème contractait très-facilement une mauvaise odeur, et qu'on ne saurait tenir trop propre la laiterie, ses vases et ses ustensiles; mal lavés, ils communiquent à la crème un goût sur, qui se transmet au beurre lui-même. Vingt-quatre heures environ après que le lait a été versé dans les terrines, toute la crème qu'il contient monte à la surface; on la recueille alors avec une espèce d'écumoire sans trous, on la verse dans une baratte, on la bat, et le beurre se forme. Il ne s'agit plus alors que de le pétrir en tous sens, sur une table de marbre, pour exprimer le petit-lait qu'il contient. On lui donne ensuite, si l'on veut, une forme quelconque au moyen d'un moule en buis... Est-ce bien cela, Madame?

Mme DE MORSY. — Parfaitement, mon enfant. Si vous saisissez toujours aussi bien les explications que votre maman vous donne, elle doit être bien contente de vous.

CHARLES. — Madame, parmi les notions générales que ma cousine doit à votre enseignement et qu'elle vient de nous transmettre, il en est quelques-unes sur lesquelles je prendrai la liberté de vous demander certains détails, si toutefois je n'abuse pas de votre complaisance.

Mme DE MORSY. — Je me ferai un véritable plaisir de vous communiquer tout ce que je sais, Messieurs; disposez de ma faible expérience.

CHARLES. — Je vous demanderai alors, Madame, si le lait de vache diffère, sous quelques rapports essentiels, du lait des autres animaux domestiques.

Mme DE MORSY. — Le lait de brebis a absolument le même aspect que le lait de vache. Il donne plus de beurre; mais ce beurre est très-pâle et rancit promptement.

Le lait de chèvre a un goût particulier; il est moins gras que le lait de brebis; mais, en revanche, il fournit beaucoup plus de fromage. Il contient donc moins de crème et plus de caillé. Le beurre qu'on en retire, en petite quantité, il est vrai, est très-blanc, et se conserve longtemps frais.

Le lait d'ânesse, où le petit-lait domine, est celui de tous les animaux qui contient le moins de crème et de caillé.

CHARLES. — Le lait de toutes les vaches est-il pareil? S'il l'est, d'où vient que certains pays sont renommés par la qualité de leur beurre, et plus encore par leurs fromages, qui diffèrent totalement entre eux?

Mme DE MORSY. — Le lait de toutes les vaches bien portantes est presque toujours le même. Et s'il est incontestable que certaines races fournissent un lait moins abondant et plus riche en crème, ou l'inverse, je crois qu'il ne faut pas attacher à ce fait une importance exagérée ; dans tous les cantons où les vaches sont bien nourries, bien soignées, il y a d'excellentes laitières. Si, à l'étranger, la Frise [1], le Holstein et la Lombardie ; si, en France, les cantons de Bayeux, Trévières, Isigny, Ryes, Balleroy, expédient au loin des beurres exquis, cela ne tient nullement aux vaches de ces localités, mais aux soins, à l'intelligence des fermières et aux bons procédés qu'elles suivent. Il est impossible de se faire une idée, à moins d'avoir mis la main à l'œuvre, de la facilité avec laquelle la crème s'altère et perd cette saveur fine et délicate qui fait son premier mérite. Un vase mal rincé, un peu de lait aigre oublié dans un coin, un linge malpropre, en voilà plus qu'il n'en faut dans une laiterie pour altérer ses produits. Enfin, si la laiterie elle-même est soumise à de brusques variations de température ; si elle est dans le voisinage d'eaux croupissantes, de fumiers ; si un air pur et frais n'y circule pas constamment, il ne faut pas songer à obtenir des beurres fins, eussiez-vous les meilleures vaches et les plus riches pâturages du monde. Mais à quoi servirait la plus minutieuse propreté sans une bonne méthode de fabrication ? S'il est indispensable d'avoir de la crème parfaite, il est également indispensable de savoir bien l'employer.

J'étais, il y a cinq ans, si persuadée de cette vérité, que je fis exprès un voyage à Isigny, très-décidée à ravir aux fermières de ce pays le secret de leur beurre, dont la réputation est européenne. Grande fut ma surprise quand je m'assurai par mes yeux que le

---

[1] La Frise est une province du royaume des Pays-Bas.

fameux secret des artistes d'Isigny était une chimère de mon imagination, et que ces braves paysannes ne doivent leurs admirables produits qu'à la pratique rigoureuse de certaines précautions bien connues en théorie, mais généralement très-négligées.

Les procédés d'Isigny, de Bray, de la Prévalais, sont si simples, si faciles à suivre, qu'à mes yeux la supériorité incontestable des beurres de ces cantons devrait faire rougir de honte les fermières du reste de la France. Elles ne songent donc pas qu'en envoyant au marché leurs beurres gras, huileux, rances, piquants, elles avouent implicitement qu'elles sont malpropres, négligentes, peu soigneuses [1] ! A Isigny on écrème le lait, on bat le beurre, on le lave comme partout; seulement les laiteries sont nettes comme un plat d'argent, pour me servir d'un vieux dicton de mon pays; les crèmes sont recueillies toutes les douze heures en été, et le beurre est battu dans des ustensiles minutieusement écurés et rincés. Quand le beurre est obtenu à la Prévalais, au lieu de le laver à grande eau, on l'étend sur une tablette de pierre polie. Là on le pétrit avec un rouleau de boir dur, on l'essuie avec des linges mouillés jusqu'à ce qu'il ne contienne plus la moindre gouttelette de petit-lait.

Toutefois j'avoue qu'une paysanne qui ne possède qu'une ou deux vaches ne peut réellement pas faire du beurre fin, et cela par deux raisons.

D'abord, ne recueillant que peu de crème à la fois, elle est forcée de la conserver plusieurs jours jusqu'à

---

[1] Ceci est un peu sévère; mais c'est une Allemande qui parle ainsi, et au fond ce n'est pas sans raison.

ce qu'elle en ait réuni une quantité suffisante pour battre ; or ce n'est qu'avec de la crème fraîche et très-fraîche qu'il est possible de fabriquer des beurres de première qualité. En second lieu, on obtient toujours un beurre d'autant plus savoureux et plus délicat que l'on opère sur une plus grande masse de crème. Toutes conditions égales, la ferme où l'on bat, par exemple, cent litres de crème à la fois, livrera constamment des produits supérieurs à ceux de la ferme où l'on n'en bat communément que vingt litres.

Augustin. — Il ne doit cependant pas être facile de battre à la fois cent litres de crème; il faut alors des instruments très-puissants et des vases d'une grande capacité.

Mme de Morsy. — Il y a des barattes, c'est le nom générique des appareils destinés à transformer la crème en beurre, il y a des barattes, dis-je, de toutes formes et de toutes dimensions.

Passons dans la *pièce au beurre,* et vous en verrez de différents modèles.

Voici d'abord la baratte la plus usitée, celle des petites exploitations; c'est une simple tinette de bois garnie d'un piston. En soulevant et en abaissant continuellement ce piston, le beurre se forme au bout d'une heure environ.

Un peu plus loin est la serène, très-employée dans ma patrie, et que j'ai retrouvée aux environs de Gournay. Ce tonneau suspendu horizontalement sur un axe que supportent deux montants est intérieurement garni de quatre planchettes échancrées et fixées aux douves du fond; elles traversent par conséquent le tonneau. Au moyen d'une bonde carrée on ferme hermétiquement l'ouverture que vous voyez, après y avoir introduit la crème; et deux femmes impriment à tout l'appareil un mouvement de rotation lent et régulier : une demi-heure suffit souvent pour terminer l'opération.

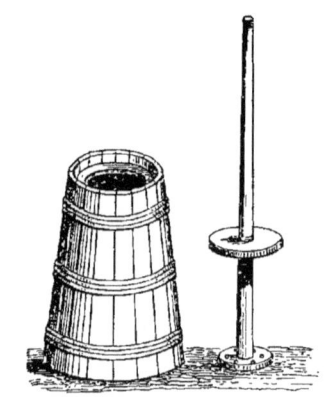

Baratte ordinaire.

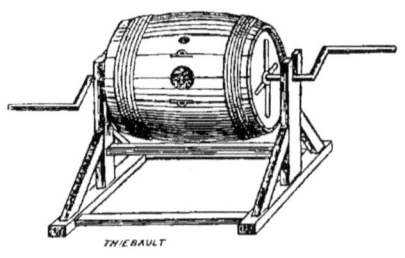

Serène.

J'ai vu des serènes ayant deux mètres de long sur un mètre et demi de diamètre; chacun règle la capacité de son instrument sur le nombre de ses vaches.

Les propriétaires des riches exploitations hollandaises et allemandes ont souvent recours à divers mécanismes pour mettre leurs formidables serènes en action. Quelquefois dans un tambour circulaire et mobile sur son axe ils renferment deux chiens bien dressés ; ces animaux, trottant continuellement, font tourner le tambour qui se dérobe sous eux, et le tambour transmet par un engrenage son mouvement à la serène.

Cela me rappelle une aventure arrivée à M. de Morsy pendant qu'il habitait encore la ferme de mon père.

Un de nos proches voisins possédait une serène à tambour qu'un gros chien danois faisait fonctionner. Le fermier, en montrant son appareil à mon mari, se plaignit que la machine ne tournait pas avec une rapidité convenable, sans doute parce qu'elle était trop lourde comparativement au poids du chien.

« Que ne mettez-vous deux bêtes à la fois dans le tambour? lui demanda M. de Morsy.

— J'y avais songé, répondit notre voisin, mais mon danois ne veut souffrir aucun autre chien avec lui; dès que je lui adjoins un compagnon, ils se battent au lieu de travailler. »

Pendant cette conversation, mon mari avait examiné la disposition de la machine, et s'était aperçu qu'il y avait beaucoup de force de perdue par suite d'un vice dans le mécanisme. Il en fit la remarque au fermier, et lui proposa de remédier à l'inconvénient dont il se plaignait, en déplaçant et en changeant quelques poulies. Notre voisin se hâta d'accepter, et voilà M. de Morsy à l'œuvre. Secondé par le tourneur et le maréchal du village, il acheva son *perfectionnement* dans la journée.

Le lendemain matin, notre voisin nous invita à venir admirer son tambour; et lorsque, sur un signe de son maître, le beau danois prit son poste, nous étions une douzaine de curieux et de curieuses prêts à battre des mains en l'honneur de l'ingénieur français.

La roue s'ébranla avec une facilité merveilleuse; mais bientôt le chien, habitué à trotter modestement, fut obligé de prendre le galop pour suivre le mouvement du tambour, qui au bout de vingt secondes s'accéléra tellement, que le pauvre danois, emporté dans un véritable tourbillon, se mit à pousser des hurlements lamentables. Ces messieurs se précipitèrent pour arrêter la roue; mais le chien avait été tellement secoué, tellement épouvanté, qu'il ne voulut jamais reprendre ses fonctions de moteur; caresses et fouet, tout fut inutile. M. de Morsy fut obligé de modifier son perfectionnement, et notre voisin de se procurer un autre chien.

Je ne sais, Messieurs, si les renseignements que je me suis efforcée de vous donner vous satisfont pleinement. Peut-être auriez-vous encore quelques questions à m'adresser avant que nous passions dans la salle destinée aux fromages.

Augustin. — Madame, oserais-je vous demander quelle est la quantité de lait nécessaire pour obtenir un kilogramme de beurre?

Mme de Morsy. — Il n'y a aucune règle fixe à cet égard. Nous avons dans nos étables des vaches dont vingt à vingt-deux litres de lait rendent un kilogramme de beurre ; trente litres de lait provenant d'autres vaches donnent à peine le même produit.

Je crois avoir remarqué qu'en général les vaches suisses, celles qui fournissent communément le plus de lait, donnent par contre un lait clair et pauvre ; tandis que le lait des vaches normandes et anglaises, dont la traite est beaucoup moins abondante, est excessivement riche. Avec dix-huit litres de lait de ma Durham, je fais en été un kilogramme de beurre ; c'est mon plus beau résultat. A Salzbourg, dans les Alpes, dix-sept litres de lait rendent en moyenne, dit-on, un kilogramme de beurre.

Je calcule que chez moi chaque vache, les bonnes compensant les médiocres, me donne par an dix-huit cents litres de lait, lesquels pourraient produire soixante-dix kilogrammes de beurre.

S'il est vrai que, pour envoyer au marché du beurre de première qualité, une fermière n'ait qu'à le vouloir réellement, il dépend également du chef d'une exploitation agricole de fabriquer les fromages qui peuvent lui offrir le plus de bénéfice. Il transformera, selon sa volonté, le lait de ses vaches en fromage de Brie, de Hollande, de Gruyères, etc. ; car, ainsi que je vous l'ai dit, Messieurs, le principe du lait est invariable, et son produit dépend de la manière dont on l'emploie. Il est aussi facile de faire du fromage de Gruyères en Normandie et du fromage de Brie en Hollande, que du fromage de Hollande en Hollande et du fromage de Gruyères à Gruyères ; le pays n'est rien, le procédé est tout.

Mais avant de se livrer à un genre spécial de fabrication, un fermier doit examiner quelle espèce de fromage lui offrira le moyen de vendre son lait le plus cher.

Je vais tâcher de m'expliquer sur cette question le plus clairement qu'il me sera possible.

Vendre son lait en nature est pour un établissement agricole la meilleure manière de tirer un bon parti du produit de ses vaches, et les exploitations placées à proximité des grands centres de population gagnent plus à y envoyer leur lait qu'à le convertir en beurre ou en fromages.

Mais toutes les fermes ne peuvent pas vendre leur lait en nature ; l'éloignement et le manque de bonnes voies de communication s'y opposent doublement dans la plupart des cas. Alors le cultivateur intelligent étudiera les besoins de la contrée où il se trouve, ainsi que les débouchés sur lesquels il peut raisonnablement compter ; et après des tâtonnements inévitables, il adoptera la fabrication de l'espèce de fromage qui lui fera vendre réellement son lait le plus cher.

Exemple. Pour fabriquer cent kilogrammes de fromage de Gruyères, il faut employer en moyenne quinze cents litres de lait, soit quinze litres de lait par kilogramme de fromage. Or, le fromage de Gruyères valant un franc cinquante centimes le kilogramme, le fermier qui convertit son lait en fromage de Gruyères vend son lait moins de dix centimes le litre, puisqu'il doit tenir compte de ses frais de fabrication. Il calculera donc si, en convertissant son lait en fromage de Brie, de Hollande, de Neufchâtel, ou de Chester, il ne vendrait pas son lait plus cher qu'en faisant du fromage de Gruyères.

Mais remarquez bien encore qu'il ne s'agit pas seulement pour le cultivateur de fabriquer tel ou tel fromage, mais d'en trouver un débouché prompt et facile.

Ce sont toutes ces considérations qui doivent le décider et lui faire adopter soit une seule, soit plusieurs fabrications, variant suivant les saisons.

Ainsi, quoiqu'il soit au fond très-possible de faire partout quelque espèce de fromage que ce soit, l'intérêt même du fermier limite cette faculté. Il est beaucoup de localités où la valeur marchande du lait interdit au fermier de fabriquer telle ou telle espèce de fromage, dont le prix de vente est trop peu élevé en proportion du prix du lait employé à sa confection.

Augustin. — Il est évident, Madame, qu'un fermier qui peut vendre son lait quinze centimes le litre ne devra pas songer à fabriquer des fromages de Gruyères, et ainsi de suite pour les autres fromages.

Victor. — N'est-ce pas, Madame, pour la fabrication des fromages de Gruyères qu'existent en Suisse et dans le Jura des associations connues sous le nom de *fruitières?*

Mme de Morsy. — Oui, Monsieur, et il est bien à désirer que, l'habitude de ces associations gagnant de proche en proche, elles finissent par être généralement adoptées dans les campagnes. Jamais sans les fruitières la fabrication des fromages n'eût été pour les montagnards de la Suisse et du Jura, dont les troupeaux constituent la seule richesse, une source de prospérité et de bien-être.

Du reste, rien de plus simple et de plus facile à établir qu'une fruitière.

Dix, quinze, vingt, trente paysans louent de concert une maison composée de deux chambres et d'une cave; car il faut une laiterie, une fromagerie et un magasin. Ils choisissent ensuite, par voie d'élection, un homme de confiance connaissant à fond tous les détails de la fabrication des fromages, pour diriger exclusivement le nouvel établissement. Sous la surveillance de trois mandataires de la société, cet homme, qui s'appelle *le fruitier*, achète les ustensiles nécessaires et organise la maison commune. Aussitôt que tout est prêt, les associés commencent à apporter matin et soir à la laiterie le lait de leurs vaches. Le fruitier le reçoit, le mesure, et remet à chaque intéressé en échange de son lait une taille pourvue d'autant de coches qu'il vient d'apporter de litres de lait. Pour éviter toute fraude, toute contestation, ces tailles sont doubles comme celles des boulangers, et le fruitier en garde une afin de pouvoir plus tard établir ses comptes lors de la répartition générale des bénéfices.

Une association ne prospère bien qu'autant qu'elle dispose tous les jours de trois à quatre cents litres de lait, et cela pour deux raisons : la première, parce que cette quantité de lait est nécessaire pour la fabrication d'un fromage de Gruyères, et ensuite parce qu'on ne peut faire de bons fromages qu'avec du lait très-fraîchement tiré.

Quand arrive l'époque de la vente, les deux associés qui ont fourni le plus de lait sont ordinairement chargés de traiter avec les acheteurs. Aussitôt le marché terminé et réglé, les mandataires s'occupent de la répartition; ils commencent par payer le loyer, les gages du fruitier et les frais d'établissement; puis, après avoir ainsi prélevé sur la somme provenant de la vente des fromages toutes les dépenses à la charge de la société, ils partagent le bénéfice net aux actionnaires, proportionnellement à la quantité de lait versée au nom de chacun... Mais voici mon mari, qui saura vous exposer mieux que moi tous les avantages des fruitières.

M. DE MORSY. — Mme de Morsy a dû vous le dire, Messieurs, sans les associations dont il est question, la fabrication du fromage de Gruyères, au lieu d'être une industrie accessible aux plus pauvres paysans du Jura et de la Suisse, deviendrait le partage exclusif de quelques grands propriétaires. Supposez, en effet, que les trente associés d'une fruitière voulussent travailler chacun isolément, il leur faudrait trente fromageries, trente chaudières, trente feux. N'ayant pas tous les jours trois cents litres de lait à leur disposition, ils seraient obligés d'opérer en petit, de faire des fromages de tout volume, de tout poids; quelques-uns même se verraient dans la nécessité de mêler ensemble le lait de quatre, de six traites, ce qui rendrait leurs fromages toujours médiocres et très-souvent mauvais. Encore si, perdant de leurs qualités, ces fromages coûtaient moins cher à fabriquer, il y aurait une certaine compensation; mais c'est justement le contraire qui arriverait; le paysan fabriquerait plus chèrement pour vendre à meilleur marché.

Calculez maintenant le temps que chacun perdrait

à surveiller ses fromages (ils demandent des soins continuels), à les porter à la ville; réfléchissez à la fausse situation du pauvre métayer qui, après un voyage de plusieurs lieues, se trouverait dans l'alternative ou de donner sa marchandise à vil prix, ou de la rapporter chez lui pour revenir au marché suivant.

Voilà quel serait sans les fruitières le sort des petits fermiers. Quant aux négociants, aux commissionnaires, qui, grâce à la fabrication en grand, ont pu donner à leurs opérations un caractère commercial, les étendre d'un bout de l'Europe à l'autre; si, au lieu de compléter un chargement, de remplir une commande du jour au lendemain, ils étaient réduits à parcourir les cabanes et les marchés pour recueillir les fromages un à un ; si, au lieu de trouver des lots de fromages d'un poids et d'une qualité uniformes, il fallait sonder, goûter, assortir les fromages les uns après les autres, il n'y aurait bientôt plus de commerce proprement dit, plus de cours, plus de transactions certaines et régulières, mais ce brocantage, ces surprises, ces tromperies, dont nos marchés offrent partout le triste spectacle.

Je me demande souvent comment des associations dans le genre des fruitières ne s'établissent pas partout dans nos villages. Des laiteries centrales où chaque paysan apporterait son lait, où deux ou trois femmes d'une habileté reconnue manipuleraient tout le beurre, tout le fromage de vingt exploitations, doubleraient largement le produit que chaque cultivateur retire de ses vaches. La paysanne qui perd la moitié de sa journée à convertir en mauvais beurre trois ou quatre terrines de lait, qui manque d'emplacement et d'ustensiles, et la riche fermière, dont tous les moments sont si précieux, que réclament tant de travaux divers, dont le rôle devrait se borner à une surveillance incessante, n'auraient plus l'une et l'autre qu'à envoyer à la laiterie commune leurs traites quotidiennes, et seraient complétement débarrassées d'un travail qui, pour être bien fait, demande, outre des connaissances pratiques, une entière liberté de temps et d'esprit. La plus minime quantité de lait serait utilement employée, et participerait aux avantages des manipulations en grand. Enfin les profits seraient clairs et nets, faciles à établir; une charrette au compte de la société porterait en bloc au marché la fabrication d'une semaine, et l'on ne verrait plus une femme et son âne faire seize kilomètres pour vendre un kilogramme de beurre et une demi-douzaine de fromages de dix centimes.

Je ne vous parle pas de l'amélioration des produits, parce qu'elle s'explique d'elle-même. Il suffit qu'une industrie, qu'une fabrication quelconque prenne un caractère manufacturier pour faire immédiatement des progrès immenses. La raison en est simple. L'homme qui travaille en petit ne peut consacrer à ses opérations ni un local spécial, ni des instruments perfectionnés et par conséquent dispendieux. Celui-là seul peut se permettre des frais considérables de premier établissement, dont les dépenses premières, se répartissant plus tard sur une forte masse de matières fabriquées, ne les grèvent par cela même que très-légèrement.

Augustin. — Rien de plus évident : la ménagère qui, par économie, veut faire ses bas et ceux de sa famille, doit les tricoter, et ne peut acheter un métier, parce que le prix de ce métier ne pourrait jamais être couvert par la valeur de la façon d'une douzaine ou deux de paires de bas.

M. de Morsy. — Puisque nous nous comprenons si bien, Messieurs, soyez assez aimables pour m'accompagner dans mon cabinet, où nous causerons plus à notre aise. »

CHAPITRE V

NATURE ET PROPRIÉTÉS DIVERSES DES TERRES. — IRRIGATIONS. — DRAINAGE. — AMENDEMENTS. — ASSOLEMENTS.

M. DE MORSY. — Vous me paraissez animés, mes jeunes amis, d'un désir si vif et si louable de vous instruire, vous prenez tant d'intérêt à tout ce que vous voyez ici pour la première fois, que je vais essayer de vous esquisser à grands traits les principes qui guident ou plutôt qui devraient guider nos cultivateurs. Votre visite à ma ferme ne vous laisserait que des souvenirs vagues et incomplets, que des détails incohérents, si je ne m'efforçais de coordonner toutes les notions que vous avez acquises, tous les faits qui vous ont frappés, toutes les explications que je vous ai données. Vous ne vous occuperez probablement jamais d'agriculture d'une manière spéciale, mais du moins en saurez-vous assez pour comprendre son importance, pour apprécier les travaux des agronomes, pour applaudir à leurs découvertes. Quelle que soit la position où Dieu vous appellera, administrateurs, magistrats, députés, vous ne donnerez jamais le triste spectacle d'hommes jouant un rôle dans l'État, et forcés, chaque fois qu'il s'agit des intérêts agricoles du pays, ou de garder un dédaigneux silence, ou d'étaler au grand jour une ignorance déplorable.

Je crois vous l'avoir déjà dit, l'agriculture est une science; elle repose sur des faits qu'il s'agissait d'observer d'abord, d'expliquer ensuite, et enfin de mettre à profit. C'est ainsi qu'ont procédé les agronomes; leurs préceptes n'ont rien d'arbitraire; ils ne sont que la consécration de faits qui se reproduisent d'une manière constante et uniforme.

Dans les premiers âges du monde, la surface de notre globe se couvrait comme aujourd'hui d'une multitude de plantes de toutes formes, de toutes couleurs, de toutes dimensions. Mais aussi longtemps que la main de l'homme ne s'occupa point d'elles, chacune ne végétait que sous le climat, à l'exposition, dans le sol qui lui convenait spécialement. En vain les vents, les eaux, les oiseaux, ces semeurs de la Providence, apportaient dans une contrée la graine d'un végétal, si cette graine ne tombait point sur une terre qui lui fût éminemment favorable, elle germait; mais la jeune plante périssait bientôt, étouffée, affamée par les autres végétaux possesseurs d'un sol où tout concourait à leur plein et entier développement. De plus, parmi ces derniers végétaux, ceux-là seuls s'emparaient du terrain qui, parfaitement organisés, doués d'une vitalité excessive et d'une croissance rapide, se faisant jour de vive force, absorbaient par leurs racines et leur feuillage la majeure partie de la nourriture environnante et se l'appropriaient aux dépens de leurs frères munis d'organes moins énergiques. Les diverses tribus de l'immense famille végétale vivaient donc, pour ainsi dire, à leur place; et chaque hémisphère, chaque continent, chaque contrée, chaque plateau, chaque vallon, chaque montagne, chaque versant avait ses plantes spéciales, ses arbres particuliers.

L'homme vint; il se fatigua bientôt d'aller chercher à de grandes distances les fruits dont il avait besoin. A mesure qu'il devinait l'emploi d'une plante, qu'il reconnaissait son utilité, il voulut la multiplier aux dépens de celles dont il ignorait l'usage; il défricha donc un enclos; il sema, il transplanta, et l'agriculture naquit.

Mais qu'ils durent être longs, pénibles, incertains, infructueux, les premiers tâtonnements de l'humanité, quand, lassée des fruits acides des forêts, des racines fibreuses et coriaces des légumes primitifs, elle essaya d'affiner les uns et les autres par la culture, par la *sélection*, par la taille, par la greffe!

Car, remarquez-le bien, la providence divine, en revêtant notre globe de sa magnifique robe végétale, n'a fait qu'ouvrir à l'homme un immense atelier où il pût déployer son activité et son intelligence. En effet, si les plantes abandonnées à elles-mêmes croissent avec vigueur, se multiplient avec facilité, elles n'offrent presque aucune ressource alimentaire tant que l'homme ne s'occupe pas d'elles. Le pêcher, le pommier, l'abricotier, le poirier sauvage se couvrent de fruits âpres, pierreux, acides, à peine mangeables. Ces racines nourrissantes, ces légumes savoureux qui paraissent sur nos tables, l'homme ne les a pas trouvés ainsi. Je choisirai un exemple entre mille. Vous rappelez-vous d'avoir souvent rencontré dans les champs incultes, au bord des routes, une plante haute, rameuse, dont chaque rameau se termine par une large ombelle de fleurs blanches? C'est la carotte sauvage, type primitif de la carotte de nos jardins. Tandis que celle-ci demande un terrain bien préparé, bien fumé, des binages, des arrosements, la première, toujours née d'une graine que le vent a éparpillée à l'aventure, se développe haute et vigoureuse sur le revers d'un fossé, et brave les herbes parasites, la sécheresse, et se suffit à elle-même.

Arrachez une carotte domestique (passez-moi le mot), que trouvez-vous? Une racine conique, d'un volume considérable, et, de plus, tendre, sapide, un de nos meilleurs légumes enfin. Croyez-vous trouver quelque chose de semblable, d'approchant même, en déterrant une carotte sauvage? Vous vous tromperiez étrangement. A la place d'une racine fusiforme grosse comme le bras, vous verrez un faisceau de cordelettes sèches, filandreuses, dont l'odeur seule vous rappellera la carotte.

Eh bien! laissez mûrir la graine d'une de ces carottes sauvages, et recueillez-la pour la semer à l'époque convenable dans le meilleur carré de votre jardin; ensuite éclaircissez vos jeunes plants, donnez-leur de fréquents binages, des arrosements pendant les sécheresses, et à la fin de la première année, en procédant à leur récolte, vous aurez de la peine à en croire vos yeux. Vous n'aurez pas encore; il est vrai, une racine unique, mais une espèce de grosse griffe charnue très-capable d'être utilisée. Continuez votre œuvre de régénération, en choisissant tous les ans pour porte-graines les plantes dont les racines seront les plus volumineuses. Ne laissez multiplier que celles-là, et, grâce à vos soins et à votre

Carotte sauvage.

système d'épuration, la cinquième ou la sixième génération formera peut-être une nouvelle variété de carottes, supérieure aux plus belles espèces cultivées dans le pays.

Maintenant supposez qu'après avoir obtenu ce curieux résultat vous voulussiez compléter votre expérience, et que pour cela vous abandonnassiez de nouveau vos carottes à elles-mêmes ; la plupart de ces plantes, affinées par la culture, périront probablement, et celles qui résisteront à ce brusque changement de régime retourneront à l'état sauvage aussi vite que vous les en aviez tirées. Chaque année vous pourriez constater la dégénérescence, et vous verriez peu à peu la partie comestible de la plante s'amoindrir, se ramifier et disparaître.

Ce que je viens, mes jeunes amis, de vous dire de la carotte, je pourrais vous le dire de presque tous les arbres fruitiers, de presque tous les légumes ; leurs types primitifs existent dans les pays dont ils sont originaires et s'y perpétuent depuis la création ; c'est là que l'homme a dû les aller chercher pour les perfectionner, ou plutôt pour les forcer à satisfaire toutes les exigences de son palais, et cela presque toujours aux dépens de leur vigueur et de leur santé.

La culture des arbres fruitiers fut celle qui dans le principe offrit le plus de difficultés à l'homme. La lenteur avec laquelle parurent les belles espèces de poires, de pommes, d'abricots, de pêches, en est la preuve ; presque toutes les bonnes espèces de ces fruits sont des conquêtes modernes.

Sous Charlemagne, vers l'an 800, les châtaignes étaient un fruit aussi rare que précieux ; et en 906, l'évêque Venance, passant à Tours, envoya à sa mère, comme un présent magnifique, une corbeille de châtaignes et de prunes.

Charles V, en 1364, possédait à Paris un verger dont quelques pieds de guigniers, de pommiers et de poiriers constituaient la principale richesse. Ces arbres faisaient partie du domaine de la couronne, et ils figurent dans tous les relevés des objets précieux possédés par ce monarque.

C'est sous François Ier que parurent en France les premières prunes dignes d'un gourmet ; elles furent dédiées à la femme de ce prince, à la reine Claude. La prune de Monsieur date de Louis XIV ; et la première pêche fondante et parfumée fut offerte à Louis XIII.

Mais n'anticipons point sur les faits. Je vous ai montré les premiers habitants de la terre réunissant autour de leurs cabanes les végétaux dont ils apprenaient progressivement à tirer parti ; ils durent évidemment commencer par ceux qui étaient naturellement comestibles et d'une culture facile. L'origine de la taille, qui retranche au profit de la fructification une partie des branches, en forçant la séve à se porter aux fruits, se perd dans la nuit des temps. Il en est de même de la greffe, qui perpétue et fixe invariablement les espèces précieuses obtenues ou trouvées. Les plus anciens agronomes dont les écrits soient parvenus jusqu'à nous parlent de ces deux procédés.

L'utilité des labours ne put tarder non plus à être reconnue : un pieu d'abord, une bêche ensuite, plus tard une charrue informe et grossière attelée d'un âne ou d'un bœuf, telle fut la progression.

Ce serait sans doute une intéressante et curieuse étude que de suivre ainsi de siècle en siècle les tentatives plus ou moins heureuses des divers peuples de la terre pour étendre le domaine de leur culture, de voir apparaître successivement de nouvelles richesses végétales dues, les unes à l'acclimatation de plantes exotiques, les autres à une appréciation plus intelligente des espèces indigènes; mais le temps nous manquerait aujourd'hui pour parcourir ainsi pas à pas toute l'histoire de l'agriculture; bornons-nous donc aux faits les plus capitaux.

Malgré l'excessive fécondité des terres vierges qui s'offrirent aux cultivateurs des premiers âges du monde, ils durent s'apercevoir, au bout d'un certain nombre d'années, que le même champ se refusait à porter toute espèce de récoltes, et que la plante réussissant parfaitement dans telle partie d'un canton languissait et ne donnait qu'un faible produit dans le canton voisin. Le premier agriculteur qui réfléchit et raisonna dut en conclure que toute terre ne possédait pas les mêmes propriétés, et qu'il avait à juger par la couleur, par le poids, par la consistance d'un sol, à quel genre de culture ce sol était le plus propre.

Un second fait vint attirer l'attention des cultivateurs : c'est qu'un sol perdait insensiblement de sa fécondité primitive, se fatiguait de produire même les plantes qui lui convenaient le mieux.

A ces remarques s'en joignit bientôt une troisième : ils s'aperçurent qu'un champ ensemencé trois ou quatre années de suite en blé, par exemple, sans perdre sa fertilité absolue, en éprouvait une notable diminution par rapport à cette céréale, c'est-à-dire cessait de donner de belles récoltes en blé, tout en restant capable de produire d'autres récoltes.

Ainsi donc les plus anciens agriculteurs durent reconnaître la nécessité :

1° D'étudier les propriétés diverses du sol, pour savoir à quels végétaux utiles il était éminemment propre;

2° De rendre aux terres épuisées leur fécondité, soit en les laissant reposer, soit en les amendant et les fumant;

3° De faire succéder dans un même champ des récoltes différentes.

Si profonde qu'on puisse supposer leur ignorance, si peu d'esprit d'observation et de bon sens qu'on veuille leur accorder, il me semble impossible de prétendre que leur attention n'ait pas été attirée par des faits tellement palpables et d'un intérêt aussi capital pour eux. Les premières tentatives pour classer les terres arables en diverses espèces, pour entretenir leur fertilité, remontent donc à la plus haute antiquité.

Jusqu'au milieu du siècle dernier, ces tentatives se bornèrent à des tâtonnements, parce que jusqu'alors l'agriculture n'était qu'un art sans principes fixes, parce que les agronomes, n'ayant d'autre flambeau que l'expérience, ne purent offrir au cultivateur qu'une nomenclature de recettes empiriques. Or avec des tâtonnements et des recettes il est, à la rigueur, possible de trouver et de répandre des procédés agricoles d'une certaine efficacité; mais ces procédés n'auront aucun caractère scientifique; ce ne seront que des applications isolées, fortuites, plus ou moins heureuses, des grandes lois naturelles; la découverte de ces lois pourra seule empêcher le cultivateur de marcher au hasard dans le sentier d'une aveugle routine.

La gloire d'avoir fait passer l'agriculture du domaine de l'art dans celui de la science appartient à la chimie. L'agronome, guidé par elle, entreprit l'analyse rigoureuse des sols et des végétaux, et dès ce moment les axiomes et les théorèmes remplacèrent les recettes, et aux tâtonnements succédèrent les expérimentations méthodiques.

J'ai cru devoir, Messieurs, entrer dans ces détails, dont l'aridité vous a fatigués peut-être, parce que généralement on se fait dans le monde une idée singulièrement fausse des points de dissemblance et de contact qu'offrent l'agriculture ancienne et celle de nos jours. J'ai voulu vous tracer nettement la ligne qui les sépare; vous montrer comment trois grands problèmes agricoles se sont, pour ainsi dire, posés d'eux-mêmes devant l'homme aussitôt qu'il voulut mettre à profit la fertilité de la terre, comment l'agriculture ancienne légua ces problèmes non résolus à l'agriculture moderne. Voyons maintenant celle-ci, éclairée par le flambeau de la chimie et jetant dans le creuset les sols et les végétaux, étudier et classer les terres, démêler les éléments de leur fécondité, calculer la puissance des amendements et des engrais, surprendre les phénomènes de la végétation, et, riche d'observations et de principes, découvrir enfin la théorie des assolements.

La couche de terre arable qui s'étend sur la surface de notre globe varie presque à chaque pas d'épaisseur, de couleur et de nature. Une infinité de corps la composent, depuis ceux qui y dominent jusqu'à ceux dont la présence ne s'y révèle que par des molécules imperceptibles. Parmi ces corps, les uns sont sans intérêt pour le cultivateur, parce qu'ils ne modifient point d'une manière notable les propriétés végétatives dont le sol est doué; les autres, au contraire, soit qu'ils constituent la terre arable elle-même, soit qu'ils ne s'y rencontrent qu'en petites proportions, augmentent ou diminuent la fertilité de la terre à tel point que leur étude est du domaine de l'agriculture.

Trois corps constituent en général toutes les terres végétales.

Ces corps sont l'argile, le sable et l'*humus*.

L'argile est composée de silice, d'alumine et d'oxyde de fer, dans un état de combinaison assez intime pour qu'aucune de ces parties ne puisse être séparée des autres, même par l'ébullition. La silice, véritable oxyde métallique, forme, à proprement parler, la base de l'argile; vient ensuite, dans de moindres proportions, l'alumine, autre oxyde métallique blanc et insoluble; enfin, dans des proportions plus réduites encore, l'oxyde de fer, c'est-à-dire du fer contenant tout l'oxygène qu'il peut contenir.

Vous reconnaîtrez l'argile à sa ténacité; elle est douce et onctueuse au toucher, se pétrit facilement, reçoit et conserve la forme qu'on lui donne; elle s'attache fortement aux pieds des hommes et des animaux, et aux instruments aratoires. Elle absorbe difficilement l'eau, mais la retient longtemps et retarde son évaporation. Exposée aux rayons d'un soleil ardent, l'argile devient dure comme la pierre, prend beaucoup de retrait et se crevasse profondément.

Le sable est rude au toucher, manque de liaison, et n'est en réalité qu'un amas de débris plus ou moins fins de grès, de roches, de cailloux broyés et pulvérisés à la longue. Sa couleur varie ordinairement du gris au blanc passant par le jaune.

L'humus est le résultat de la décomposition d'une masse énorme de corps organisés, animaux et plantes. Toutefois cette décomposition ne produit de l'humus qu'autant qu'elle a lieu à la surface du sol ou à une très-petite profondeur; car si elle s'était opérée sous terre, loin des influences de l'air et de la lumière, il en résulterait, au lieu d'humus, de la tourbe et des lignites.

L'humus, toujours noir ou brun foncé, est léger, poreux, avide d'eau, et se dessèche avec une grande promptitude.

Mais si l'argile, le sable et l'humus forment la base des terres végétales, celles-ci contiennent encore trois substances qui modifient singulièrement leur fécondité. Ces substances sont : la magnésie, oxyde métallique blanc et insoluble, le carbonate de chaux et le sulfate de chaux, ou, pour parler plus simplement, la chaux et le plâtre.

Selon que l'argile et le sable dominent dans un champ, on dit qu'il est argileux ou sablonneux. Si le sable et l'argile s'y rencontrent à peu près dans des proportions égales, on l'appelle argilo-sableux; on joint à cette dénomination le mot calcaire ou magnésien, selon que l'une ou l'autre des substances qu'ils désignent s'y trouve en plus grande quantité.

De même qu'un mélange inégal de blanc et de noir.

produit du gris d'une nuance plus ou moins foncée, de même que les proportions du blanc et du noir font varier cette nuance à l'infini, de même aussi le mélange en proportions inégales de l'argile, du sable, de l'humus, constituent une immense variété de terres.

Or, comme l'argile, le sable, l'humus, considérés sous le point de vue agricole, ont chacun leurs qualités et leurs défauts qui se modifient mutuellement, l'exposé des propriétés diverses de l'argile, du sable, de l'humus, de la chaux, du plâtre, de la magnésie, vous mettra facilement à même de vous faire une idée générale des terres argilo-sableuses, sablo-calcaires, argilo-magnésiennes, etc. etc., et des cultures qui leur conviennent.

Les terrains éminemment argileux font le désespoir du cultivateur, qui trouve toujours très-difficilement le moment de les travailler. Il est impossible d'y entrer quand ils ne sont pas bien ressuyés; car, en tout point semblables à un mortier gras et tenace, ils s'attachent aux pieds des chevaux et aux charrues; et si le laboureur, en doublant ses attelages, est parvenu après d'héroïques efforts à tracer un sillon, il a levé une longue bande de terre lisse et polie comme une ardoise; bien loin de le diviser, il a tassé le sol, qui en séchant deviendra dur comme une aire à battre.

Le laboureur attend-il au contraire que le soleil de l'été ait pompé l'humidité (dans les champs de cette nature elle se conserve très-longtemps), au lieu d'une pâte glissante et compacte, il trouvera une surface âpre et crevassée que sa charrue ne pourra pas entamer.

Le seul instant favorable pour façonner les terres argileuses, c'est l'automne, après les premières pluies; et encore faut-il saisir avec un tact parfait, fruit d'une longue expérience, le court intervalle pendant lequel elles ne sont ni trop sèches ni trop humides; et alors si une brusque variation du temps ne vient pas compliquer l'opération, elle s'exécute bien et sans trop de difficulté.

Le cultivateur doit s'efforcer, par tous les moyens dont il dispose, de diviser et d'ameublir les terres argileuses. Les labours donnés en temps opportun, les récoltes enfouies en vert, les fumiers longs et pailleux, le sable et le gravier favorisent efficacement ce résultat.

Les rudes gelées d'hiver concourent beaucoup aussi à l'ameublissement des sols dont nous nous occupons; si une bonne façon d'automne les a convenablement préparés, l'effet des gelées sur les terres argileuses est magique. Le champ qui avant l'hiver était couvert de grosses mottes présente souvent au printemps l'aspect d'un carré de jardin parfaitement ratissé.

Sur les terres argileuses les récoltes sont toujours tardives, et il n'est pas rare qu'une pièce de blé offrant une belle apparence donne au battage un rendement très-médiocre. Cela tient à l'humidité surabondante du sol, qui favorise plutôt le développement des feuilles et des tiges que celui du grain. Les légumes et les racines, telles que les betteraves et les pommes de terre, y acquièrent parfois une grosseur considérable; mais elles sont souvent creuses, aqueuses et sans saveur. Les fruits des arbres et les herbages présentent les mêmes phénomènes : du volume, mais point de qualité.

Les végétaux qui s'accommodent le mieux des terres franchement argileuses sont :

1° Les grands arbres, dont les racines vigoureuses ne se rompent point quand le sol se crevasse; la rapidité de leur croissance compensera en quelque façon la défectuosité de leur bois, plus tendre et plus pourrissant que celui des arbres venant dans un terrain sec;

2° Toutes les plantes qui ne craignent pas l'humidité et dont le chevelu [1] est très-peu abondant, telles que la luzerne, les pois, les fèves, etc.

Les terrains sablonneux (par ces mots je n'entends pas les sables purs, complétement infertiles, mais les sols qui sur cent parties contiennent de soixante à quatre-vingts parties de sable), les terrains sablonneux, dis-je, sont d'une culture facile et peu coûteuse. Par leur nature sèche, par leur peu de cohésion, ils se façonnent bien en tout temps, soit à la bêche, soit à la charrue.

Autant les argiles qui retiennent l'eau deviennent infertiles dans les années pluvieuses, autant les sables se couvrent alors d'une belle végétation. Dans les années sèches, au contraire, les terrains argileux prennent leur revanche, et tandis que toutes les plantes languissent et se fanent dans les sables, la

---

[1] On appelle *chevelu* l'espèce de chevelure de radicelles dont les racines principales de la plupart des végétaux sont entourées.

fraîcheur des sols d'une nature opposée entretient la vigueur des récoltes.

La grande affaire du propriétaire de terrains argileux est de les égoutter, d'y tracer à cet effet de nombreux sillons d'écoulement, afin que l'eau ne séjourne nulle part. L'eau, en un mot, est un ennemi qu'il ne saurait combattre par trop de moyens. Le plus certain, le plus radical est le drainage, dont j'aurai à vous parler.

Celui qui fait valoir des terres sablonneuses procède tout autrement; au lieu de songer à débarrasser les champs d'une humidité qu'ils perdent toujours trop vite, s'il creuse des rigoles et des fossés, c'est pour retenir les eaux pluviales.

Il y a sur beaucoup de points de la France de vastes contrées sablonneuses d'une stérilité désolante, dont il serait très-facile de tirer un parti admirable au moyen d'irrigations. Malheureusement les travaux nécessaires pour amener à volonté dans les récoltes les eaux d'une rivière, d'un lac, d'un étang, ne peuvent pas être entrepris par un propriétaire isolé. Tantôt les dépenses premières sont trop fortes; plus souvent le domaine d'un voisin moins éclairé, moins industrieux que lui, le sépare de la prise d'eau. Et en attendant que le gouvernement, prenant une heureuse initiative, établisse en France un vaste réseau de canaux d'irrigation, mille fois plus important et plus utile que les chemins de fer, nous conservons au cœur du pays d'affreux déserts, qu'un peu d'eau, agissant aussi merveilleusement que la baguette des fées, transformerait en délicieuses campagnes!

Tenez, continua M. de Morsy en prenant un livre sur sa table, écoutez ce que raconte à ce sujet de Gasparin :

« J'allai ce printemps à Cavaillon, et là j'appris
« ce que l'on pouvait faire des eaux. Les blés, im-
« mergés pour la troisième fois, avaient atteint la
« hauteur d'un homme, quand les nôtres épiaient à
« soixante-six centimètres. Ces blés ont rendu vingt
« fois la semence, les nôtres n'ont produit que cinq ;
« dans les années les plus favorables, la pluie pour
« eux ne remplace jamais l'arrosage, car la pluie
« s'adresse aux fleurs comme aux racines, et fait
« souvent avorter les produits : circonstance qui
« explique la fertilité du Delta, qui n'a jamais vu
« crever un nuage. Mais Cavaillon enlève une se-
« conde récolte de haricots, dont le volume égale
« celui du blé. Nos terres, brûlées par le soleil, ne
« peuvent produire de récoltes intercalaires; ainsi
« c'est une valeur de quatre contre cinq que l'on peut
« obtenir sur ces champs arrosés; ainsi, pour obtenir
« la même quantité de substance alimentaire, on y
« cultive huit fois moins de terrain ! Sur des sols
« toujours frais, la culture devient un jeu, et les
« sept huitièmes des fonds employés pour faire
« le pain de la France pourraient être employés
« ailleurs. »

Les terrains sablonneux ne sont pas les seuls dont l'irrigation quintuplerait la valeur et le produit; tous les sols où l'argile ne se rencontre pas en excès gagnent beaucoup à être arrosés. Mais pour eux l'arrosement n'est pas indispensable, tandis que pour les terres essentiellement sablonneuses, partout où les pluies ne sont pas fréquentes, et l'atmosphère généralement brumeuse, il s'agit très-souvent ou de les laisser en friche, ou de trouver moyen de les irriguer.

Mais autant une certaine somme d'humidité est favorable, indispensable même à la végétation des plantes, autant beaucoup d'entre elles, et les céréales principalement, sauf le riz, s'accommodent mal de cette nappe d'eau stagnante qui dans les terrains peu ou point perméables dort à une certaine profondeur. Aussi l'assainissement des sous-sols trop compactes a-t-il été, dès la plus haute antiquité, considéré comme un puissant moyen d'augmenter la fertilité des terres.

Jusque vers 1830, tous les procédés connus et employés d'égouttement peuvent se grouper en trois catégories : les tranchées souterraines, garnies de pierrailles ou de fascines, dont les Romains faisaient grand usage, mais trop dispendieuses à exécuter et à entretenir pour l'agriculture moderne; les puisards ou boitouts, qui dans la plupart des cas ne produisent qu'un médiocre effet; enfin les fossés d'écoulement à ciel ouvert, ayant une action plus marquée : mais, pour la rendre efficace, il faudrait les multiplier au point de gêner les labours, les charrois des récoltes, etc.

C'étaient naturellement les pays les plus humides, ceux où les récoltes souffraient le plus de l'imperméabilité des terres, qui devaient sentir plus vivement le besoin d'y remédier. L'Angleterre se trouvait dans ce cas; aussi fut-ce en Écosse que le drainage prit naissance. On commença par des rigoles souterraines comme les Romains; mais, pour les rendre plus économiques et plus durables, leur fond n'avait que la largeur d'une tuile plate, que recouvrait une tuile convexe. C'était un progrès réel; mais, comme ces tuiles se fabriquaient à la main et qu'on manquait encore d'un outillage spécial pour creuser les rigoles, l'opération restait toujours trop dispendieuse pour être applicable à de vastes surfaces. Néanmoins les résultats merveilleux que donnèrent ces premiers essais, malgré leur imperfection, éveillèrent l'attention de nos voisins, toujours à l'affût des améliorations agricoles, et aussi prompts, c'est une justice à leur rendre, à tenter ce qui leur offre des chances de succès que difficiles à se laisser rebuter par les premiers obstacles. Les choses allèrent si vite et si bien, que, sous la pression de l'opinion publique, trois années à peine après les premières rigoles tuilées creusées en Écosse, le parlement anglais, en 1836, ordonna qu'une enquête serait faite sur l'utilité du drainage et sur les moyens de perfectionner et de propager le nouveau système. A la suite de cette enquête, qui eut un immense retentissement dans le monde agricole, le parlement accorda, à titre de prêts remboursables par annuités, plus de cent cinquante millions de francs aux propriétaires ruraux qui voudraient drainer leurs terres.

Cette large subvention produisit tout l'effet qu'on en espérait. Tandis que, de leur côté, les agriculteurs se mirent en mesure d'en profiter, les ingénieurs, les agronomes, les savants étudièrent la question sous toutes ses faces et tracèrent les règles à suivre ; pendant ce temps les mécaniciens inventaient des machines destinées à obtenir vite et à bon marché les tuyaux en poterie et toute une série d'outils spéciaux propres à creuser facilement d'étroites et profondes tranchées. C'était aux yeux des Anglais toute une rénovation agricole qui allait s'opérer.

Nous ne pouvions rester indifférents devant un pareil fait. Dès 1846, une de nos plus grandes notabilités financières, le baron James de Rothschild, de retour d'un voyage en Angleterre, où il avait été frappé des effets du drainage, résolut d'assainir par ce moyen une propriété qu'il possédait dans le département de Seine-et-Marne, à Lagny. Cette opération est la première de ce genre qui ait été exécutée en France sur une grande échelle. Son début fut pénible : machines à fabriquer les drains, outils, personnel, il fallut tout tirer d'Angleterre, et, quoique à cette époque la science du drainage fût beaucoup moins avancée qu'elle ne l'est aujourd'hui et quoique l'on n'eût pas donné aux rigoles une profondeur suffisante, les récoltes de toutes les parties drainées du domaine devinrent plus belles et plus abondantes. Aujourd'hui on compte en France une surface drainée de plus de cent cinquante mille hectares.

L'effet utile du drainage est d'autant plus prononcé que les terres auxquelles on l'applique en ont plus besoin. Dans les sols marécageux, le drainage a des conséquences presque prodigieuses.

Elles sont moins accusées dans les sols où les eaux trouvent à la longue un écoulement ou une absorption seulement insuffisante. Mais partout où il est indiqué, le drainage offre les principaux avantages suivants.

Il débarrasse le sol des eaux stagnantes, et l'aération qu'il lui procure développe ses principes fertilisants, qui sans cette aération demeureraient inertes.

La terre, débarrassée d'une humidité surabontante, devient plus friable, plus facile à travailler, plus pénétrable aux influences atmosphériques, s'échauffe plus vite et plus profondément, comme le prouve la maturité plus précoce de toutes les plantes cultivées sur un terrain drainé.

Les racines des végétaux, ne rencontrant plus à une petite profondeur une nappe d'eau où elles pourrissent, mais une terre saine, s'allongent et prennent un développement plus considérable. On s'est assuré de ce fait par de nombreuses expériences directes.

Enfin des cantons malsains se sont transformés par le drainage. Les fièvres intermittentes y sont devenues plus rares, les brouillards moins épais et moins fréquents, les routes meilleures, et l'on a constaté que les hommes et les animaux s'y portaient beaucoup mieux qu'auparavant.

Je regrette de ne pouvoir en quelques mots vous expliquer comment se conduit une opération de drainage. Pour être bien faite, elle exige le concours d'un géomètre expérimenté; car le tracé, la pente, l'écartement, la profondeur des tranchées au fond desquelles on placera les drains, tout cela demande à être rigoureusement calculé, afin que les eaux absorbées trouvent partout un écoulement facile vers les évacuateurs communs qui la rejettent hors du champ.

Charles. — Mais le drainage doit constituer une dépense considérable pour le propriétaire qui l'emploie?

M. de Morsy. — Pas aussi grande que vous pouvez le supposer. Elle varie nécessairement selon la nature des terres, leur configuration, le prix de la main-d'œuvre; mais des relevés faits en France donnent une dépense moyenne de 250 fr. par hectare. C'est encore une avance de fonds assez lourde, j'en conviens; mais le propriétaire en état de le faire rentre en peu d'années dans ses déboursés, par suite de l'augmentation des produits de son domaine. Quelquefois même il y rentre immédiatement par la suppression des fossés d'écoulement, si multipliés sur les exploitations à sous-sol imperméable. Voici à ce sujet un calcul qui a été fait dans le département du Nord. Entre Lille et Dunkerque, la superficie des terres employées aux fossés d'écoulement est évaluée au trente-cinquième des terres labourables. Dans ce pays, le drainage d'un domaine de cent hectares représenterait donc une conquête de trente-cinq hectares, conquête réalisée par une dépense de vingt-cinq mille francs. Chaque hectare conquis dans ces conditions coûterait donc un peu plus de sept cents francs. Or, entre Lille et Dunkerque, le prix des terres varie entre quatre et six mille francs. Vous voyez que l'opération serait magnifique... Mais où en étions-nous?... car le drainage m'a fait perdre le fil de mes idées...

Charles. — Vous nous parliez, Monsieur, de la composition des sols, et vous nous indiquiez les bienfaits de l'irrigation pour les terres sablonneuses.

M. de Morsy. — J'y suis... A propos des sols de ce genre, je dois vous dire qu'assez souvent la couche sablonneuse, dont on tire toujours un assez pauvre parti, repose sur un banc d'argile situé à quarante, à cinquante centimètres de profondeur. Rien n'est plus facile dans ce cas que d'amender les terrains ainsi placés; il suffit de labourer assez profondément pour ramener à la surface du champ une certaine quantité d'argile. Les façons successives finissent par mêler complétement l'argile avec le sable, et le cultivateur obtient ainsi artificiellement un sol argilo-sableux d'une haute fertilité.

Mais l'emploi de ce procédé offre un inconvénient grave. Toute terre, comme je crois vous l'avoir déjà dit, demeure inerte, c'est-à-dire privée de propriétés végétatives, aussi longtemps qu'elle n'a pas été fécondée par l'air et le soleil. Le premier résultat de l'opération est donc de *stériliser* (passez-moi ce barbarisme) le champ où elle a été exécutée, jusqu'à ce que l'argile ait eu le temps de s'incorporer avec le sable et de s'imprégner des gaz atmosphériques, seuls capables de la vivifier.

Cet inconvénient, qui en réalité n'en est pas un pour le propriétaire aisé, puisque c'est un sacrifice momentané dont l'avenir le dédommagera au centuple, arrête le malheureux paysan de la Sologne;

il ne pourrait pas, lui, se priver, même pendant une seule saison, de la maigre récolte de ses sables; il l'attend pour vivre ou pour payer son fermage. Sous son champ, à un pied de profondeur, gît un véritable trésor; d'un trait de charrue il peut s'en rendre maître... Ce trait de charrue, il n'ose le donner; et, faute d'une centaine de francs d'avance, il continue à récolter du sarrasin là où il devrait moissonner du froment... Pauvre paysan! pauvre agriculture!

L'humus, véritable terreau, ne se rencontre plus aujourd'hui en grandes masses que sous les ombrages des forêts inexploitées de l'Asie et des deux Amériques. L'humus qui entre pour une somme plus ou moins considérable dans nos terres arables et nos jardins, provient en majeure partie de la décomposition des fumiers et des engrais.

Pur, il est d'une fertilité excessive, mais il s'épuise très-promptement; mélangé avec l'argile, il agit à la fois mécaniquement et chimiquement, c'est-à-dire qu'il la divise et l'ameublit, et de plus lui communique ses principes fertilisants.

Vous rappelez-vous les noms des trois autres corps dont la présence modifie très-diversement les propriétés végétatives des sols?

Augustin. — Le nom du premier de ces corps m'échappe; les deux autres sont la chaux et le plâtre.

M. de Morsy. — La magnésie. Les terrains magnésifères, froids et humides en hiver parce qu'ils se gonflent d'une énorme quantité d'eau, se dessèchent en été et deviennent d'une aridité extrême. Ce sont de véritables éponges.

Le plâtre ne se rencontre ordinairement dans les sols qu'à très-petites doses Son influence sur la végétation est si favorable, si énergique, que l'usage de répandre à la main une certaine quantité de plâtre sur les récoltes se propage de plus en plus en France.

Les terres calcaires, lorsque la chaux ne s'y trouve point en excès, sont en général d'une haute fertilité; il semble résulter des études et des expériences de nos plus savants agronomes que les trois quarts du sol de notre pays manquent de principes calcaires; et ils estiment que si l'on *chaulait* en France toutes les terres qui en ont besoin, la somme totale des produits agricoles du royaume augmenterait d'un tiers.

En vous entretenant des amendements, je vous dirai quelques mots des divers procédés employés pour plâtrer et chauler les champs et les récoltes.

Charles. — Je me rends assez bien compte, Monsieur, de ce que la fertilité d'un champ dépend d'un mélange de certaines proportions d'argile, de sable et d'humus, assaisonné d'une dose convenable de magnésie, de chaux et de plâtre; mais dans quelles proportions ces substances doivent-elles se présenter pour constituer un sol excellent?

M. de Morsy. — Vous pouvez, mon ami, considérer les terres composées de:

    Quarante parties de sable,
    Trente parties d'argile,
    Vingt parties de calcaire,
    Dix parties d'humus,

comme les meilleures, comme celles dont la culture est à la fois la plus facile et la plus lucrative.

Augustin. — Dix, vingt, trente, quarante, voilà quatre chiffres faciles à retenir.

M. de Morsy. — C'est pour cela que je les ai choisis. L'analyse des sols les plus fertiles n'a peut-être jamais donné des proportions en nombres aussi ronds; mais qu'importe au fond, puisque vous pouvez regarder ce *mélange* comme un *type* dont vous vous servirez pour reconnaître le mérite de toutes les terres selon qu'elles s'en rapprocheront davantage?

Les sols ainsi composés conviennent autant aux céréales qu'aux plantes cultivées pour leurs racines. Le lin, le chanvre, le houblon, tous les légumes y prospèrent également, et le volume considérable qu'ils y prennent n'est point obtenu aux dépens de leur saveur.

Les riches varennes des bords de la Loire, qui s'étendent de Tours à Saumur, et dont l'incroyable fertilité a valu à la Touraine le nom de *jardin de la France*, sont des terres où l'on rencontre environ deux tiers de sable et un tiers d'argile fortement calcaire.

Augustin. — A quelles causes faut-il attribuer la fécondité des sols où l'argile, le sable, l'humus et la chaux existent dans des proportions de dix, vingt, trente et quarante?

M. de Morsy. — Les sols de cette nature n'offrent ni les inconvénients des terres argileuses, ni ceux des terres sablonneuses. Moins compactes que les terres argileuses, elles sont forcément moins pâteuses et moins pourrissantes en hiver, et ne durcissent jamais en été jusqu'à résister à la charrue. Si, comme les sables, on ne peut les travailler en tout temps, il suffit d'un rayon de soleil pour leur enlever une humidité surabondante. En été, la moindre pluie qui glisse sur les argiles et disparaît dans les sables, pénètre doucement les terres dont nous nous occupons ; grâce à leur consistance, elles conservent longtemps une fraîcheur extrêmement favorable à la végétation. Leur perméabilité, leur friabilité permet aux gaz atmosphériques de les saturer à une grande profondeur, et favorise en outre un large développement des racines et du chevelu ; enfin, qualité bien précieuse pour le cultivateur, la plupart des engrais conviennent à ces sols privilégiés, parce que leur chaleur et leur humidité hâtent la décomposition des fumiers trop frais et modèrent les effets des fumiers trop chauds.

Soumises à l'irrigation, on peut leur demander coup sur coup les moissons les plus épuisantes ; elles produisent alors sans repos ni trêve, et une récolte n'est pas plutôt enlevée, qu'une nouvelle semence est confiée à la terre, presque toujours cachée sous une luxuriante verdure.

Du moment où les agriculteurs se rendirent par l'analyse un compte exact de la composition intime des meilleurs sols connus, ils durent naturellement étudier leurs terres, chercher en quels points elles différaient des sols si féconds, et s'efforcer par l'addition de divers corps à diminuer ces mêmes points de dissemblance.

Prenons un exemple. Vous possédez un champ argileux à l'excès. N'est-il pas clair que si vous y répandez des graviers, des cendres, de la chaux, du sable, vous l'améliorerez sensiblement? N'est-il pas également clair que si votre voisin a des terres sablonneuses, il double leur valeur en y mêlant de l'argile?

Augustin. — Rien de plus évident; mais est-il possible d'exécuter ces opérations sur une grande échelle?

M. de Morsy. — Non, sans doute; car les dépenses seraient hors de proportion avec les produits supposables. Il n'y a que deux circonstances où un propriétaire a le plus grand intérêt à amender les terres de cette façon, c'est lorsque le sous-sol diffère complétement de la couche arable; il arrive parfois qu'une terre très-tenace à la superficie perd de sa consistance à une certaine profondeur et repose sur un banc de gravier; très-souvent un banc d'argile est tout au plus recouvert de vingt-cinq à cinquante centimètres de sable. Ne pas recourir alors à un bon défoncement, soit à la bêche, soit à la charrue, est non-seulement une faute, mais un véritable délit que l'ignorance peut seule excuser à mes yeux : c'est agir exactement comme un propriétaire qui laisserait incultes des terres de premier ordre.

Charles. — Mais si ce propriétaire n'a pas d'avances, pas de ressources, et s'il ne possède au monde que quatre hectares d'héritage?

M. de Morsy. — Eh bien! qu'il en vende la moitié; qu'il en emploie le prix à mettre en bon état les deux hectares qui lui resteront, et il doublera, croyez-le bien, son capital et son revenu.

En dehors des deux cas que je viens de citer, l'amendement d'un domaine rural ne serait pas praticable, comme Augustin l'a très-bien remarqué, s'il fallait absolument, au moyen d'une addition, soit de sable, soit d'argile, augmenter d'une manière notable la consistance des terres sablonneuses, ou diminuer la ténacité des sols trop argileux. L'agriculteur, ne pouvant donc améliorer ses champs ni par le sable ni par l'argile, parce que, pour obtenir un résultat sensible, il faudrait en déplacer des masses énormes, a dû chercher parmi les autres substances qui entrent dans la composition des terres végétales, celles qui par leur énergie agissent même à très-faibles doses, et dont la présence corrige les défauts inhérents aux sols trop légers ou trop compactes.

Si vous vous rappelez ce que je vous ai dit de l'influence de la chaux, dont cinquante hectolitres incorporés dans un champ d'un hectare modifient profondément sa nature, puisqu'ils triplent ses produits en céréales, en fourrages et en légumes, vous comprendrez que fournir à un sol des principes calcaires est, en règle générale, le seul moyen de l'amender sans s'exposer à des dépenses ruineuses.

Toutes les terres privées de ces principes calcaires, quelle qu'en soit la composition, éprouvent une amélioration immédiate par le chaulage, dont les effets sont réellement surprenants. Ainsi un champ chaulé convenablement prend de la consistance s'il est trop sableux, ou s'allégit s'il est trop tenace. Ce qu'il y a de plus singulier, c'est que les froments récoltés dans un sol où des principes calcaires ont été artificiellement introduits diffèrent des froments récoltés dans un sol naturellement calcaire. La même semence confiée à ces sols, dont l'analyse offrira des résultats identiques, produira dans le sol chaulé un grain plus renflé, plus fin, plus riche en farine. Ce fait, constaté par de nombreuses expériences, ne me semble pas avoir été clairement expliqué jusqu'à ce jour. Parmi les bons effets des amendements calcaires, il faut encore ranger la disparition d'une foule de plantes et d'insectes nuisibles.

Jusqu'au commencement de ce siècle beaucoup de propriétaires stipulaient dans les baux passés avec leurs fermiers que ceux-ci ne pourraient point chauler leurs terres. Cette prohibition était la conséquence d'un préjugé très-répandu en France, où l'adage suivant régnait comme un axiome : *La chaux enrichit les pères, et ruine les enfants.* Voici ce qui avait donné une apparence de raison à cette accusation. La chaux active la végétation d'une manière prodigieuse ; il s'ensuit que si vous n'usez pas raisonnablement de l'énergie de vos terres, si vous n'agissez pas avec elles comme le possesseur sensé d'un cheval ardent qui le modère et le retient, vous les épuiserez rapidement et vous donnerez en peu d'années raison au proverbe ; mais si vous vous souvenez que plus une terre vous rapporte, plus elle doit être fumée ; si, au lieu de lui demander coup sur coup des récoltes épuisantes, vous ménagez ses forces, sa fécondité, loin de diminuer, s'accroîtra progressivement, et la chaux qui vous a enrichi enrichira également vos enfants.

Les exemples à l'appui de cette vérité ne manquent pas. Tous les pays cités pour leur agriculture emploient une énorme quantité de chaux, et, sans sortir de France, le seul département du Nord, dont les récoltes, eu égard à son étendue, atteignent un chiffre qui confond l'intelligence des cultivateurs arriérés, dépense chaque année en amendements calcaires la somme incroyable d'un million de francs [1].

Dans toutes les localités on ne peut pas se servir de chaux pure; cela dépend du prix de cette substance, qui varie nécessairement selon son abondance et la facilité des transports. Mais, outre la chaux, il est plusieurs autres corps qui contiennent des principes calcaires et dont la valeur intrinsèque est presque nulle. Ainsi la marne, les cendres, les débris de coquillages et de démolitions, remplacent plus ou moins efficacement la chaux; et si leur action n'est pas aussi énergique, les cultivateurs, en augmentant les doses, obtiennent d'excellents résultats.

Charles. — Un mot, je vous prie, Monsieur, sur la manière dont on emploie la chaux.

M. de Morsy. — Chaque canton a son procédé. Ici l'on transporte dans le champ trente, quarante, soixante hectolitres de chaux par hectare, et on la dispose en petits tas régulièrement espacés de six à huit mètres. Quand, par suite de son exposition à l'air, la chaux s'est réduite en poussière, on l'étend le plus uniformément possible sur la surface du sol et on l'enterre immédiatement à la charrue.

---

[1] Ce chiffre est extrait d'une statistique officielle, et il est plutôt au-dessous qu'au-dessus de la vérité.

Ailleurs, et cette méthode est bien préférable, on établit à proximité du champ à chauler un lit de gazon de trente à quarante centimètres d'épaisseur; sur ce lit de gazon on étend une couche de chaux, puis une nouvelle couche de gazon, ou, à son défaut, de bonne terre, et l'on alterne ainsi jusqu'à l'emploi de toute la chaux destinée à la pièce de terre. Au bout de quinze à vingt jours on coupe la masse, on la mélange bien et l'on répand ce compost sur le sol.

Ce procédé, le meilleur et le plus économique de tous, n'offre pas le grave inconvénient de soumettre la réussite de l'opération aux variations atmosphériques. La chaux, et ceci n'a pas été expliqué, perd une bonne partie de ses propriétés bienfaisantes quand on ne l'étend pas à l'état pulvérulent; c'est *en poussière* qu'elle doit être répandue, et non autrement. Or, si l'on emploie la première méthode, il peut arriver que de longues pluies fassent des petits tas de chaux une véritable pâte qu'il est indispensable alors de laisser sécher et de briser ensuite, d'où il résulte une perte de temps et un surcroît de dépense considérable. Les cendres, les débris des démolitions, etc., demandent moins de précautions dans leur emploi; quant à la marne, elle s'applique à peu près comme la chaux.

Il n'y a pas plus de soixante à quatre-vingts ans que le plâtre (sulfate de chaux) a été pour la première fois indiqué aux agriculteurs comme augmentant singulièrement le produit des prairies composées de légumineuses, trèfle, luzerne, vesce, etc.

Le plâtre agit plutôt sur les plantes elles-mêmes que sur le sol; aussi est-ce sur les plantes en végétation qu'on le répand ordinairement. On les saupoudre de plâtre par un temps assez humide pour que la poussière s'attache à leurs feuilles et à leurs tiges. Une forte pluie succédant immédiatement à l'opération nuirait beaucoup à son effet, car elle laverait ces feuilles et ces tiges avant que l'absorption ait eu lieu.

Le plâtrage exécuté au moment opportun et par doses convenables (deux cent cinquante kilogrammes par hectare) produit sur le trèfle surtout des résultats magiques; en voici la preuve. Franklin, dans un voyage qu'il fit sur le continent à l'époque où l'usage du plâtre commençait à se répandre en France et en Allemagne, fut frappé de l'excellence de cette nouvelle découverte. De retour à Washington, il plâtra lui-même pendant

la nuit deux ou trois champs de trèfle situés aux portes de la ville, sans prévenir les propriétaires du terrain; mais au lieu de plâtrer toute la superficie du champ il sema la poussière fertilisante de manière à tracer en grands caractères ces mots : Ceci a été platré.

Qu'arriva-t-il? les tiges plâtrées saillirent vigoureuses et touffues de près d'un demi-mètre sur le reste de la prairie, et proclamèrent ainsi elles-mêmes la vertu de l'amendement qu'elles avaient reçu.

Une telle démonstration valait tous les raisonnements du monde; aussi la plupart des fermiers s'adressèrent-ils à Franklin pour obtenir des détails sur son procédé, qui devint populaire.

Puisque nous en sommes sur le chapitre des amendements, et que ces détails vous intéressent, votre attention me le prouve, il faut que je vous entretienne d'un autre corps dont l'agriculture française est condamnée à se priver : je veux parler du sel, que frappe l'impôt le plus absurde, puisque cet impôt coûte plus au pays qu'il ne lui rapporte. En effet, la taxe du sel verse dans les caisses du trésor environ soixante millions de francs par an, tandis que tous les agronomes, tous les hommes spéciaux qui se sont occupés de cette question établissent par des calculs que la suppression des droits sur le sel aurait pour résultat d'augmenter la production agricole de la France d'un chiffre porté par les uns à un milliard et demi, et par les plus timides à un milliard.

Ce n'est pas tant comme amendement que le sel est nécessaire au cultivateur, c'est pour assaisonner la nourriture de ses bestiaux. Des expériences faites dans les instituts agricoles, sous le patronage du gouvernement, ont démontré *qu'un mouton bien nourri, et augmentant de quinze cents grammes par mois, augmentera de trois kilogrammes si l'on ajoute à ses aliments trois grammes de sel par jour* [1].

En Allemagne, en Suisse, en Angleterre, partout enfin où l'élève des bestiaux est incomparablement plus avancée que chez nous, les herbivores consomment une certaine quantité de sel. Et si les fermiers suisses et rhénans peuvent, malgré des droits et des frais de voyage énormes, venir sur les marchés de Poissy faire concurrence à nos herbagers, beaucoup d'hommes compétents attribuent en grande partie cette preuve évidente qu'ils nous donnent d'une incontestable supériorité comme éleveurs à l'emploi des aliments salés dont ils nourrissent leurs bestiaux, aliments qui facilitent et hâtent l'engraissement, et le rendent par conséquent moins dispendieux.

---

[1] On calcule qu'en moyenne dix moutons ou cinq porcs équivalent à un bœuf ou à un cheval pour la nourriture à leur donner. A ce compte il y aurait en France l'équivalent de seize millions de grands animaux herbivores. En donnant à chacun d'eux trente grammes de sel, ils en consommeraient cinq cent mille kilogrammes aussi par jour, et ils devraient à ce sel une augmentation quotidienne de huit millions de kilogrammes. Cette prodigieuse augmentation ne pourrait sans doute aller toujours croissant pendant une année ; mais on peut l'admettre pendant six mois, les autres six mois ne faisant que la conserver, que l'entretenir. Dans ces seize millions de grands animaux il y a, nous le savons, environ trois millions de chevaux, dont on ne mange pas la chair, mais qui paieront en meilleur travail et en meilleure santé l'équivalent de ce que les autres donneront en viande et en autres produits.

Si l'agriculture française donnait cinq cent mille kilogrammes de sel par jour, elle en userait cent quatre-vingts millions de kilogrammes par année, ce qui, au prix de quarante centimes le kilogramme, exigerait une avance impossible de soixante-quatorze millions, mais qui, si elle pouvait être faite, produirait un milliard quatre cent quarante millions de viande, c'est-à-dire la valeur de l'impôt de toute la France. (*Extrait d'une pétition adressée à la chambre des députés en* 1845.)

Mais revenons au sel comme amendement. Les propriétés fertilisantes du sel paraissent avoir été reconnues dès la haute antiquité. En Chine, en Égypte, en Perse, sur les bords du Gange, l'usage d'amender les terres avec du sel est attesté par les plus anciens historiens, et n'a pas cessé d'exister. Cependant les agriculteurs sont loin d'être d'accord sur cette question. Si les uns vantent peut-être outre mesure les bons effets du sel, les autres les nient peut-être trop radicalement. Ce qu'il y a de positif, c'est que les expériences entreprises dans le but d'éclairer cette question ont donné des résultats contradictoires. On en cite autant qui sembleraient prouver qu'une addition de sel augmente la fertilité de la terre, qu'on en compte où cette addition a paru nuisible ou inutile.

On n'est d'accord que sur un seul point, c'est que le sel mélangé au guano et au purin produit d'excellents effets.

Augustin. — Les amendements dispensent-ils des fumures? peuvent-ils les remplacer?

M. de Morsy. — Le pensez-vous?

Augustin. — C'est une question que je prenais la liberté de vous adresser, Monsieur.

M. de Morsy. — Je le sais bien, mon ami ; mais je suis curieux de savoir comment vous la résoudriez. Voyons.

Augustin. — Eh bien! non, je ne crois pas que les amendements puissent remplacer le fumier. Un amendement stimule l'activité de la terre, lui donne des qualités qu'elle n'a pas. Je vais peut-être dire une sottise, mais n'importe : les fumiers donnent à la terre les matériaux des plantes, et les amendements lui fournissent les moyens d'utiliser ces matériaux; ils ne peuvent donc pas se suppléer mutuellement, car leur mission est différente.

M. de Morsy. — Bravo, mon enfant; si vos expressions sont un peu métaphoriques, elles me prouvent toujours que vous savez très-bien distinguer entre une fumure et un amendement. Si nous en restions là de ces détails scientifiques? Ils doivent vous fatiguer.

Charles et Augustin. — Pas du tout, Monsieur, je vous assure. Mais quelle est donc cette grande carte couverte de notes et de ratures, et qui nous a tout l'air d'un gigantesque plan?

M. de Morsy. — C'est en effet le plan de mon exploitation; il me sert à apprécier les résultats des divers assolements que j'ai adoptés. Dans chaque compartiment représentant une de mes pièces de terre, je note au moyen de signes de convention ses produits, le fumier et les labours qu'elle reçoit, la récolte dont elle est chargée, etc.; avec cela j'évite souvent de compulser mes registres de comptabilité, ce qui est beaucoup moins expéditif qu'un coup d'œil jeté sur la muraille.

Augustin. — Les assolements! voilà plusieurs fois que vous prononcez ce mot, Monsieur : ne nous en donnerez-vous pas l'explication?

M. de Morsy. — Bien volontiers; mais je vous en avertis, c'est encore un sujet qui ne prête point à l'anecdote. Au reste, vous me direz quand vous en aurez assez.

Si j'ai bonne mémoire, en vous parlant de l'agriculture ancienne, peu d'instants après être rentré dans mon cabinet, je vous ai dit que les premiers cultivateurs ne durent pas tarder à s'apercevoir qu'un champ se fatiguait promptement de donner sans interruption la même récolte. C'est sur cette observation vieille comme le monde qu'est fondée la théorie des assolements, ou l'art de tirer le meilleur parti possible de la fertilité d'un terrain, en y faisant succéder des végétaux différents. Mais si tous les agronomes, tous les physiologistes sont d'accord sur ce principe et sur le fait dont il est sorti, ils sont loin de s'entendre quand ils ont voulu expliquer comment et pourquoi une terre, tout en perdant au bout d'un certain nombre d'années la faculté de produire plus longtemps du blé, conservait encore celle de suffire à la végétation de plantes fourragères, tuberculeuses, etc. Parmi toutes les opinions émises à ce sujet, celle de M. de Candolle me semble la plus sérieuse, la plus rationnelle. J'ai justement là sous la main la *Physiologie végétale* de cet illustre botaniste; permettez-moi de vous en lire quelques passages... Voici... Après avoir établi une distinction entre l'épuisement et l'*effritement* du sol, M. de Candolle continue ainsi :

« L'épuisement du sol a lieu lorsqu'un grand nombre de végétaux ont tiré d'un terrain donné toute la matière extractive, et l'effritement, lorsqu'un certain végétal détermine la stérilité du sol, soit pour des individus de même espèce que lui, soit pour ceux de même genre et de même famille, mais le laisse fertile pour d'autres végétaux.

« L'épuisement a lieu pour tous les végétaux quelconques; il agit en appauvrissant le sol et lui enlevant la matière nutritive. L'effritement a quelque chose de plus spécifique; il agit en corrompant le sol, en y mêlant, par suite de l'excrétion des racines, une matière dangereuse. Ainsi un pêcher gâte le sol pour lui-même, à ce point que si, sans changer de terre, on replante un pêcher dans un terrain où un autre a vécu avant lui, le second languit et meurt, tandis que tout autre arbre peut y vivre. Si le même arbre ne produit pas pour lui les mêmes résultats, c'est que ses racines, qui vont en s'allongeant, rencontrent sans cesse des veines de terre où elles n'ont pas encore déposé leur excrétion. On conçoit que ses propres excrétions doivent lui nuire à peu près comme si (passez-moi la comparaison) on forçait un animal à se nourrir de ses excréments. Cet effet, dans l'un et l'autre exemple, n'est pas borné aux individus de la même espèce; mais les espèces analogues par leur organisation doivent en souffrir lorsqu'elles aspirent par leurs racines une matière rejetée par des êtres analogues à elles, tout comme un animal mammifère répugne à toucher aux excréments d'un autre mammifère. On concevrait aussi facilement pourquoi chaque plante tend à effriter le terrain pour des congénères, pourquoi certaines plantes, par l'âcreté de leurs sucs, comme les pavots ou les euphorbes, le détériorent pour la plupart des végétaux.

« Si cette théorie est admise, on comprendra aussi sans peine comment certaines plantes à sucs doux pourront excréter par leurs racines des matières propres à améliorer le sol pour certains végétaux qui vivraient avec elles ou après elles sur le même terrain; et l'on comprendrait ainsi comment toutes les plantes de la famille des légumineuses, par exemple, préparent favorablement le sol pour la famille des graminées. »

Augustin. — Mais est-il bien certain que les végétaux rendent à la terre les parties *non nourrissantes* des substances qu'ils absorbent?

M. de Morsy. — Il est positif et admis par la plupart des botanistes qu'une plante agit absolument comme les individus du règne animal; elle digère ainsi que le cheval, car, pour s'opérer différemment, l'assimilation des substances nécessaires à son alimentation n'en présente pas moins tous les principaux caractères de la digestion animale. Il y a absorption, décomposition chimique, assimilation, et enfin excrétion des résidus inutiles.

Charles. — Mais alors la théorie de M. de Candolle est inattaquable.

M. de Morsy. — Je vous ai dit que, bien qu'elle laisse encore à désirer, je la regardais comme la plus ingénieuse qui ait été proposée jusqu'ici. Revenons à notre définition de l'assolement.

C'est l'art, vous ai-je dit, de tirer le meilleur parti possible de la fertilité d'un terrain en y cultivant successivement des végétaux différents.

L'adoption d'un système d'assolement est pour un agriculteur une question de la plus haute importance. La nature du sol, le climat, les débouchés, la facilité ou la difficulté de se procurer au besoin un renfort de journaliers, doivent être scrupuleusement examinés et pesés. Mais, pour bien vous faire saisir la théorie et le but de l'assolement, prenons un exemple, et supposons un domaine de cent hectares soumis à l'un des assolements les plus simples, à l'assolement quadriennal, excellent dans les terres très-riches. Cette exploitation, pour marcher régulièrement, devra chaque année consacrer vingt-cinq hectares à la culture du blé, vingt-cinq hectares à la culture des fourrages, autant à la culture des racines, et autant à celle de l'orge, de l'avoine, etc.

AUGUSTIN. — Je vous demande pardon, Monsieur, de vous interrompre; mais qu'entendez-vous par *marcher régulièrement?*

M. DE MORSY. — Marcher régulièrement, c'est récolter la quantité de nourriture nécessaire pour entretenir ou un bœuf, ou une vache, ou un cheval, ou douze moutons par deux hectares de terre, afin de pouvoir fumer convenablement ces deux hectares. Or, comme ces bestiaux ont besoin de fourrages verts, de foin sec, de racines et de paille, le seul moyen de leur donner tout cela, c'est la division dont je vous ai parlé.

Partant de ce principe, ou plutôt reconnaissant cette nécessité, l'agriculteur cherchera dans quel ordre il établira sur chacun des lots de terre de vingt-cinq hectares (je suppose toujours une exploitation de cent hectares) la succession des quatre récoltes dont je vous ai parlé, céréales, avoine, fourrages, racines; car, remarquez-le bien, si la division de l'exploitation en quatre lots est forcée, le cultivateur reste parfaitement maître de placer sur chacun des lots le blé avant l'avoine, ou l'avoine avant le blé, pourvu qu'après avoir adopté une marche quelconque il la suive uniformément. Ainsi, s'il procédait, par exemple, pour un lot de la manière suivante : première année, trèfle; seconde année, avoine; troisième année, froment; quatrième année, racines, les trois autres lots devraient être assolés dans le même ordre; car sans cela il n'aurait pas tous les ans le quart de son exploitation en céréales, le quart en racines, etc.

Le cultivateur est donc maître de choisir le roulement qui lui semblera le meilleur; or celui-là lui semblera évidemment le meilleur :

1° Qui a une récolte épuisante fera succéder une récolte *reposante,* si je puis me servir de ce mot;

2° Qui aux plantes favorisant la croissance des herbes parasites fera succéder des cultures nettoyant le sol.

Éh bien, dans *la plupart des cas*, l'assolement suivant offrira ces deux avantages :

Première année, — pommes de terre, betteraves, carottes, etc.;

Deuxième année, — avoine, orge garnies d'un trèfle;

Troisième année, — trèfle;

Quatrième année, — froment.

Première année. — Les pommes de terre, les betteraves, les carottes et toutes les racines exigent des labours profonds, des binages, des buttages qui contribuent puissamment à l'ameublissement du sol et à la destruction des mauvaises herbes; il est donc tout simple de commencer par ces cultures connues sous le nom de cultures sarclées.

Deuxième année. — Avoine, orge, etc., garnies

d'un trèfle. En vous entretenant des prairies artificielles, je vous ai parlé, mes amis, de l'usage de semer le trèfle, la luzerne, etc., dans une céréale. Ce procédé a cela d'avantageux que le trèfle poussant très-lentement la première année, et ne pouvant donner aucun produit, occuperait inutilement la terre si on le semait seul. Il ne nuit en rien à la céréale à laquelle il a été adjoint, parce que la céréale est toujours enlevée avant que le trèfle ait atteint un développement sensible.

L'avoine, en succédant aux pommes de terre, etc., profite de l'ameublissement et du nettoyage du sol; et comme toutes les racines sont d'une autre famille que les granifères, le principe de ne pas cultiver plusieurs années de suite dans un même champ des plantes de même nature se trouve pleinement appliqué.

Troisième année. — Trèfle ou analogues. Cette année le trèfle, qui aura pris un certain développement, occupera seul sa sole et donnera deux coupes, sans compter le regain qu'il aura offert vers la fin de la saison précédente, après l'enlèvement de l'avoine.

Mais quels seront les effets du trèfle sur le sol? Ils seront excellents. Le champ, parfaitement nettoyé par les cultures sarclées, aura commencé à se salir avec l'avoine. Le trèfle, par son feuillage épais et touffu, y mettra bon ordre; affamées, privées d'air et de lumière, les mauvaises herbes disparaîtront et prépareront au froment, à la plus précieuse des récoltes, un sol parfaitement propre. A la fin de la troisième année, le trèfle sera donc retourné pour faire place au blé. Mais le trèfle, qui pendant sa vie a nettoyé le sol, le fumera en mourant. Ses racines longues et charnues, ses dernières pousses, coupées, soulevées, enfouies par la charrue, constituent un véritable engrais et contribuent au succès de la céréale qui vient clore l'assolement.

Charles. — Mais si le propriétaire de cent hectares suit le même ordre sur ses quatre lots, au lieu d'avoir à la fois racines, avoine, trèfle, blé, il aura chaque année toute son exploitation couverte d'une seule espèce de récoltes.

M. de Morsy. — Sans doute, si, après avoir divisé sa terre en quatre lots, il commençait sur chacun de ces lots par le début de son assolement; mais il est

En 1845.

Pommes de terre.	Avoine.
Trèfle.	Blé.

En 1846.

Avoine.	Trèfle.
Blé.	Pommes de terre.

En 1847.

Trèfle.	Blé.
Pommes de terre.	Avoine.

En 1848.

Blé.	Pommes de terre.
Avoine.	Trèfle.

obligé en débutant... Tenez, avec un crayon et un

carré de papier, je vais vous rendre cela parfaitement clair. Voici la propriété divisée en quatre lots; voyons quelles seront les récoltes pendant les quatre années, durée de l'assolement.

Examinez avec un peu d'attention ces quatre carrés divisés en quatre lots, et vous verrez que toujours le fermier aura ses vingt-cinq hectares de trèfle, de blé, d'avoine et de récoltes sarclées. Mais il est clair qu'en débutant il se sera vu dans la nécessité d'imposer aux quatre lots de sa terre l'une des quatre cultures dont l'ensemble constitue son assolement complet.

Mais cet assolement quadriennal est loin de convenir à toutes les terres, à toutes les localités. Le cultivateur trouve quelquefois plus d'avantage à adopter un roulement de trois, de six et même de huit années, dont voici un exemple pris chez un riche fermier du département du Nord : première année, betteraves, pommes de terre, carottes; — seconde année, colza ou lin fumé; — troisième année, froment; — quatrième année, hivernage [1]; — cinquième année, tabac fumé; — sixième année, fèves; — septième année, graine de Mars; — huitième année, trèfle. Ici, comme vous le voyez, il y a double fumure dans le cours de l'assolement, tandis que dans l'assolement de quatre ans on ne fume ordinairement que les cultures sarclées qui ont l'avantage de détruire les mauvaises herbes, dont les graines, apportées avec le fumier, germent et lèvent, mais disparais-

---

[1] Hivernage, mélange de vesces, de pois, de fèves, etc.

sent rapidement par l'effet des façons multipliées qu'exigent les plantes cultivées pour leurs racines.

Augustin. — La terre ne se repose donc jamais avec un bon système d'assolement?

M. de Morsy. — Non, sans doute. En général, tout fermier qui est obligé de recourir tous les deux à trois ans aux jachères, qui établit la jachère une des soles de son assolement, cultive mal, soit par ignorance et par esprit de routine, soit faute de fumier et de capitaux. Non pas que je veuille dire qu'un agriculteur habile ne puisse quelquefois employer la jachère pour ameublir un champ infesté de chiendent, en lui donnant dans le cours d'une saison trois à quatre labours et autant de hersages énergiques; mais il y a une énorme différence entre laisser accidentellement une de ses soles en jachères, et ne jamais récolter que sur les deux tiers de son exploitation, comme il arrive communément encore dans le centre et le midi de la France.

Avant d'en finir avec les assolements, je veux vous citer plusieurs faits qui sembleraient prouver que les végétaux non cultivés obéissent naturellement à une rotation dont la marche a été plutôt constatée qu'étudiée. Ainsi, dans les prés complétement abandonnés à eux-mêmes, on voit successivement les herbes qui formaient leur base disparaître au bout d'un certain nombre d'années et céder la place à des plantes d'une autre famille : aux graminées, par exemple, succèderont des légumineuses. Les arbres des forêts sont soumis à la même loi. Qu'un incendie vienne à consumer une forêt en essence de chêne, sans le secours de l'homme des groseillers et des framboisiers couvriront spontanément l'espace dévasté ; bientôt des hêtres et des ormes se montreront à leur tour, et, s'emparant en maîtres du terrain, étoufferont les arbustes pour y régner sans partage pendant plus d'un siècle... Là-dessus allons goûter. »

CHAPITRE VI

LA PRIME D'HONNEUR. — LES CONCOURS RÉGIONAUX. — LES POULES. — LES DINDONS. — LES OIES. — LES CANARDS.

Déjà, en entrant le matin dans la salle à manger, nos jeunes gens, et Augustin surtout, avaient remarqué une grande coupe d'argent dont toute l'ornementation se composait d'emblèmes agricoles. Une élégante console de marbre noir lui servait de support.

A peine Augustin eut-il une seconde fois franchi la porte qui le mettait en présence de cette pièce d'argenterie, qui, par son beau travail, ses dimensions et sa matière, contrastait avec l'ameublement des plus simples de la salle à manger, qu'il manœuvra sournoisement pour s'en approcher afin de lire l'inscription gravée sur le socle.

Mme de Morsy, qui devina le petit manége du collégien en suivant la direction de ses regards pétillants de curiosité, lui dit en souriant :

« Ne trouvez-vous pas que cette coupe semble toute dépaysée dans notre modeste salle, et je gagerais que vous êtes fort intrigué de voir une pièce aussi luxueuse occuper cette place.

— Mais elle est très-belle, Madame, répondit Augustin rouge et décontenancé; ce qui est réellement beau fait bien partout, ajouta-t-il sans trop savoir ce qu'il disait.

— Vous ne voyez donc pas, dit à son tour M. de Morsy, que ma femme veut simplement que vous sachiez que cette coupe est le prix d'un concours dont j'ai été l'heureux lauréat.

Vous avez sans doute entendu parler des concours régionaux, et peut-être même avez-vous assisté à l'un d'eux. Leur institution date de 1851. Dans le principe il n'y en avait que trois, mais leur succès ayant répondu aux espérances du gouvernement, on augmenta successivement leur nombre, et aujourd'hui les circonscriptions agricoles de la France ayant été portées à douze, il y a douze concours annuels, sans compter les concours spécialement affectés aux animaux gras.

L'heureuse influence des concours, auxquels le gouvernement a donné une si vive impulsion, n'est plus contestée, elle est devenue trop évidente pour cela.

Par la solennité dont ils sont entourés, par la curiosité qu'ils éveillent, par la part qu'y prennent les personnes qui n'y ont aucun intérêt direct, par l'impression que produisent sur les spectateurs la beauté exceptionnelle des animaux exposés, la variété des machines et des produits, dont beaucoup ne se faisaient aucune idée, les concours font l'éducation de ce public lettré et policé qui forme en France la puissance irrésistible que l'on nomme l'opinion. Une semblable institution réaliserait donc déjà un grand bienfait, quand elle n'aurait pour effet que de saper chez la masse du public ce reste de préjugé qui combat encore l'agriculture. Elle lui apprendrait à estimer à sa juste valeur cet art dont les premiers fonctionnaires de l'État et les personnages les plus élevés dans la hiérarchie sociale viennent encourager les efforts et récompenser les succès. Mais les concours ont une influence beaucoup plus grande encore sur ceux qui n'y viennent pas assister comme simples spectateurs. Une des causes qui ont le plus contribué à prolonger l'état précaire de l'agriculture, est l'espèce d'isolement dans lequel se trouvaient les cultivateurs, aussi bien entre eux que vis-à-vis du reste de la société. Comment, dans cette situation, qui a duré des siècles, auraient-ils pu prendre part au mouvement intellectuel qui se produit dans toutes les autres classes de la société? On connaît l'effet ordinaire des grandes réunions d'individus attachés à une même étude, voués à une œuvre commune : l'esprit de corps se constitue, chacun prend une plus haute idée de sa profession, l'émulation se développe, et par l'échange des idées le cercle de l'intelligence s'élargit.

A cette influence générale se joignent des bienfaits plus spéciaux. La vue des machines, des instruments venus souvent de fort loin, contribue à les vulgariser. Le cultivateur n'a pas seulement l'avantage de faire connaissance avec des engins dont souvent il ne soupçonnait pas l'existence : il peut encore s'éclairer sur leur mérite et sur les conditions favorables à leur emploi par ceux qui s'en servent déjà : les appréciations raisonnées des jurys lui offrent une base, sinon certaine, du moins très-utile, pour asseoir son jugement. Aux éleveurs les concours rendent d'immenses services : ils mettent sous leurs yeux des modèles d'animaux qui leur donnent une idée de la perfection vers laquelle ils doivent tendre sans relâche. Ils leur permettent en même temps de mesurer d'année en année le chemin qu'ils ont fait vers un but nettement défini ; et c'est là, à mon avis, la cause la plus active de l'amélioration qui se manifeste dans nos animaux domestiques.

Cependant les concours tels que je viens de vous les expliquer laissaient encore à désirer. Les prix spéciaux ne pouvaient encourager que le perfectionnement des détails de l'industrie agricole. On primait un bœuf, on le déclarait supérieur à tous ses concurrents : mais ce bœuf qu'avait-il coûté à élever, à engraisser ? Récompensait-on simplement une dépense ?... La question économique restait entièrement de côté. Cette lacune a été comblée en 1856. La création de la prime d'honneur offerte chaque année à l'exploitation la mieux dirigée de chacune des douze régions agricoles vient récompenser l'économie rurale dans son expression la plus générale et la plus complète... Et voilà l'histoire de ce trophée en argent, et comment il est venu me trouver. Et puisque Madame m'a presque forcé de vous parler de moi, je m'en vengerai en vous parlant d'elle. J'ajouterai donc que lorsque notre préfet me remit la coupe, il me dit assez haut pour que toute l'assistance l'entendît, que Mme de Morsy la méritait autant que moi. Ma chère Brigitte, c'est de l'histoire, et si je ne voulais pas ménager ta modestie, je déclarerais à ces Messieurs que nos amis et moi nous sommes entièrement de l'avis du préfet.

Mme DE MORSY. — M. le préfet a simplement saisi l'occasion de placer une de ces gracieusetés sans conséquence. Quant à vos amis, leur étonnement de me voir vous seconder de mon mieux ne prouve qu'une seule chose, c'est qu'on n'est pas habitué en France à ce qu'une femme qui n'est pas tout à fait une paysanne prenne au sérieux les devoirs de la compagne d'un agriculteur. C'est très-regrettable, car on dit chez moi que l'exploitation d'un grand domaine ne saurait être fructueuse si la maîtresse de la maison n'y tient pas le rôle qui lui convient.

M. DE MORSY. — Ceci est rigoureusement vrai. Un agriculteur qui n'est pas secondé par une femme active et intelligente est fort à plaindre. Aussi dissuaderais-je de tout mon pouvoir celui qui voudrait entreprendre la culture d'une terre s'il n'avait pas la certitude que sa femme partage ses goûts et est bien décidée à accepter toutes les charges, toutes les obligations d'une fermière. Or malheureusement l'éducation que reçoivent nos jeunes filles de la classe aisée n'est guère faite pour tourner leurs idées de ce côté-là. »

Tout en causant ainsi les jeunes gens faisaient honneur à une collation composée de beurre, de crème, de confitures et de fruits, qu'ils avaient trouvée servie. A l'exemple de leur hôte, ils prenaient ce léger repas debout et en causant.

Une des fenêtres de la salle à manger donnait sur

la basse-cour de la ferme, où vivait tout un peuple de volailles. Charles prenait un plaisir si vif à examiner les allures diverses, la physionomie particulière, les ébats des poules, des canards, des oies et des dindons, qu'il oubliait dans sa main sa tartine à peine entamée.

Ici c'était une cane et ses canetons fouillant la vase avec leur large bec comme un pionnier avec sa pelle; là, un dindon faisant le beau ; plus loin, une bande d'oies menaçant de leurs longs cols et de leur bec entr'ouvert et sifflant un chien de berger qui méprisait leurs démonstrations agressives; ailleurs, un coq, suivi d'une dizaine de poules, s'avançait d'un pas grave et fier. A chaque instant il se retournait magistralement, et d'un œil attentif et jaloux surveillait les mouvements de sa famille.

Venait-il à passer près d'un autre coq, on reconnaissait tout de suite de quelle nature étaient les rapports des deux sultans. En effet, si l'arrivant continuait son chemin, gardant une contenance pacifique, et regardant à droite si son rival paradait à sa gauche, c'est que la fortune avait, dans une lutte récente, trahi ses forces et son courage.

Traversait-il au contraire le territoire occupé par l'ennemi, caquetant avec bruit, battant des ailes et prenant l'attitude d'un vainqueur arrogant, point de doute alors, il insultait en passant un guerrier malheureux et penaud.

Tout à coup une agitation extrême éclate parmi les hôtes de la basse-cour; criant, piaulant, volant, courant à l'envi l'un de l'autre, ils se précipitent au-devant d'une servante qui vient de paraître, tenant d'une main son tablier retroussé, et de l'autre une longue baguette.

Rien de plus plaisant que la *course au clocher* de ces gros et lourds volatiles, dont la masse confuse et bigarrée vient chercher son souper.

La servante ne commença sa distribution qu'après avoir donné aux retardataires le temps d'arriver. Cette arrière-garde se composait en majeure partie de *mères de famille*, qui avaient prudemment, avant de se mettre en marche, laissé passer le fougueux tourbillon, au milieu duquel leur progéniture eût couru de graves dangers.

Augustin remarqua bientôt que les mères de famille, quoique arrivées les dernières, réussirent presque toutes à fendre la foule et à se placer très-près de la fille de basse-cour, qui du reste, à l'aide de sa baguette redoutée, leur avait facilité cette opération en obligeant les plus forts et les plus goulus de ses élèves à sortir du cercle que pouvait décrire autour d'elle son sceptre de coudrier. Le peuple des poules, ainsi protégé contre les dindons méchants et brutaux, contre les oies et les canards qui, grâce à la largeur de leur bec, eussent ramassé en quelques instants les vivres de la communauté, recueillit tranquillement le grain tombé dans un périmètre très-convenable.

« Voilà Charles tellement occupé de mes volailles, qu'il en perd l'appétit, dit M. de Morsy en riant.

— C'est vrai, répondit Charles ; je passerais volontiers une journée à cette fenêtre pour étudier un peu les mœurs vraiment curieuses de toutes ces bêtes. Il paraît, Monsieur, que vous donnez la préférence aux poules, puisqu'elles sont évidemment en majorité.

— Ce n'est pas sans raison que les fermiers élèvent une grande quantité de poules. Non-seulement leur nourriture est peu dispendieuse, mais elles débarrassent les fumiers d'une foule de graines qui plus tard en germant infesteraient les champs de plantes inutiles et nuisibles. Sous ce point de vue les poules rendent un véritable service.

La plupart des cultivateurs n'attachent qu'une très-médiocre importance à leur basse-cour, et ne font rien ou font peu de chose pour tirer réellement parti de leurs volailles ; beaucoup même les laissent pourvoir elles-mêmes à leur nourriture, et si dans ce cas le produit est faible, insignifiant, du moins il présente un bénéfice clair et net.

Mais il existe, principalement dans les départements du Calvados, de la Seine-Inférieure, de l'Oise, de la Sarthe, du Pas-de-Calais, de l'Aisne, et dans ceux qui composent l'ancienne province du Languedoc, des exploitations où la vente des œufs et l'engraissement des volailles constituent une branche importante des revenus. Là, plusieurs femmes sont spécialement chargées de tous les détails de la basse-cour, dont la direction exige des connaissances pratiques assez rares et une longue expérience.

Dans la plus grande partie de ces fermes on vise surtout à la production des œufs, dont il se fait une immense consommation en France, puisque la seule ville de Paris absorbe année commune plus de cent millions d'œufs, représentant une valeur moyenne de quatre à cinq millions de francs. Les plus beaux œufs qui paraissent sur les marchés de la capitale proviennent généralement des environs de Meaux et du Calvados.

Augustin. — Combien d'œufs une poule pond-elle ordinairement dans le cours d'une année?

M. de Morsy. — Il est très-difficile de préciser un chiffre, même approximatif. Ce qui le prouve, c'est que des auteurs très-compétents en économie agricole donnent à ce sujet des évaluations d'une différence frappante. L'un suppose une ponte moyenne de cinquante-deux œufs par an, l'autre de cent œufs, un troisième de cent cinquante. Selon moi, le grand tort de ces messieurs, c'est d'avoir voulu établir une moyenne scientifique dont le fermier n'a ni besoin ni souci, au lieu d'une moyenne *pratique*.

Je m'explique. Il ne s'agit pas pour le fermier de savoir combien trente poules prises au hasard, combien les mille poules du village donnent d'œufs par an, mais combien d'œufs il peut raisonnablement espérer de récolter en entretenant cent poules judicieusement choisies, bien surveillées, et desquelles il se hâtera de retrancher toutes celles qui pondent peu ou point, cassent les œufs, etc. En posant ainsi la question, sa solution devient facile, puisqu'il suffit de consulter la comptabilité d'une ferme bien tenue, et de comparer le nombre des œufs récoltés par an avec la quantité de poules entretenues en vue des profits de leur ponte.

Un cultivateur des environs de Bayeux m'a assuré avoir vendu ou consommé chez lui, du 1ᵉʳ janvier au 31 décembre, quatorze mille cinq cents œufs avec une basse-cour peuplée de deux cents poules.

Il s'ensuivrait que chez lui chaque poule aurait en moyenne pondu un peu plus de soixante-dix œufs. Je crois que ce résultat doit être considéré comme très-beau, et qu'on ne l'obtiendra qu'à force de vigilance et de soins.

Charles. — Il paraît qu'en Égypte on faisait très-anciennement éclore artificiellement de véritables fournées de jeunes poulets. C'est donc une industrie perdue ou abandonnée.

M. de Morsy. — Je connais trop imparfaitement le procédé égyptien, et tout ce que j'ai lu à ce sujet est trop vague et trop peu explicite pour que je puisse vous en parler pertinemment. Depuis quelques années divers industriels ont inventé des couveuses arartificielles bien supérieures aux fours égyptiens. Chauffées à l'eau chaude, munies de thermomètres et de régulateurs pour y maintenir une température égale et constante, leur emploi ne présente aucune difficulté sérieuse, et les poulets y éclosent fort bien. La couveuse Lemare, l'étuve Bonnemain, le couvoir Sorel sont des appareils très-ingénieux, avec lesquels on peut, même au cœur de l'hiver, faire éclore des centaines d'œufs.

Comme complément des couveuses, on a imaginé des poussinières pour recevoir les jeunes poulets au sortir de l'œuf ; ces poussinières sont disposées de façon à ce que les poulets y trouvent la chaleur dont ils ont besoin, une nourriture appropriée à leur faiblesse, et jusqu'aux ailes maternelles sous lesquelles ils se plaisent à s'abriter pour se reposer et dormir.

Mais si, grâce à ces inventions, il est aujourd'hui facile de se procurer au jour dit autant de poulets qu'on veut, si même l'éducation première des jeunes poulets réussit le plus souvent, cette éducation laisse-t-elle un bénéfice raisonnable à celui qui l'entreprend? Quand les poulets éclos artificiellement sont en état d'être vendus, leur valeur vénale est-elle en rapport avec leur prix de revient? Je ne le crois pas, et je n'en voudrais d'autre preuve que le peu de succès qu'ont eu les couvoirs dans les pays où l'on élève une énorme quantité de volailles.

En effet, dans une ferme les très-jeunes poulets ne coûtent presque rien à nourrir, tandis que, sans parler du prix de l'appareil, de l'emplacement qu'il occupe, du combustible, de la surveillance, des réparations, les poulets éclos artificiellement ont souvent, au bout de six semaines, occasionné plus de frais qu'ils ne valent.

Léonie. — Mais, Monsieur, je m'aperçois que toutes vos poules, mais toutes sans exception, ont le même plumage. Elles sont uniformément mouchetées de blanc et de noir. Il n'y a que les coqs qui ont quelques plumes jaune-clair. Chez nous, les poules sont de toutes couleurs; c'est une vraie macédoine.

M. de Morsy. — Et ne remarquez-vous pas que les miennes ont encore une autre particularité? Regardez bien celle qui est là, plus près de nous.

Léonie. — J'ai beau l'examiner, je ne lui vois rien d'extraordinaire.

M. de Morsy. — C'est que vous ne regardez pas ses pattes.

Augustin. — Tiens! elle a une espèce d'ergot comme les coqs.

M. de Morsy. — Ce que vous prenez pour un ergot est un doigt. Il ne lui sert guère à la vérité, puisqu'il ne pose pas par terre, mais c'est bel et bien un doigt. Toutes mes poules appartiennent à la même race, qui doit son nom à une petite ville de Seine-et-Oise, Houdan. Le caractère distinctif de cette race, caractère qu'elle ne partage qu'avec une race anglaise, c'est d'avoir les pattes terminées par cinq doigts au lieu de quatre comme toutes les autres espèces de poules. Sur ces cinq doigts il s'en trouve très-souvent un de mal placé, de mal conformé : mais ces défauts sont sans importance, pourvu que le cinquième doigt y soit.

Léonie. — Mais, Monsieur, pourquoi tenez-vous donc tant à ce vilain doigt qui ne sert à rien?

M. de Morsy. — Je n'y tiens, ma chère enfant, que parce que ce doigt me prouve que la bête qui en est pourvue est une vraie Houdan. C'est comme pour le plumage : je retranche soigneusement de ma basse-cour toute poule qui ne porte pas, à l'exclusion de toute autre nuance, la livrée de sa race. Blanche et noire chez la femelle, et chez le mâle relevée de jaune paille.

Charles. — Nous direz-vous, Monsieur, la raison

pour laquelle vous donnez une préférence si exclusive à la race de Houdan?

M. DE MORSY. — C'est bien simple, Il en est des poules comme des autres animaux domestiques dont nous avons causé : telle race par sa précocité, par la durée et par l'abondance de sa ponte donne un profit réel à l'éleveur, tandis que telle autre race coûte autant ou plus qu'elle ne rapporte, parce qu'elle est longue à se former et mange beaucoup sans engraisser. Les cochinchinoises, qui pendant quelques années ont été l'objet d'un engouement général, sont dans ce cas. On s'est laissé séduire par leur volume énorme, comme si ce volume était tout, comme si la grosseur des os et la qualité de la chair n'étaient pas à considérer. A ces défauts la race en joint deux autres : elle s'élève presque aussi difficilement que les dindonneaux, parce que les poussins mettent souvent six semaines à s'emplumer; ils croissent et se développent avec une lenteur désespérante. Elle n'a pour elle que d'être bonne pondeuse et toujours prête à couver. A tout prendre les cochinchinoises ne valent pas, à mon avis, nos espèces communes, mélange incohérent, où cependant il ne serait pas difficile de trouver de bons types. Mais nos fermiers ne s'en donnent pas la peine. Aussi, combien d'entre eux seraient très-surpris s'ils mettaient en regard les pertes que leur occasionnent leurs volailles, et le produit qu'elles leur donnent! Parce que tous les matins ils n'ont jeté que quelques poignées de grainailles de rebut à leurs poules, ils s'imaginent que les œufs et les poulets que leurs femmes portent au marché sont tout profit! S'ils calculaient la valeur de tout ce que leurs poules, qu'ils laissent courir, gâtent ou pillent, ils verraient à quel prix leur reviennent ces aimables cocottes. Avec leurs grandes ailes, leur humeur vagabonde, elles pénètrent partout. Hardies, rusées, presque sauvages, elles franchissent les murs, les clôtures, une rivière au besoin, et il n'y a pas, à deux kilomètres à la ronde, un champ, un verger, un jardin, un potager à l'abri de leur bec et de leurs ongles. Maintenant si, leur rognant les ailes, vous les tenez dans un lieu clos où il n'y ait rien à gâter, il faut pourvoir à leur nourriture, et le prix de cette nourriture représente à peu près la valeur de leur chair et de leurs œufs.

Pour éviter de se trouver en face de ce fâcheux dilemme, les cultivateurs anglais, nos maîtres *en doit et avoir*, ont pris un grand parti. Ils n'élèvent généralement des volailles que pour la consommation de la maison, et préfèrent nous laisser approvisionner leurs marchés avec les cargaisons d'œufs que nous leur expédions par centaines de millions. Ce trafic a pris de telles proportions qu'il roule aujourd'hui sur une valeur de cinq à six millions de francs par année. Nos voisins, néanmoins, commencent, à ce qu'il paraît, à se fatiguer de payer ce tribut à nos basses-cours, et ils parlent, sinon de s'en affranchir tout à fait, du moins d'en réduire le chiffre. Pour en arriver là, ils ont pris le bon moyen, c'est de chercher à faire pour leurs volailles ce qu'ils ont fait pour leurs gros animaux de boucherie, créer un Durham emplumé qui, à dépense égale, produirait plus d'œufs et plus de viande que leurs anciennes races. Ils y travaillent de grand cœur, et à la tête du mouvement régénérateur est une société puissante où à la suite du nom de la reine Victoria se lisent les plus grands noms de l'aristocratie britannique. Cette société organise des expositions, des concours, distribue des récompenses, publie les résultats obtenus, provoque des expériences, encourage, guide les chercheurs et vient même pécuniairement à leur aide. Mais de notre côté nous ne sommes pas restés inactifs, et la question des volailles a été très-bien étudiée chez nous. L'un de nos peintres distingués, M. Charles Jacques, après avoir donné de charmants tableaux où il représentait avec un rare bonheur et une vérité saisissante les hôtes de nos poulaillers, a publié un traité de gallinoculture aussi détaillé, aussi complet que possible, où il rend compte de ses expériences.

Du reste, si nous nous laissions sur ce terrain distancer par les Anglais, nous ne devrions nous en prendre qu'à nous. Nous n'avons point de races nouvelles à créer ou à importer, il nous suffit de propager à l'exclusion de toute autre les excellentes et précieuses races qui font la fortune de certaines localités : celle de Houdan, par exemple, que j'ai adoptée après quelques tâtonnements.

Cette race, dont je vous ai énuméré les mérites, est depuis longtemps élevée et soigneusement préservée de tout mélange dans les environs de Houdan. Pour vous donner une idée du rôle qu'elle joue dans le pays, il me suffit de vous poser un chiffre basé sur les registres de l'octroi. Il se vend annuellement sur les marchés de Houdan, de Dreux et de

Nogent-le-Roi pour plus de six millions de francs de volailles grasses. Mais rien n'est parfait sur la terre, et sous ce rapport les Houdan n'échappent pas à la loi commune. Elles ont le défaut de se décider rarement à couver: défaut qui entraverait singulièrement la production de l'espèce, si l'on n'y mettait bon ordre. On les dispense donc des soins et des charges de la maternité en faisant couver leurs œufs à de vieilles dindes qui sont toujours prêtes, et à qui il suffit de montrer un nid bien garni d'œufs pour qu'elles s'y installent tout de suite. Dans le pays dont je vous parle, les engraisseurs ne se donnent pas la peine de faire naître les poulets. Ils les achètent à des gens qu'on appelle *accouveurs*, et dont le métier consiste à faire en tout temps éclore des poulets.

Augustin. — Même en hiver! Mais le froid doit en faire périr un grand nombre : ils sont si frileux les petits poulets.

M. de Morsy. — Aussi, jugez de ma surprise, quand j'ai été en plein hiver à Houdan, de trouver les maisons des accouveurs pleines de poulets. Ils étaient là par centaines, absolument comme chez eux : un poêle entouré d'un grillage en fil de fer chauffait l'appartement. Je me suis enquis du prix que se vendaient ces poussins. Ils valent, quinze jours après leur naissance, autour de quarante francs le cent de février en octobre; quarante-cinq à cinquante francs d'octobre à décembre, et de soixante à soixante-dix francs en décembre et janvier.

Mme de Morsy tient très-rigoureusement la comptabilité de notre basse-cour peuplée de Houdan, et je puis vous assurer que, quoique nos poules ne vagabondent pas, ne pillent pas, puisqu'elles ne sortent pas de l'enclos qui leur est affecté, leur compte se solde en bénéfice.

Outre les Houdan, nous avons encore la race de la Flèche, de Crève-Cœur, de la Bresse, qui toutes les trois sont très-recommandables. Les deux dernières sont précoces, point capital, et s'engraissent avec une grande facilité.

Augustin. — Pourquoi donc, Monsieur, attachez-vous tant de prix à la précocité?

M. de Morsy. — Supposons deux poulets, un crève-cœur et un cochinchinois. Vers quatre mois le premier sera bon à être engraissé, et un mois plus tard il aura acquis un bel embonpoint.

Le second, long à se former, à se développer, ne pourra être mis au régime d'engraissement qu'à sept ou huit mois, et c'est beaucoup si en deux mois on parvient à le mettre en bon état.

Supposons encore que ces poulets se vendent le même prix : quel est celui qui aura le moins coûté à son éleveur, qui lui donnera plus de bénéfice?

Augustin. — C'est évidemment le premier, puisqu'il aura fallu le nourrir moins longtemps. Je comprends toute l'importance d'une plus ou moins grande précocité.

Léonie. — Les canetons et les poulets couvés et élevés par une dinde diffèrent-ils de ceux couvés et élevés par des mères de leur espèce?

M. de Morsy. — Sous aucun rapport, et il ne peut même en être autrement. Les œufs, pour éclore, ont uniquement besoin de se trouver placés pendant un certain laps de temps sous une température constante de trente-huit à quarante-cinq degrés centigrades. Que cette température soit obtenue par une poule, une dinde, une lampe, un réservoir d'eau chaude, le poulet se développe également bien, et la source de la chaleur n'a aucune influence sur lui. Ainsi les canetons élevés par des poules courent à la mare voisine presque au sortir de l'œuf, et les poulets élevés par des canes craindraient fort de se mouiller les pattes, malgré les goûts aquatiques de leurs mères.

Augustin. — En parlant des poules cochinchinoises, vous nous disiez, Monsieur, que les poulets de cette espèce étaient presque aussi difficiles à élever que les dindonneaux. Les dindonneaux sont donc sujets à des maladies qui les font souvent périr?

M. de Morsy. — Oui. Outre le froid et l'humidité dont il faut absolument préserver les jeunes dindons sous peine de perdre des couvées entières, quand ils prennent le rouge, c'est-à-dire lorsque leurs caroncules commencent à paraître, ils éprouvent une espèce de crise qui leur est souvent fatale. A ce moment il est bon de leur faire boire quelques gouttes de vin et de les fortifier par une nourriture très-excitante : le chènevis, le fenouil, le persil, la viande cuite et assaisonnée d'une dose de sel, leur conviennent très-bien.

Quelquefois ils sont affectés de boutons qui se développent dans le bec et même à l'intérieur de la gorge. Il est prudent de mettre à part l'animal attaqué de cette maladie, souvent mortelle et regardée comme contagieuse.

Le dindon est vorace et s'engraisse avec facilité. Les vieux mâles sont méchants et querelleurs; il leur arrive de blesser mortellement une poule en deux ou trois coups de bec. La vue des étoffes rouges les jette parfois dans de véritables accès de fureur, et alors ils attaquent les femmes et les enfants.

Les oies, au contraire, sont d'une humeur très-pacifique, et l'on doit d'autant plus leur en savoir gré, qu'elles ne manquent ni de force ni de courage; mais elles s'en servent pour se défendre et jamais pour attaquer. Le mâle, qu'on appelle *jars*, ne quitte pas sa femelle pendant tout le temps que dure l'incubation, et se pose à son tour sur les œufs lorsqu'elle est forcée de les quitter pour aller boire et manger. Plus tard, lorsque les oisons sont éclos, il accompagne la mère et veille avec elle sur les petits. Sa sollicitude paternelle est très-grande, et il ne souffre pas que les chiens ni les étrangers s'approchent trop près de sa famille. Au moindre danger il jette un cri de détresse; et s'il se trouve d'autres mâles dans le voisinage, ils s'élancent à son secours et forment bientôt un bataillon redoutable.

CHARLES. — Est-il vrai qu'on plume les oies vivantes? Ce procédé me semblerait d'une barbarie révoltante.

M. DE MORSY. — Les oies, comme vous le savez, fournissent deux espèces de plumes, celles qui servent à écrire, et celles qu'on appelle le duvet. On recueille les premières, soit lorsqu'elles tombent naturellement à l'époque de la mue, soit après la mort de l'animal.

Pour le duvet, c'est différent. Si l'on attendait

qu'il tombât de lui-même, il serait impossible de le recueillir, parce qu'il se détache peu à peu et que le moindre vent l'emporte au loin. Il faut donc indispensablement l'arracher quand il commence à se détacher et qu'il ne tient presque plus. Faite en temps opportun et avec ménagement, cette opération est peu douloureuse pour les oies; du reste l'intérêt même engage le fermier à choisir l'instant convenable, car le duvet arraché trop tôt se conserve mal et perd beaucoup de sa valeur.

Le duvet des oies mortes contracte une odeur nauséabonde, se brise et se met en boules; on n'en fait aucun cas.

Augustin. — N'est-on pas obligé de soumettre les plumes d'oies à diverses préparations pour les rendre propres à l'écriture?

M. de Morsy. — Oui, et pendant fort longtemps le monopole de cette industrie est resté entre les mains des Hollandais, qui seuls, jusque vers la fin du dernier siècle, surent convenablement préparer les plumes à écrire. Malgré les immenses progrès de la chimie et de la mécanique depuis la découverte et la vulgarisation du procédé hollandais, on a vainement essayé de le remplacer par des méthodes plus expéditives; il a fallu y revenir, et se borner à des modifications et à des perfectionnements de détail.

Les plumes fraîches sont enduites tant intérieurement qu'extérieurement d'une matière graisseuse qui les empêche de se fendre nettement et de se charger uniformément d'une certaine quantité d'encre. Il s'agit donc d'abord de les dégraisser sans les altérer, ensuite de leur communiquer une consistance, une rondeur, une élasticité qu'elles ne présentent pas naturellement.

Victor. — Monsieur, je crois avoir très-récemment entendu parler d'une petite machine destinée à la préparation des plumes.

M. de Morsy. — C'est probablement d'un petit appareil d'origine allemande, au moyen duquel un ouvrier peut empaqueter près de vingt mille plumes par jour.

L'usage des plumes métalliques, devenu presque général, a singulièrement diminué l'importance de cette fabrication, très-simple d'ailleurs. On plonge les plumes dans un bain soit de cendres fines, soit de sable tamisé, et chauffé à soixante degrés centigrades. Elles y restent le temps rigoureusement nécessaire à la fusion de la matière graisseuse. Alors on les retire et on les frotte vivement avec un morceau de drap. Ce frottement les polit, les durcit, les arrondit, et il ne reste plus qu'à les trier et à les mettre en paquet.

Beaucoup de plumes pèchent, tantôt pour être restées trop longtemps dans le bain, tantôt pour en être sorties trop tôt. Les premières sont dures, roides, cassantes à l'excès. Les secondes, molles et grasses, refusent de se fendre, et s'émoussent très-promptement; l'encre s'y ramasse en forme de petites boules qui tachent le papier, font des pâtés, en style d'écolier. Les calligraphes recherchent les vieilles plumes, reconnaissables à une belle teinte jaune. Malheureusement les fabricants ont trouvé moyen de donner cette nuance aux plumes fraîches, en les laissant tremper dans de l'eau légèrement saturée d'acide hydrochlorique.

Charles. — N'écrit-on qu'avec des plumes d'oie?

M. de Morsy. — Quelques personnes se servent encore de plumes de cygne, de canard, de corbeau. Les plumes de cygne ne conviennent que pour tracer de fort gros caractères, pour régler des tableaux, des pancartes. Avec les autres, au contraire, une main légère écrit très-serré et très-fin; les dessinateurs *à la plume* en font fréquemment usage.

Augustin. — Monsieur, je remarque parmi vos canards plusieurs individus infiniment plus gros que les canards ordinaires, et, de plus, décorés d'excroissances rouges.

M. de Morsy. — Ce sont des canards de Barbarie. Les mâles seuls ont les joues et la mandibule supérieure du bec garnies de caroncules écarlates. Cette espèce recherche beaucoup moins l'eau que l'espèce commune; mais elle s'élève et multiplie plus difficilement, parce que les femelles établissent elles-mêmes leurs nids sous des fagots, dans des haies, derrière une planche posée debout contre une muraille, et abandonnent immédiatement leurs œufs si on les dérange, soit en les visitant, soit en essayant de transporter les œufs dans un lieu plus convenable. On est donc forcé de les laisser s'installer où elles le veulent, souvent assez loin de la maison. Il s'ensuit que la plupart des couvées sont détruites par les fouines, par les chiens, par les chats, sans parler des maraudeurs.

Beaucoup de personnes s'imaginent à tort que

la chair du canard de Barbarie conserve toujours une odeur musquée et désagréable. La tête seule offre cette particularité, et il suffit de tuer l'animal en lui tranchant complétement le cou, pour que l'odeur ne se communique pas au reste du corps.

Voyez-vous ces deux canards dont les mouvements sont moins lourds et moins gauches que ceux de leurs compagnons, qui ont une tournure et une mine beaucoup plus éveillées; ce sont des canards *sauvages* : je les appelle ainsi parce qu'ils proviennent d'œufs recueillis dans les étangs des environs de Saumur, où un certain nombre de canards sauvages se sont définitivement établis. Le plumage des canes de cette espèce est toujours terne et d'un gris jaunâtre, tandis que celui des mâles, richement nuancé de reflets métalliques, est de la plus grande beauté. La chair des canards sauvages est, comme vous le savez, très-supérieure à celle des canards de basse-cour.

C'est une opinion reçue sur les bords de la Loire, de Tours à la mer, que les canards sortis d'œufs pondus par les canes sauvages sont plus familiers, plus intelligents, plus attachés que ceux de la race domestique, et des observations nombreuses semblent justifier cette croyance. Ainsi moi-même je pourrais vous citer les canards d'un de mes amis, qui passent leur vie sur la Loire, s'écartent à plus de deux ou trois kilomètres du logis, et cependant y rentrent tous les soirs après avoir décrit de grands cercles au-dessus de la maison. Le jour, d'aussi loin qu'ils peuvent entendre la voix de leur maître, ils arrivent à tire-d'aile au premier appel, et se laissent prendre. En hiver, lors du passage des canards sauvages, au lieu de déserter avec eux, ils ont plusieurs fois ramené des étrangers au poulailler.

Eh bien! malgré l'opinion reçue, malgré une foule de faits du genre de celui que je viens de vous raconter, je suis persuadé que, si les canards de la race sauvage deviennent plus familiers et plus dociles, c'est uniquement parce qu'ordinairement ils appartiennent à des amateurs qui s'occupent beaucoup de leurs élèves. La race domestique les surpasserait certainement si elle recevait les mêmes soins; car il est positif que les individus d'une race depuis longtemps asservie sont plus éducables que les descendants immédiats d'animaux vivant en liberté.

Les canards communs diffèrent donc de ceux dont on vante les qualités par l'éducation et non par les mœurs et le caractère. Vous vous souvenez, mes amis, de ce que je vous ai raconté au sujet des bœufs de la Camargue, et vous sentirez combien il est important de faire toujours cette distinction en appréciant le mérite des animaux domestiques.

Maintenant, si vous m'en croyez, nous laisserons là les poules et les canards, au sujet desquels j'aurais peu de chose à vous apprendre, car vous avez tous lu Buffon, et nous irons faire connaissance avec les grands végétaux qui peuplent les forêts. »

CHAPITRE VII

L'ANE ET LES MOUTONS. — LE BLÉ. — LE SEIGLE. — L'ORGE. — L'AVOINE. — LE SARRASIN. — LE MAÏS. — LE RIZ.

« Je réfléchis, continua M. de Morsy, que mon bois où je me proposais de vous conduire est un assez pauvre taillis à peu près composé d'une seule essence d'arbre. Si vous vouliez, mes amis, retourner chez vous par la forêt de X***, je m'offrirais à vous servir de guide pour la traverser, et nous trouverions là une riche collection de grands végétaux indigènes avec lesquels je tiens à vous faire faire connaissance... Voyez si vos jambes se prêteront volontiers à un détour de deux à trois kilomètres.

Augustin. — Je suis moins las qu'en partant ce matin. Mais Léonie?

Mme de Morsy. — Ne vous inquiétez pas de Léonie; j'ai son affaire. Vous me comprenez, n'est-ce pas, ma petite?

Léonie. — Oh! Madame, que vous êtes bonne! Je suis toute confuse de vous avoir témoigné le désir d'essayer si je me tiendrais bien sur votre joli petit âne noir?

M. de Morsy. — Eh bien ! mes enfants, voilà qui est décidé; je vous demande cinq minutes, et nous partons ; pendant ce temps-là on scellera le coursier de mademoiselle. »

Victor, au nom de ses amis, exprima à Mme de Morsy combien ils étaient reconnaissants de la franche cordialité avec laquelle elle avait bien voulu les accueillir ; Léonie se jeta à son cou et l'embrassa avec effusion, tandis que Charles et Augustin trouvèrent dans leur cœur quelques-unes de ces simples et bonnes paroles mille fois préférables aux compliments les mieux tournés.

Ce ne fut pas sans regarder souvent derrière eux que nos jeunes gens s'éloignèrent de la ferme des Landes. M. de Morsy rompit le premier le silence.

« Voyez donc, dit-il, comme Léonie est sérieuse et comme elle se tient droite sur son ânon.

Léonie. — C'est que je ne suis pas du tout rassurée... Ces grandes ornières, et puis le fossé... Si l'âne allait y tomber avec moi !

M. de Morsy. — Que cela ne vous inquiète nullement, Mademoiselle. Laissez-lui choisir son chemin, il a le pied sûr comme une chèvre, et partout où il passera sans se faire trop prier, vous ne courrez pas le moindre danger.

Augustin. — J'ai lu et entendu dire que dans les Pyrénées et dans les Alpes on employait des ânes pour franchir les passages les plus escarpés et transporter les marchandises à travers des chemins et des sentiers affreux. Je comprends très-bien que l'âne soit apte à rendre des services de ce genre; mais j'ai aussi vu, je ne sais dans quel livre, qu'il y avait en Asie des ânes de selle fringants, rapides et capables de suivre et de lasser un bon cheval ; cela me semble un peu fort, à moins que la race asiatique ne diffère entièrement de la nôtre.

M. DE MORSY. — Si j'ai bonne mémoire, vous m'avez, mon ami, adressé une question à peu près pareille relativement aux chevaux de luxe comparés aux chevaux communs. Eh bien! tout ce que je vous ai dit des modifications que le climat, la nourriture, les procédés de l'homme ont fait subir à l'espèce chevaline, vous pouvez l'appliquer à l'espèce asine.

L'âne, comme le cheval, est originaire d'Asie, où l'on retrouve encore à l'état sauvage le type primitif de cette précieuse tribu de mammifères. Ce sont les qualités mêmes de l'âne qui ont causé son malheur. Il est doué d'une telle force de réaction contre la misère et la douleur, que l'homme a toujours semblé se faire un jeu d'abuser du tempérament, des forces, de la sobriété de son malheureux esclave. Il n'est pas dans toute la création une autre famille d'animaux qui, réduite à la condition de l'âne, eût résisté pendant un siècle ; elle serait depuis longtemps anéantie.

Mais si dans les contrées où, comme ici, il est traité avec une inhumanité révoltante, où il n'est ni nourri ni pansé, où les femmes, fatiguées de le battre, prennent une épingle pour le piquer jusqu'au sang, l'âne s'est maintenu et multiplié, sa taille s'est toutefois rabougrie, il a perdu sa vivacité, sa souplesse, sa vigueur, son intelligence ; il est devenu une espèce de mécanique insensible, qui va jusqu'à ce qu'elle se brise.

Sans aller chercher des exemples en Asie, il y a dans les départements de la Vendée, de la Charente, de la Vienne, de nombreux haras où de magnifiques ânes sont élevés et entretenus. Ces beaux animaux, de la taille d'un cheval moyen, et toujours payés de quinze cents à six mille francs, peuvent nous donner une idée des ânes d'Orient, qui, grâce aux soins dont ils sont l'objet, joignent à l'élégance des formes une vigueur extraordinaire. Agiles, infatigables, ils franchissent au galop avec leurs cavaliers des terrains montueux, semés de rochers et de fondrières, qu'un cheval traverserait péniblement au pas, et souvent ils fournissent ainsi des traites de cent kilomètres par jour.

Charles. — L'âne n'est-il pas beaucoup plus sensible au froid que le cheval?

M. de Morsy. — Oui et non. S'il supporte mieux que le cheval les brusques variations de température, il paraît positif qu'à mesure que l'espèce asine s'éloigne des contrées chaudes, elle s'appauvrit à chaque nouvelle génération. Pour conserver en France la race dans toute sa beauté et dans toute sa force, il faudrait donc la régénérer continuellement par l'introduction de sujets tirés, sinon de l'Asie, du moins des provinces les plus méridionales de l'Italie et de l'Espagne.

Léonie. — Je vois là-bas toute une armée de moutons : sont-ils à vous, monsieur de Morsy?

M. de Morsy. — Oui, mon enfant.

Charles. — Vous ne soumettez donc point les moutons au régime de la stabulation permanente?

M. de Morsy. — Je crois qu'à la rigueur un cultivateur pourrait tenir des moutons renfermés; mais je suis également convaincu que les frais seraient considérables et absorberaient au moins les produits du troupeau.

Augustin. — En quoi donc, Monsieur, consisteraient ces frais si considérables?

M. de Morsy. — D'abord il faudrait des bâtiments excessivement spacieux et une nourriture aussi variée qu'abondante. Les étables devraient être assez grandes pour que les moutons pussent y prendre l'exercice dont ils ont impérieusement besoin. D'un autre côté, le fermier n'utiliserait plus les herbes qui croissent spontanément dans les champs après l'enlèvement des récoltes, parce que ces herbes ne sauraient être cueillies et apportées à la ferme sans exiger une main-d'œuvre énorme; en sorte que l'entretien d'un troupeau de moutons nécessiterait une dépense hors de proportion avec les bénifices réalisables.

Le pâturage est donc le seul régime qui puisse convenir à la fois aux moutons et offrir au propriétaire la perspective de rentrer largement dans ses déboursés.

Le mouton est le plus délicat, le plus impressionnable de tous les animaux domestiques; il est exposé à une foule de maladies et d'indispositions, et exige par conséquent des soins et une surveillance de tous les instants.

Aussi le berger n'est-il pas un domestique ordinaire, et ce n'est pas au premier venu que l'on peut confier la garde d'un troupeau.

Les gages d'un bon berger surpassent en général dans une grande exploitation ceux des laboureurs et des autres serviteurs de la maison. Ce n'est que justice, puisque, pour remplir convenablement son emploi, il doit réunir des qualités peu communes et des connaissances spéciales.

D'abord il est de rigueur qu'un berger aime son état. S'il ne porte pas à ses bêtes une véritable affection, il ne s'occupera pas d'elles avec cette constante sollicitude dont il est appelé à faire preuve jour et nuit : et sa patience doit égaler sa vigilance; car le mouton est un animal stupide dans toute l'acception du mot : il ne comprend pas ce qu'on veut de lui, et ne sait éviter aucune espèce de danger. Qu'un loup affamé se précipite au milieu d'un troupeau, c'est à peine si les moutons cherchent à se dérober à sa dent meurtrière. Ils se pressent les uns contre les autres, et chacun cache sa tête sous le ventre de son voisin. Un bélier prend-il la fuite, tous le suivent en colonne serrée, s'embarrassant mutuellement dans leur course, et le loup les décime à son aise.

S'agit-il de sortir le matin de la bergerie, tous les moutons s'élancent à la fois vers la porte ouverte, deux ou trois s'y engagent à la fois, de manière à la boucher complétement et à se trouver pris comme dans un traquenard; mais la queue du troupeau n'en continue pas moins à pousser la tête, et si le berger n'était là pour obvier aux accidents, la sortie et la rentrée des moutons ne s'effectueraient jamais sans blessures graves et mortelles.

Vous comprendrez facilement pourquoi avec des animaux d'instincts si bornés on ne saurait être pourvu d'une assez forte somme de patience. S'irriter, s'emporter, se dépiter est peine perdue ; le mouton n'a ni assez de mémoire, ni assez d'intelligence pour distinguer une menace d'un mot d'amitié.

Voilà pour les qualités morales du berger ; vient maintenant le chapitre de ses connaissances spéciales.

Il doit être capable d'apprécier d'un coup d'œil l'état sanitaire de ses bêtes et les principaux symtômes des diverses maladies qui attaquent si fréquemment les montons. Mais il ne lui suffit pas de distinguer à son attitude, à son appétit déréglé, à son regard, une brebis malade entre cent autres, il faut qu'il sache arrêter les progrès du mal. Plusieurs maladies, telles que le vertige, tuent un mouton en moins d'une heure, s'il n'est pas saigné à temps. D'autres cas exigent des opérations chirurgicales également promptes ; il est donc indispensable que le berger sache les pratiquer au besoin.

Augustin. — Mais puisque le mouton ne pourrait vivre sans les soins de l'homme, comment l'espèce n'a-t-elle pas été anéantie dès les premiers âges du monde ?

M. de Morsy. — Toutes les races des moutons domestiques ont pour type primitif le mouflon, qui existe encore à l'état sauvage dans quelques contrées montagneuses de l'Europe, de l'Asie, de l'Afrique, et notamment en Corse. Le mouflon, quoique beaucoup moins pourvu d'intelligence que les autres quadrupèdes, est doué d'une constitution vigoureuse; il échappe à ses ennemis par la rapidité de sa course, et se défend à coups de tête lorsqu'il est cerné. Il ne peut toutefois se perpétuer que dans les localités d'un accès difficile, dans les pays peu penplés, où l'homme ne lui fait pas une guerre trop rude.

Mouflon.

Le mouflon a une tête grosse et longue, des cornes semblables à celles de la chèvre, une queue à peine indiquée. Son corps est recouvert d'un poil dur, sous lequel se retrouvent çà et là des touffes d'une laine courte et frisée.

A ce portrait reconnaissez-vous le mouton domestique? Non, n'est-ce pas?

C'est qu'il n'est dans toute la création aucun animal dont l'homme ait plus profondément modifié le régime alimentaire, les habitudes, les formes extérieures, le pelage. Chaque peuple, selon ses besoins, selon les exigences du climat et du pays, s'est créé une race de moutons appropriée à ses pâturages, à son industrie, à ses habitudes agricoles.

Partout au poil du mouflon on a substitué une laine plus ou moins longue, plus ou moins fine. L'Indien a forcé ses moutons à devenir omnivores, et à se nourrir, comme le chien, des restes de la cuisine. L'Espagnol s'est exclusivement occupé à transformer le pelage du mouflon en une laine d'une haute valeur, et a obtenu la race connue sous

Mérinos d'Espagne.

le nom de mérinos. La toison de ces animaux, épaisse, serrée au point de paraître toute d'une seule pièce, est sale et d'une couleur foncée à l'extérieur, mais cache sous cette apparente grossièreté des mèches d'une laine blanche, ondulée, d'une finesse et d'une élasticité incomparables.

En Angleterre, Backwell, cet habile éleveur dont je vous ai déjà parlé, n'a considéré le mouton que comme bête de boucherie; attachant par conséquent une médiocre importance à la toison, il s'est uniquement occupé à favoriser le développement des parties charnues et de la graisse. Nous lui devons la race Dishley, la race de boucherie par excellence, puisqu'elle acquiert en fort peu de temps une taille et un embonpoint extrêmes.

Mouton Dishley.

En France nous avons :

Dans le Roussillon, des moutons à laine fine qui offrent trop de points de ressemblance avec les mérinos pour ne pas supposer d'anciens croisements avec les bêtes espagnoles;

Dans le Languedoc, des moutons de forte taille dont les brebis sont habituellement soumises à la traite;

Dans l'Auvergne, où l'éducation des bêtes ovines est totalement négligée, des moutons chétifs, dégénérés, pesant à peine quinze kilogrammes; chair et toison, sans aucune qualité;

Dans la Sologne, des moutons d'une sobriété

étonnante, vivant on ne sait de quoi, pesant un peu plus de dix kilogrammes, mais robustes au delà de toute idée; cette race seule pouvait résister dans une aussi misérable province.

Enfin nous avons les moutons de la Flandre et de l'Artois, qui, nourris abondamment dans un pays fertile, entourés de soins bien entendus, atteignent communément un poids de cinquante à soixante kilogrammes, et sont aussi estimés pour leur chair que pour leur toison. Cette dernière race forme pour la taille et les habitudes un contraste complet avec les moutons du Roussillon. Tandis qu'il faut absolument à ceux-ci un climat chaud et sec, l'air vif des montagnes, une herbe courte et ne renfermant que peu de principes aqueux, les premiers ont fini par s'accommoder parfaitement d'un ciel froid et brumeux et de gras pâturages.

Avais-je raison de vous dire qu'aucun animal n'a été plus profondément modifié par la domesticité que le mouflon? Ne vous semble-t-il pas comme à moi que la divine providence, en créant ce type primitif, l'ait au physique et au moral constitué de manière à ce que l'homme pût le pétrir, le remanier, pour tirer le plus grand parti possible du plus soumis de ses esclaves?

AUGUSTIN. — Voilà des merveilles dont je ne me faisais aucune idée. Oh! oui, comme vous nous le disiez tout à l'heure, la terre est un immense atelier que le bon Dieu a ouvert à l'activité de l'homme.

CHARLES. — Mais, Monsieur, si les différentes espèces de chevaux, de bœufs, de moutons, d'ânes, de porcs, descendent du même couple, toutes les plantes subissent-elles la même loi? Je m'explique bien mal peut-être.

M. de Morsy. — Je vous comprends parfaitement, mon enfant; vous me demandez si Dieu n'a créé, par exemple, qu'une seule espèce de blé, de maïs, etc., et si les variétés que nous possédons ne sont que des modifications *accidentelles obtenues* de l'espèce primitive. Je n'hésiterai point à vous répondre par l'affirmative.

Charles. — Je m'en doutais bien, Monsieur, d'après ce que vous nous avez dit des animaux. Mais ne nous donnerez-vous pas sur l'intéressante famille des plantes alimentaires quelques explications analogues à celles que vous nous avez données sur les habitants des basses-cours?

M. de Morsy. — C'est bien mon intention, mes amis. Commençons par le blé : à tout seigneur tout honneur, dit le proverbe.

Parmi les innombrables variétés de froment cultivées aujourd'hui, quelle est celle qui peut être considérée comme se rapprochant davantage du type primitif?

Les plus savants agronomes se sont vivement préoccupés de cette question. Je ne vous entretiendrai pas des systèmes divers qui ont été successivement présentés : adoptés par les uns, combattus par les autres, ils ont pour la plupart été bientôt oubliés pour faire place à de nouvelles hypothèses.

Franchement, j'attache une médiocre importance à la solution de ce problème, parce que cette solution serait certainement sans utilité pour l'agriculteur praticien, dont la grande, l'unique affaire est de connaître et de choisir l'espèce de blé la mieux appropriée à la nature de ses terres, du climat qu'il habite, des débouchés qui lui sont offerts.

J'en aurais pour une heure si je voulais seulement vous présenter une simple nomenclature raisonnée de toutes les variétés de froment, variétés dont le nombre s'accroît tous les jours, puisqu'il est de mode aujourd'hui de considérer comme variétés nouvelles les variétés déjà connues, aussitôt qu'une culture plus parfaite les améliore sensiblement.

Je me contenterai donc de vous dire que les froments se divisent en blés barbus et en blés sans barbes, en blés rouges et en blés blancs, en blés durs et en blés tendres, vous prévenant toutefois que parmi les blés sans barbes, par exemple, il y en a de blancs et de rouges, de tendres et de durs, et ainsi pour les autres.

Les blés blancs sont, en thèse générale, les meilleurs et les plus cultivés. Les boulangers prétendent cependant que la farine qui en provient se pétrit plus difficilement que celle des blés rouges. Cet inconvénient est peu de chose, *s'il existe réellement,* puisqu'il suffirait d'ajouter une légère quantité de farine de blé rouge pour le faire disparaître.

Dans un mémoire très-remarquable, publié, il y a une vingtaine d'années, par M. Desvaux, ce savant botaniste assure qu'un hectolitre de farine brute de blé dur rend constamment moins de pain qu'un hectolitre de farine de blé tendre. La différence est même assez forte, puisque avec six kilogrammes de farine brute de blé tendre on fait huit kilogrammes de pain, tandis qu'avec la même quantité de farine de blé dur on ne fait que sept kilogrammes de pain.

Cette considération, qui empêche avec raison les boulangers de se servir du blé dur, ne doit cependant avoir aucune influence sur le choix du consommateur; car il est prouvé que le pain provenant du blé dur est beaucoup plus savoureux et plus nourrissant que celui du blé tendre, et qu'en outre il durcit beaucoup moins vite. La qualité du pain compenserait donc la quantité. De plus la conservation des blés tendres est moins facile que celle des blés durs. J'oubliais de vous dire aussi que les blés durs sont très-recherchés des fabricants de vermicelle, de macaroni, etc.

Charles. — J'ai souvent entendu parler des blés de mars: que signifie cette désignation?

M. de Morsy. — Généralement on sème les blés vers les mois d'octobre et de novembre; ils passent dans ce cas l'hiver en terre; et leur croissance, interrompue par les gelées, reprend aux premiers beaux jours.

Mais il est parmi les froments des variétés hâtives qui parcourent en cinq à six mois toutes les phases de leur végétation. Ces derniers se sèment ordinairement en mars et jusqu'en mai; de là leur nom de blés de mars. Ils réussissent moins bien que les blés d'hiver, et leur produit en grain et surtout en paille n'est pas comparable à celui des premiers.

Augustin. — Quel est le produit en moyenne d'un hectare de terre cultivé en blé?

M. de Morsy. — Cela dépend d'une multitude de circonstances, dont les principales naissent d'abord du sol et de l'année, ensuite de la manière plus ou moins intelligente dont la terre est cultivée. Tel fermier parviendra à obtenir quarante hectolitres de grain par hectare, et tel autre considèrera dix hectolitres comme une bonne récolte; peut-être trouverait-on pour la France le terme moyen entre quatorze et quinze hectolitres.

Augustin. — Est-il vrai, Monsieur, que le blé dégénère par le seul fait qu'il est cultivé plusieurs années de suite sur le même terrain? d'où résulterait pour les fermiers la nécessité de renouveler leur semence, c'est-à-dire d'acheter tous les trois à quatre ans le blé dont ils ont besoin pour effectuer leurs semailles.

M. de Morsy. — Le cultivateur qui s'aperçoit qu'après plusieurs récoltes son blé a perdu de son volume et de sa qualité, doit, à l'époque des semailles, se procurer hors de chez lui le plus beau blé qu'il pourra trouver; et malheureusement la plupart de nos paysans sont dans cette nécessité. Mais croire que leur froment dégénère naturellement, forcément, par cela seul, comme vous le disiez fort bien, qu'il se reproduit dans le même sol, c'est prendre l'effet pour la cause. Le blé dégénère dans un champ, ou parce que ce champ convient médiocrement à la culture du blé, ou parce que ce champ est mal cultivé, mal soigné. Le propriétaire intelligent, actif, possédant de bonnes terres, apportant tous les soins convenables à l'enlèvement et à la conservation de ses récoltes, bien loin de voir son froment dégénérer, s'apercevra tous les ans qu'il gagne en qualité et en valeur : il y aurait folie de sa part à aller chercher ailleurs une semence dont il serait moins sûr, quand il trouve dans ses greniers du blé dont il connaît le mérite et les propriétés. S'il entend préconiser une variété nouvelle, il peut, il doit même l'essayer, mais sur un coin de terre, et, malgré les bons résultats de cette première tentative, en faire une seconde, une troisième, afin de n'adopter un nouveau froment qu'en parfaite connaissance de cause.

Le seigle, dont la farine, moins blanche que celle du blé, contient moins de parties nutritives, offre aux propriétaires de terrains médiocres une précieuse ressource; il prospère et donne de bons produits dans les sols où le froment ne végète qu'avec peine, et n'a qu'un rendement insignifiant. Malgré sa couleur foncée et son goût particulier, le pain de seigle, lorsqu'il est bien cuit, est une nourriture fort saine. Il possède la propriété de se conserver longtemps frais. En mélangeant un hectolitre de farine de seigle et un hectolitre de farine de froment, on obtient le pain le plus convenable aux hommes qui se livrent aux rudes travaux des champs.

La paille de seigle s'emploie à de nombreux usages. Dans les contrées où les tuiles sont rares et chères, elle sert à couvrir les maisons. Si les toitures de chaume ne multipliaient pas singulièrement les chances d'incendie, elles seraient sans contredit non-seulement les plus économiques, mais les meilleures de toutes. Les tuiles et les ardoises préservent les greniers des eaux pluviales, mais y laissent pénétrer le froid, au point de les rendre inhabitables en hiver. Sous une bonne couverture de paille de seigle, au contraire, non-seulement on est à l'abri de la pluie, mais il fait plus chaud que dans les étages inférieurs de la maison.

C'est également avec la paille de seigle que les jardiniers font leurs abris, les moissonneurs leurs liens à gerbes; la plupart des paillassons sont en paille de seigle; enfin les tourneurs l'emploient pour garnir les chaises, et les fabricants de chapeaux de paille en tirent un grand parti.

L'orge, considérée comme plante panaire, ne vient qu'après le seigle. Le pain d'orge, quelques soins qu'on apporte à sa confection, est toujours rude et grossier. D'après plusieurs passages des auteurs grecs, l'orge constituait dans l'antiquité la principale nourriture des chevaux; il en est encore ainsi dans les parties chaudes de l'Asie, en Afrique et même en Espagne; mais vous savez qu'en Europe on préfère généralement l'avoine.

L'orge, débarrassée de sa pellicule au moyen d'un commencement de mouture, s'appelle gruau. Dans cet état, elle remplace le riz et se prête à toutes les préparations culinaires dont ce dernier grain est susceptible.

C'est encore l'orge qui forme la base de la fabrication de la bière; la variété connue en Flandre sous le nom d'escourgeon ou de sucrion est la plus estimée pour cet usage.

L'orge est de toutes les céréales celle qui s'avance le plus vers le pôle, celle qui par conséquent résiste le mieux aux gelées et mûrit le plus promptement[1].

A Elfbaken, village situé en Laponie par le 70° degré de latitude, un voyageur a récemment contemplé avec étonnement de magnifiques récoltes de la variété dite orge-éventail.

Il y a des orges d'hiver et de mars; mais la différence entre les produits des deux espèces n'est pas aussi grande que pour les froments.

Je vous dirai peu de chose de l'avoine; c'est la plante chérie des fermiers négligents ou paresseux, parce que sa rusticité est extrême et qu'elle réussit presque sans soins.

Le blé, le seigle, l'orge et l'avoine sont quelquefois attaqués par deux maladies connues sous le nom de *charbon* et de *carie*. Le charbon est causé par un champignon qui, selon M. Brongniart, s'implante sur le pédicule supportant les organes floraux, les détruit, et empêche par conséquent toute fructification. En mourant, le champignon recouvre l'épi d'une espèce de poussière noire ou verdâtre.

La plante atteinte du charbon végète faiblement, ne donne que des tiges grêles couronnées d'épis plus grêles encore.

Parmi les céréales, le froment est celle qui redoute le moins le charbon, et l'avoine celle qui le redoute le plus. Voici pourquoi. Quand le charbon s'est développé sur un épi de blé, il le détruit en entier, et la poussière qui le couvre s'envole

---

[1] Linnée affirme que l'orge-éventail, semée le 26 mai, peut être rentrée le 28 juillet.

avant l'époque de la moisson. L'avoine, au contraire, est non-seulement plus fréquemment attaquée, mais, ce qui est mille fois pire, le même épi, le même grain a souvent une moitié bonne et une moitié gâtée; il s'ensuit que la poussière charbonneuse est entraînée dans la grange et infecte toute la récolte, compromettant ainsi la récolte suivante, parce que le charbon est essentiellement contagieux.

Mes bestiaux refusent la paille charbonnée; de nombreux essais prouvent néanmoins que l'emploi de la farine provenant de froments attaqués de charbon n'offre aucun danger. Je crois que cela n'est vrai que parce que la poussière ne peut jamais s'y trouver en grande quantité, et cela par la raison que je vous donnais tout à l'heure.

La carie, que beaucoup d'agriculteurs confondent avec le charbon, est également occasionnée par un champignon; mais, au lieu de se développer à l'extérieur, il naît dans l'intérieur même des grains.

Les froments sont seuls sujets à la carie; on reconnaît dès ses premières feuilles un pied de blé qui donnera des épis cariés. Ces épis, d'abord chétifs et d'une teinte légèrement violacée, se développent bientôt vigoureusement, et contiennent plus de grains que les épis sains. Ces grains sont ridés, grisâtres et d'une légèreté très-appréciable à la main. Au lieu de farine, ils contiennent une poussière brune, gluante, d'une odeur fétide. Battus, les grains cariés se brisent et répandent au dehors la substance dont ils sont pleins. Cette substance, pulvérulente et visqueuse à la fois, s'attache au blé sain, et lui ôte à la fois sa qualité et une grande partie de sa valeur vénale. Il prend alors le nom de *blé bouté*. Le blé bouté se moud mal, et sa farine, terne et grasse, donne un pain violacé, âcre et extrêmement malsain ; mais les boulangers qui emploient des blés boutés ne les panifient jamais purs ; ils les mêlent par portions plus ou moins considérables avec du blé de bonne qualité.

Pour prévenir la carie et le charbon, ou du moins pour détruire les germes de la maladie, les agriculteurs font subir à la semence qu'ils emploient une opération connue sous le nom de *chaulage*. Cette opération s'exécute immédiatement avant les semailles.

De tous les procédés indiqués, celui de M. de Dombasle me semble le meilleur, le plus simple ; il m'a toujours bien réussi. Je fais dissoudre six cent cinquante grammes de sulfate de soude par hectolitre de semence dans dix litres d'eau. Je verse lentement l'eau sulfatée sur le grain, qu'un aide remue sans cesse pour qu'il soit uniformément imprégné du bain ; ensuite je répands sur le tas, toujours par hectolitre de semence, environ quatre kilogrammes de chaux pulvérisée et fraîchement éteinte, et je continue à retourner la masse en tous sens, afin que, par l'effet de son humidité, chaque grain s'entoure d'une petite croûte de chaux.

Cette opération, sans nuire à la germination de la céréale, détruit les germes des champignons du charbon et de la carie ; et si elle n'empêche pas ces maladies de se déclarer de nouveau, du moins elle prévient toute transmission héréditaire.

Outre ces deux maladies, le seigle est attaqué par une autre espèce de champignon qui se développe dans des grains et produit ce qu'on appelle l'ergot. Figurez-vous un ergot de coq implanté dans l'épi; sa substance dure et de couleur brune est très-vénéneuse. Mêlée en certaine quantité dans la farine avec laquelle on fait le pain, elle cause une maladie particulière, la gangrène sèche des pieds et des mains. Je me rappelle d'avoir assez fréquemment rencontré dans des contrées où le seigle constituait une part notable de la nourriture des habitants, de pauvres gens auxquels il manquait des doigts qui s'étaient détachés sans plaie apparente.

Le sarrasin est le blé des pays pauvres et sablonneux; il réussit dans les sols où le seigle lui-même ne pourrait venir. Il était inconnu en Europe avant les croisades. Dans les plus misérables cantons de la Bretagne et de la Sologne, le sarrasin constitue la récolte principale. Avec son grain grossièrement moulu les habitants de ces provinces font, soit une espèce de bouillie, soit des gâteaux et des galettes qu'ils mangent au lieu de pain.

Augustin. — Mais, Monsieur, il me semble avoir aperçu fort près de votre maison un champ de sarrasin : la terre est donc bien mauvaise en cet endroit ?

M. de Morsy. — Il s'en faut de beaucoup, mon ami. Je fais tous les ans quelques hectares de blé noir, tantôt pour l'enterrer en vert, parce que son enfouissage à la charrue constitue un excellent engrais, tantôt pour la nourriture de mes bestiaux et de mes volailles, et surtout pour fournir à mes abeilles d'abondants matériaux pour fabriquer leur miel.

Sarrasin.

La floraison du sarrasin dure très-longtemps, et aucune fleur n'est plus recherchée des abeilles, ne lui fournit une plus riche pâture. Il est vrai que le miel des ruches situées à proximité de vastes pièces de sarrasin est d'une couleur brune et a un goût particulier assez prononcé; mais ce goût n'est pas désagréable, et l'abondance de la récolte me rend un peu moins exigeant sur la qualité.

La croissance du sarrasin est rapide; soixante-dix jours séparent à peine en moyenne l'ensemencement de la rentrée. Originaire des contrées tempérées de l'Asie, il craint excessivement la gelée; semé sur un terrain sec, il lève sans pluie. Je ne connais point de végétal de grande culture qui jouisse de la même propriété.

J'aurais cependant dû placer le maïs ou blé de Turquie avant le sarrasin; car aucune plante ne peut offrir à l'homme une plus grande quantité de nourriture sur un espace donné. Le maïs est en outre un végétal essentiellement cosmopolite; il croît sous le soleil brûlant des tropiques, et mûrit jusque sous le climat de Paris. On retrouve le maïs presque partout, dans les terrains les plus divers, sous les latitudes les plus opposées : en Grèce, en Asie, aux États-Unis, sur les versants des Pyrénées, en Alsace, dans les départements de la Sarthe et de la Mayenne, au Brésil, en Allemagne, au Pérou, dans les sables arides de la Carinthie.

Mais si le maïs se contente des sols les plus dissemblables, il exige une terre profondément remuée, de copieuses fumures, des soins constants. Selon ses variétés, sa végétation s'accomplit en trois mois pour les plus précoces, et en cinq mois pour les plus tardives.

Je ne vous ferai point la description de cette plante, que vous connaissez tous; on en compte aujourd'hui plus de cinquante espèces; elles diffèrent entre elles par la hauteur de la tige, la grosseur et la couleur du grain. Le géant de la famille est le maïs de la Pensylvanie, dont un pied isolé produit souvent jusqu'à quatorze épis [1], et dont cent épis donnent vingt-trois litres de grains pesant de vingt à vingt-deux kilogrammes. Le plus petit des maïs est le maïs-poulet. Il n'atteint pas la moitié de l'élévation du maïs de Pensylvanie, et ses

Maïs nain ou à poulet, et maïs de Pensylvanie.

grains ressemblent à des pois; c'est la variété la plus précoce. Semé très-épais et fauché à l'époque de sa floraison, le maïs constitue un des meilleurs

[1] Matthieu Bonafous, auteur d'une intéressante monographie du maïs.

fourrages; tous les herbivores le recherchent avec avidité.

L'homme consomme les grains de maïs, soit simplement grillés ou bouillis, soit moulus. Dans cet état, on en fait indifféremment une espèce de potage féculent connu sous le nom de *polenta*, et très-employé en Italie, ou bien du pain et des galettes.

Les Chiliens torréfient les grains du maïs comme nous brûlons le café, et en composent un breuvage dont ils se régalent. Au Brésil, la tige de la plante contient une telle abondance de principes sucrés, qu'on l'écrase pour composer avec le suc qui en découle une boisson spiritueuse.

Les feuilles du maïs se prêtent aussi à plusieurs usages. On en fait du papier, des chapeaux, des nattes, des cigarettes, des matelas; mais pour les cigarettes et les matelas on choisit de préférence les feuilles minces et fines qui servent d'enveloppe à l'épi.

Les graines du maïs ne se conservent qu'autant qu'elles ont subi une dessiccation complète. Dans les pays chauds il suffit de les étendre au soleil; mais sous les climats plus tempérés il faut encore les passer au four. Partout où le maïs se cultive en grand, pour suppléer aux granges et à l'insuffisance des habitations, on construit des séchoirs couverts en chaume et disposés de manière à ce que l'air puisse circuler au travers. Là on suspend les épis les uns à côté des autres, jusqu'au moment de leur égrenage, opération praticable seulement quand le grain est parfaitement sec. Alors il se détache de la rafle sans trop de difficulté ; des machines ingénieuses abrégent ce travail.

La farine de maïs ne se conserve pas plus d'un an ; il est donc impossible de l'expédier au loin ou d'en faire des provisions. On la moud au fur et à mesure de sa consommation.

La culture de cette plante n'a rien de particulier; elle se rapproche beaucoup de celle de la pomme de terre.

Le blé, le seigle, l'orge, l'avoine, le sarrasin et le maïs composent la famille des céréales; quelques agronomes rangent sous la même désignation le sorgho, le millet, l'alpiste et le riz. Le sorgho, le millet et l'alpiste exigent, pour prospérer, le climat de nos départements méridionaux; encore leur culture y est-elle assez restreinte, d'abord parce qu'ils épuisent le sol, ensuite parce que leurs qualités alimentaires sont médiocres. L'alpiste est exclusivement employé dans le Nord pour nourrir les serins et les autres oiseaux chanteurs élevés en captivité.

Quant au riz, sa culture ne s'est point encore naturalisée en France ; d'anciennes ordonnances tombées en désuétude faute d'application possible, mais non pas abrogées, l'interdisent formellement. Il suffit de visiter les provinces du Piémont, de l'Espagne, de l'Amérique et de l'Asie, où l'on rencontre d'immenses champs de riz, pour apprécier à quel point le législateur a été bien inspiré en proscrivant une culture qui décime les populations forcées de s'y livrer.

Le riz ne croît que dans les terrains inondés,

soit naturellement, soit artificiellement. Il a un égal besoin d'eau et de chaleur, et sa végétation dure de quatre à cinq mois. Une rizière (c'est le nom généralement donné aux champs de riz) est donc un véritable marais pestilentiel d'où s'exhalent des odeurs nauséabondes et des miasmes putrides, d'autant plus nuisibles que la température est plus élevée. En effet, tandis que dans l'Inde les rizières doivent être considérées comme le foyer sans cesse entretenu et renouvelé où le choléra-morbus couve et se développe, aux États-Unis, dans la Caroline, sous un ciel moins brûlant, la submersion périodique des terres donne naissance à une maladie particulière, cruelle, il est vrai, mais moins désastreuse que le choléra asiatique. Enfin, en Espagne et dans le Piémont il faut habiter autour des rizières pour éprouver leur pernicieuse influence, et les malheureux paysans qui les exploitent sont exposés à des fièvres rebelles, incurables, accidentellement malignes ; ces fièvres les minent peu à peu et abrégent notablement leur existence. Un soir, dans la royaume de Valence, à défaut d'auberge, mon muletier me conduisit dans une ferme isolée. Quand j'entrai dans l'unique pièce du bâtiment destinée aux humains, je me crus dans la salle d'un hôpital ; le père, la mère, les enfants, les domestiques, tous étaient décharnés et livides. Je n'oublierai jamais les figures hâves, les traits affaissés des parents et les visages bouffis des enfants : on eût dit que ce n'était pas du sang qui circulait sous leur peau, mais l'eau verdâtre des rizières. Je lançai à mon conducteur un regard effaré. « Où m'avez-vous donc conduit? lui dis-je à voix basse. — Ah! oui, dit-il, je comprends; mais il n'y a pas de danger; ce sont de pauvres diables qui n'ont que le défaut de vivre dans l'eau comme les grenouilles, dont ils ont pris le teint. Demain, toute la journée, nous traverserons les pays à riz, et vous en verrez de plus beaux encore; du reste, bonnes gens et point querelleurs, la fièvre ne leur en laissant ni le loisir ni la force. »

Autrefois la culture du riz était défendue en Espagne sous peine de mort; aujourd'hui elle est simplement soumise à des règlements provinciaux plus ou moins sévères. Ainsi, dans telle province il faut obtenir une autorisation spéciale pour semer du riz; dans telle autre il suffit de s'éloigner des villes et des bourgs à une distance calculée sur l'importance des centres de population.

Il a plusieurs fois été question dans le monde agricole d'une nouvelle variété de riz pouvant réussir dans les terrains frais, et dont la culture serait parfaitement inoffensive.

Je ne sais pas au juste où en sont les tentatives faites sur divers points, et notamment au jardin royal d'agriculture de Turin. Si des résultats positifs, incontestables, avaient été obtenus, toutes les revues, tous les journaux spéciaux en eussent parlé, et je conclus de leur silence que le fameux riz de montagne est encore à trouver.

Il est inutile, n'est-ce pas, de m'appesantir sur les usages du riz; vous connaissez la plupart des préparations culinaires auxquelles il se prête. En Europe, le riz rentre plus ou moins dans la catégorie des mets de luxe; mais en Asie il remplace le blé.

C'est avec du riz fermenté qu'on obtient dans l'Inde une liqueur très-spiritueuse et très-enivrante, connue sous le nom d'arack.

La paille de riz n'a aucun emploi spécial, et, comme les bestiaux la refusent, elle leur sert uniquement de litière.

Léonie. — Et les jolis chapeaux de paille de riz, vous les oubliez donc, Monsieur?

M. de Morsy. — C'est vrai. J'aurais dû en dire un mot, pour vous apprendre que ces jolis chapeaux de paille de riz sont tout simplement des chapeaux d'osier ou de saule. Comment voudriez-vous qu'une marchande de modes en renom proposât un chapeau d'osier à une belle dame? Un chapeau d'osier, fi donc! Il a fallu trouver un autre nom plus présentable, et les blanches lanières d'osier sont devenues de la paille de riz.

Augustin. — Je connais bien la graine de riz; mais je n'ai aucune idée de la plante. Ressemble-t-elle au blé, à l'avoine, ou au maïs?

M. de Morsy. — Figurez-vous une tige haute de huit à douze décimètres, grêle, assez semblable, sauf les dimensions, à la tige du maïs, et garnie comme elle de feuilles longues, étroites et pointues. Les fleurs, qui se groupent en forme de panicules à l'extrémité de la tige, ont souvent une légère teinte purpurine; à ces fleurs succèdent des fruits contenus isolément dans une capsule composée de deux valves.

Charles. — Si je vous comprends bien, Monsieur,

une tige de riz, vers l'époque de sa maturité, doit avoir beaucoup de ressemblance avec une tige d'avoine.

M. DE MORSY. — Beaucoup de ressemblance n'est pas le mot; mais cependant une tige d'avoine peut donner une idée approximative d'une tige de riz.

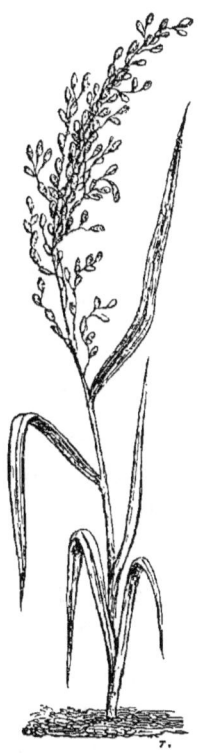

Le riz.

AUGUSTIN. — Est-ce la même espèce de riz qui est cultivée dans l'Inde et dans le Piémont, par exemple?

M. de Morsy. — J'aurai, mon ami, à vous répéter ici ce que je vous ai dit pour le blé, pour le maïs, etc. Il y a presque autant de variétés de riz qu'il y a de pays où on le cultive. Le riz de la Caroline du Sud est le plus blanc, le plus glacé, celui dont la valeur commerciale est la plus grande en Europe. Depuis quelques années il nous arrive de Batavia et de Calcutta des riz qui menacent de faire une rude concurrence à ceux d'Amérique. Moins fins, d'une blancheur moins éclatante, ce qui résulte peut-être uniquement d'une préparation imparfaite, ils ont pour eux le bon marché.

Charles. — Le riz subit donc, avant d'être consommé, une préparation importante?

M. de Morsy. — Oui. Après le battage, qui, selon les localités, s'opère de diverses manières, le riz reste encore emprisonné dans sa balle. Dans cet état il s'appelle *rizon*, *riz botté*, *riz paillé*. Il s'agit donc de le blanchir, c'est-à-dire de le dépouiller de son enveloppe, opération difficile, parce que cette enveloppe est très-adhérente.

Pour cela on commence à le laisser exposé en tas aux rayons du soleil, pour l'amener au point de siccité indispensable, soit à sa conservation, soit à son blanchiment. En Amérique, où les machines sont d'un usage général, on se sert d'appareils très-ingénieux, fonctionnant avec autant de promptitude que de perfection. J'ignore les procédés suivis dans l'Inde; mais, d'après les résultats, ils laissent beaucoup à désirer.

En Piémont on en est encore à l'emploi de mortiers de pierre et de pilons de bois mis en mouvement par une chute d'eau; ces pilons ont le grave inconvénient, tantôt d'écraser le riz, tantôt de lui laisser une partie de son enveloppe, ce qui donne au riz de ce pays une couleur fausse et terne, et le rend impropre, malgré sa saveur, aux préparations culinaires destinées à paraître sur les tables de la classe aisée.

Aucune céréale ne se conserve aussi longtemps ni aussi facilement que le riz; il supporte sans altération les plus longues traversées; il est cependant attaqué par une calandre (*curculio oryzœ*), espèce de charançon qui le dévore, et dont on ne peut prévenir les ravages qu'en remuant fréquemment, soit à la pelle, soit par des moyens mécaniques, les riz qui en sont infectés. »

CHAPITRE VIII

POMMES DE TERRE. — BETTERAVES. — CAROTTES. — NAVETS. — TOPINAMBOURS. — PLANTES FOURRAGÈRES.

« Après avoir passé en revue la famille des céréales, il est naturel que nous nous occupions des racines alimentaires cultivées en grand dans la plupart des exploitations agricoles. Nous consacrerons ensuite quelques moments aux plantes dites économiques, mais qui seraient, à mon avis, mieux nommées plantes industrielles.

La pomme de terre est aux racines ce que le froment est aux céréales. Sous les zones tempérées le blé et la pomme de terre sont les plantes par excellence. Quand toutes les autres récoltes auraient manqué, si le blé et les pommes de terre ont réussi, la subsistance des populations est assurée; mais que, par suite de perturbations atmosphériques, le blé ou les pommes de terre viennent à tromper les espérances du laboureur, aussitôt le fantôme de la disette se dresse menaçant, et le prolétaire s'inquiète et s'agite.

C'est une curieuse histoire que celle de la pomme de terre. Originaire des parties montagneuses du Pérou et de la Colombie, où elle était cultivée comme plante alimentaire bien avant la découverte de l'Amérique, elle ne fut cependant importée en Espagne que vers la fin du xve siècle. Mais, soit que les Espagnols considérassent la pomme de terre comme une plante tropicale incapable de fructifier sans des soins incompatibles avec les exigences de la culture ordinaire, soit pour toute autre cause, il ne paraît pas qu'ils l'aient multipliée sur une grande échelle. D'Espagne la plante pénétra en Italie, où l'on s'en occupa plus sérieusement. De là elle passa bientôt en Allemagne, et l'on y germanisa son nom italien (*kartuffeln* de *tartuffoli*). John Hawkins l'introduisit, en 1565, en Irlande. Notre Olivier de Serres la connaissait, mais il ne la mentionne que comme plante fourragère, et c'est dans ce but qu'elle fut d'abord cultivée en Belgique, en Saxe et en Prusse.

Mais pendant que, méconnues en Europe, les pommes de terre n'y servaient qu'à nourrir quelques animaux, les planteurs de l'Amérique du Nord l'avaient adoptée, et Franklin parle des services qu'elle rend aux populations, ce qui prouve que de son temps on la cultivait déjà en grand.

En France ce ne fut que du milieu du xviiie siècle que datent les premiers efforts pour faire entrer la pomme de terre dans la culture ordinaire. Turgot, sous Louis XV, travailla à sa propagation dans l'Anjou et dans le Limousin, mais sans grand succès. Il était réservé à l'immortel Parmentier, qui de prime abord avait compris les hautes destinées de la nouvelle racine, de la faire accepter et de la populariser. Ne souriez pas en entendant ces expressions, mes amis; on peut dire d'une plante qu'elle est appelée à de hautes destinées, quand son adoption doit un jour assurer la subsistance des travailleurs et des pauvres, et rendre impossible le retour de ces épouvantables disettes dont le tableau remplit les plus lugubres pages de l'histoire ancienne et moderne. C'est la pomme de terre, et la pomme de terre seule, qui empêche depuis longtemps l'Irlandais de mourir de faim. Essayez d'ôter les pommes de terre aux Anglais, aux Hollandais, aux Belges, aux Allemands, et de trouver un autre végétal dont la culture rendra le territoire de ces peuples capable de nourrir ses habitants, vous n'y réussirez pas.

Revenons à Parmentier. Il n'eut pas plutôt reconnu que la pomme de terre offrait une nourriture saine et substantielle, que la culture de cette plante était à la fois simple, peu dispendieuse et possible dans la plus grande partie du sol de la France, qu'il consacra sa fortune, son crédit, sa plume, à faire ranger la pomme de terre parmi les végétaux usuels. Il s'adressa à tout le monde, au roi Louis XVI, aux économistes, aux agronomes, aux paysans. Les uns se moquèrent de lui, comme cela arrive toujours; d'autres le traitèrent d'empoisonneur; la masse resta indifférente. Mais rien ne découragea Parmentier; il couvrait ses champs de pommes de terre, en envoyait de tous les côtés avec ces seuls mots : « Goûtez et faites goûter. »

A force de démarches, il présenta ses pommes de terre à la cour, et elles parurent sur la table du roi. Louis XVI les trouva excellentes, et les courtisans dirent comme le monarque. Bientôt, à la suite d'un grand dîner que donna Parmentier, et dans lequel tous les mets sans exception se composaient des nouveaux tubercules diversement assaisonnés, un plat de pommes de terre devint le plat à la mode.

Mais les fermiers, les paysans, les habitants des campagnes, ceux en général dont la pomme de terre devait plus tard constituer la meilleure ressource, étaient loin d'être convaincus ; et vous ne sauriez croire quelles sérieuses difficultés Parmentier eut à surmonter pour populariser la culture de son végétal. Il lui fallut combattre et détruire les uns après les autres les plus absurdes préjugés. Dans un canton l'on prétendait que la pomme de terre contenait des principes vénéneux, et l'on citait des cas d'empoisonnement occasionnés par elle ; ailleurs la pomme de terre n'empoisonnait pas, mais elle passait dans l'estomac *comme de la terre, trompait un instant la faim, mais ne nourrissait pas* [1] ; ailleurs encore la pomme de terre épuisait tellement le sol, que le blé refusait d'y venir, et qu'il suffisait qu'une pomme de terre poussât au pied d'un arbre pour le faire périr. Et notez bien, mes amis, que ces accusations ne furent pas de vains bruits qui coururent sans noms d'auteurs, mais que je les ai lues imprimées dans des livres et des mémoires signés de personnages qui de leur temps jouissaient d'une certaine réputation.

[1] Textuel dans un mémoire imprimé en 1795.

Augustin. — Mais cela est inconcevable, surtout en songeant que la vérification des faits qu'avançait Parmentier était à la portée de tout le monde.

M. de Morsy. — Et si je vous disais qu'il y a vingt-cinq ans, en 1840, on m'a communiqué un bail où le propriétaire stipulait, sous peine de nullité, que son fermier ne pourrait cultiver tous les ans plus d'un demi-hectare de pommes de terre! Si j'ajoutais que jusque-là ce même propriétaire avait formellement exclu les pommes de terre des terrains qu'il affermait! que la concession ci-dessus avait été arrachée uniquement par la crainte de perdre un locataire payant exactement ses loyers!

Charles. — Quel est donc le coin perdu, reculé de la France, où subsistent encore les dernières traces de pareils préjugés?

M. de Morsy. — Hélas! c'est à moins de cinquante lieues de la capitale du monde civilisé, dans un département qui certainement n'est pas un des moins bien cultivés du royaume.

Parmentier n'était heureusement pas un homme facile à décourager; quand il mourut, en 1813, la culture de la solanée, que François de Neufchâteau avait proposé d'appeler la *parmentière*, était très-répandue en France, et gagnait tous les jours assez de terrain pour permettre de conclure qu'elle serait universelle dix années plus tard.

Nous devons donc réellement la pomme de terre au désintéressement, à l'énergie, à la persévérance de Parmentier; et tout homme de cœur doit profondément regretter que la proposition de François de Neufchâteau n'ait pas été adoptée d'enthousiasme.

L'indifférence des uns, la jalousie des autres, l'ignorance du plus grand nombre firent prévaloir le nom sous lequel la *pomme de terre* est généralement désignée aujourd'hui. Ce que je ne comprends pas, c'est que les gouvernements, toujours si prodigues envers les gens de guerre d'honneurs et de trophées, n'aient pas encore élevé une statue digne de lui à ce bienfaiteur de l'humanité, qui a assuré la subsistance de plus d'hommes que jamais conquérant n'en a fait périr.

De nos jours une foule d'agriculteurs distingués s'efforcent de compléter, de féconder l'œuvre de Parmentier, en cherchant et en répandant des variétés de pommes de terre possédant des qualités spéciales et par conséquent éminemment propres à certains emplois. Ainsi, parmi les variétés nouvelles récemment obtenues, je vous citerai la pomme de terre chardon, la patraque jaune, la pomme de terre de Rohan, la ségonzac, la chaw, etc. etc. Parmentier ne connaissait que onze variétés de cette plante : en 1848, la collection de la société impériale d'Agriculture comptait douze classes distinctes renfermant deux cent vingt et une variétés.

Dans ce nombre, celles destinées à la table figurent naturellement pour plus des trois quarts, car la grande culture n'a adopté que les plus rustiques et les plus productives. Quant aux autres, le terrain influe tellement sur les qualités des tubercules, que nos pommes de terre les plus médiocres, plantées dans les cantons de la Hollande renommés pour ce genre de produit, y acquièrent au bout de la troisième génération toute la finesse des plantes indigènes, et que les pommes de terre des cantons cités, transportées chez nous, dans des sols différents, y perdent avec une égale promptitude leur délicatesse exquise. L'agriculteur et le jardinier surtout doivent donc chercher à se procurer non pas la pomme de terre *absolument* la meilleure, mais la variété de pomme de terre qui est susceptible de donner le produit le plus abondant ou le plus estimé dans le sol de leur champ ou de leur jardin.

Prenons un exemple. Votre jardin est d'une nature sèche et sablonneuse; vous ne voulez ou ne pouvez pas arroser pendant les chaleurs de l'été. Si vous tenez absolument à planter des pommes de terre chez vous, choisirez-vous une espèce dont les tiges sont grêles, le feuillage rare et peu fourni? Bien loin de là, vous tâcherez de vous procurer une variété dont les fanes, hautes, rameuses, touffues, ombragent fortement la terre où elles croissent, afin que cette terre, abritée des rayons du soleil, conserve un peu de fraîcheur et d'humidité.

Je vous dirai peu de chose de la culture de la pomme de terre, qui n'a rien d'intéressant. Au printemps on enterre les tubercules à une profondeur variant de dix à vingt centimètres, selon que le sol est plus ou moins tenace. Les façons d'entretien se bornent ensuite à des sarclages, à des binages et à des buttages. Ces façons, en grande culture et dans une ferme bien tenue, se donnent toujours avec des instruments mus par des bœufs ou des chevaux. Le plantage s'exécute à la charrue, et M. de Dombasle recommande même fortement d'arracher également avec la charrue les pommes de terre parvenues à leur maturité. Il est certain que l'emploi de ces deux procédés a le double avantage d'être très-économique et de bien préparer les terres. Je plante à la charrue; mais j'avoue que j'ai échoué en voulant arracher de même.

Augustin. — Les pommes de terre ne produisent donc point de graines, puisque l'on plante le tubercule lui-même?

M. de Morsy. — Je suis enchanté de votre question, mon ami; elle me fait apercevoir que j'ai commis un oubli.

N'avez-vous pas remarqué sur les tiges des pommes de terre, vers l'époque de leur maturité, des espèces de fruits ayant l'apparence de petites prunes vertes?

Charles. — Oui, Monsieur; et même je me rappelle qu'on m'a indiqué ces fruits comme très-dangereux.

M. de Morsy. — Eh bien! ce fruit ou plutôt cette baie non mangeable est l'enveloppe de la graine des pommes de terre. Cette graine, semée convenablement, lève fort bien, mais ne produit que des tubercules gros comme des noix, qui, laissés en terre ou replantés, poussent l'année suivante de nouvelles tiges et de nouvelles racines, qui donnent cette fois-là naissance à des tubercules d'un volume ordinaire.

Augustin. — Maintenant je comprends pourquoi on plante les pommes de terre au lieu de les semer.

M. de Morsy. — N'allez pas croire cependant que

la multiplication des pommes de terre par le semis soit une opération à dédaigner; ce sont les semis qui nous ont donné presque toutes les variétés existantes. En effet, en plantant un tubercule, que faites-vous? une véritable bouture; vous multipliez indéfiniment les mêmes espèces, sauf les modifications que lui imprimera la nature du terrain, du climat, de l'exposition; au contraire, en semant la graine d'une pomme de terre, vous avez la chance de donner naissance à une nouvelle variété.

Quant aux nombreux usages de la pomme de terre, vous les connaissez pour la plupart. Tous les animaux domestiques la consomment avec plaisir, soit crue, soit cuite. Crue, elle augmente notablement chez les vaches la sécrétion du lait; cuite, elle pousse à la graisse.

De nombreux essais ont été tentés pour panifier la pomme de terre; mais jusqu'à ce jour aucun résultat satisfaisant n'a été obtenu. Du reste, pourquoi chercher à convertir la pomme de terre en pain? N'est-ce pas *du pain tout fait?* selon l'heureuse et juste expression d'un agronome.

En Bavière, les paysans mélangent une égale quantité de pommes de terre cuites et de caillé; ils pétrissent longtemps le tout, et composent ainsi une espèce de fromage excellent et fort économique. En cela, comme en beaucoup d'autres choses, nos fermiers devraient bien les imiter.

La pomme de terre se conservant difficilement en nature, bon nombre de grands établissements agricoles convertissent en fécule une partie de leur récolte. La fabrication de la fécule de pommes de terre est très-simple : il ne s'agit que de râper les pommes de terre et de déposer sur un tamis la pâte grumeleuse ainsi obtenue. Placez ensuite ce tamis sur une grande terrine, et versez un filet d'eau sur la pâte, en ayant soin de l'agiter et de la presser en tout sens. La première eau qui tombera dans la terrine sera très-blanche ; mais à mesure que le lavage avancera, elle deviendra moins chargée, et enfin elle coulera presque claire. Laissez alors reposer pendant deux à trois heures l'eau contenue dans la terrine, et vous trouverez la fécule déposée au fond du vase. Il ne s'agira plus que de jeter l'eau surnageante et d'étendre la fécule dans un endroit sec et chaud, où elle puisse sécher promptement.

Je n'ai pas besoin de vous dire que lorsqu'on opère l'extraction de la fécule en grand, le râpage des tubercules et le lavage de la pâte s'exécutent au moyen d'appareils mécaniques qui accélèrent et perfectionnent singulièrement la besogne ; toutefois elle se borne aux trois opérations précitées, *râper*, *laver*, *sécher*.

Comme il est peu de substances alimentaires qu'on falsifie aussi effrontément que la fécule, il serait très-facile aux maîtresses de maison de faire elles-mêmes leur provision de fécule, comme elles font leurs confitures.

La fécule se conserve plusieurs années et sert à la confection du vermicelle, de la semoule, et d'une foule d'autres pâtes potagères. On la convertit aussi en sucre et en sirop de sucre, enfin en sirop de dextrine, qu'emploient les boulangers, les brasseurs, les imprimeurs sur étoffe, les peintres, les marchands de cirage, les fabricants de pain d'épice, les chapeliers, que sais-je encore!

AUGUSTIN. — Mais quelles sont donc les admirables propriétés de ce sirop de dextrine?

M. DE MORSY. — Si je commençais, mon ami, à répondre à votre demande, nous serions bientôt à cent lieues de notre agriculture; n'élargissons pas notre cadre, il est déjà assez vaste.

Pour en finir avec les pommes de terre, notez bien qu'un hectare de bon terrain, bien fumé, bien cultivé, produit en moyenne environ deux cents hectolitres de pommes de terre (on a récolté jusqu'à six cents hectolitres de pommes de terre par hectare dans des circonstances éminemment favorables). Or, si vous comparez ce produit moyen avec le produit moyen du froment dans un sol très-fertile, vous aurez en faveur des racines une différence de près de cent soixante-quinze hectolitres! Un hectolitre de grain pèse à peu près le même poids qu'un hectolitre de pommes de terre, quatre-vingts kilogrammes environ.

D'autre part, les savants et les économistes sont à peu près d'accord que trois kilogrammes de pommes de terre contiennent pour l'homme autant de matière nutritive qu'un kilogramme de blé. Partant de cette base, deux cents hectolitres de pommes de terre représentent un poids de seize mille kilogrammes, qui, divisés par trois, donnent un nombre rond de cinq mille trois cent trente kilogrammes (5333,30); or, la récolte en froment ne pesant que deux mille cinquante kilogrammes, un hectare de pommes de terre peut nourrir au plus bas deux fois plus d'individus qu'un hectare de blé. Je dis *au plus bas*, car j'ai supposé une très-belle récolte de blé et une médiocre récolte de pommes de terre. Ajoutons enfin une dernière considération : partout où vient le froment, les pommes de terre réussissent, et les pommes de terre prospèrent et donnent un bon produit là où le froment et même le seigle ne végèteraient pas.

Passons aux betteraves. La betterave était peu cultivée en France avant que l'on s'occupât d'elle comme plante saccharine; et c'est déjà une grande obligation que nous avons au sucre de betterave d'avoir répandu sur tous les points de notre patrie un végétal dont la place est marquée dans l'assolement d'une grande exploitation.

Pour l'entretien et l'engraissement des bestiaux, la betterave est une des plus précieuses ressources de l'agriculteur. Elle s'allie très-bien aux pommes de terre, dont elle corrige les inconvénients et modère les effets.

Augustin. — Les pommes de terre offrent donc quelques inconvénients?

M. de Morsy. — Ne vous ai-je pas dit que les pommes de terre favorisent singulièrement la sécrétion du lait chez des vaches laitières? Il s'ensuit naturellement qu'alimentées presque exclusivement avec des pommes de terre crues, elles maigrissent et s'épuisent. Une ration de betteraves les soutient, au contraire, parce que celles-ci n'ont aucune action marquée sur l'appareil lactifère, tout en étant très-nourrissantes.

Charles. — Permettez-moi une autre question,

Monsieur : il y a quelques jours, mon père avait à dîner deux de ses amis, dont l'un possède des propriétés à la Martinique, et l'autre une grande terre dans le département du Nord. Ces messieurs se sont mis à causer sucre de canne et sucre de betterave, et ils n'étaient pas du tout d'accord. Le premier prétendait même que l'agriculture française avait plutôt perdu que gagné à l'extension qu'avait prise la culture de la betterave. Quel est votre avis à ce sujet?

M. DE MORSY. — Je vous avouerai franchement que lorsque je commençais à m'occuper sérieusement d'agriculture, j'aurais bien pu me mettre du côté du planteur américain, tant j'étais peu partisan de la sucrerie indigène. Cela tenait d'abord à ce que je n'envisageais la question que sous un seul point de vue ; ensuite à ce que les heureuses conséquences de cette culture ne s'étaient pas encore développées; enfin à l'injustice apparente des droits protecteurs concédés alors à nos fabricants de sucre.

Dieu, me disais-je, dans sa sagesse infinie, a réparti ses dons sur la surface du globe de manière à ce que tous les peuples aient besoin les uns des autres. Chaque climat a ses produits propres, spéciaux, qu'il est déraisonnable de vouloir demander à d'autres climats favorisés différemment. La canne contient soixante-quinze et peut-être quatre-vingt-dix pour cent de sucre, la betterave cinq, six, sept pour cent. N'est-ce pas folie de vouloir demander à cette dernière le sucre dont nous avons besoin? n'est-ce pas méconnaître le grand principe de l'économie politique qui pourrait se formuler ainsi : produire toujours au meilleur marché possible? Si nous autres Français nous fabriquons notre sucre, comment nos colonies, comment le Brésil et les autres contrées tropicales paieront-ils les marchandises que nous leur envoyons, eux, dont le sucre est le produit principal?

Tout cela est encore vrai, et si grandes que soient les obligations que l'agriculture française ait à la sucrerie indigène, il y aurait autant de mauvaise grâce à méconnaître la justesse et la portée de ces considérations, qu'à fermer les yeux sur les immenses progrès dont la culture de la betterave a été le signal; progrès qui peuvent se résumer ainsi :

Augmentation du simple au double de la production des céréales;

Accroissement dans des proportions analogues du nombre des têtes de bétail;

Pour les ouvriers ruraux hausse des salaires et travail assuré toute l'année : l'été aux champs, l'hiver à la fabrique.

Augustin. — La culture de la betterave a pu produire tout cela!

M. de Morsy. — Je vais vous l'expliquer. Il faut d'abord vous donner une idée de l'importance de la fabrication du sucre indigène. L'année dernière elle s'est élevée à quatre-vingt-sept millions de kilogrammes de sucre. Je vous cite cette quantité de mémoire et en chiffres ronds, elle est donc approximative. Or nous n'avons que cinq départements qui se livrent en grand et d'une façon générale à cette fabrication [1]. Vous figurez-vous maintenant la

[1] Les voici dans l'ordre de l'importance de leur fabrication : Nord, Aisne, Pas-de-Calais, Somme, Oise.

formidable masse de racines que représente cette quantité de sucre?

Augustin. — Une vraie montagne!

M. de Morsy. — Pas tout à fait... Eh bien! quand le sucre contenu dans les racines en a été extrait, elles ne sont pas perdues pour cela : elles se présentent sous une forme de pâte qu'on appelle pulpe; cette pulpe, par l'effet de la fermentation qu'elle subit, se trouve être encore aussi nourrissante pour les bestiaux qu'avant d'être travaillée. Comprenez-vous maintenant comment avec un tel surcroît de matière nutritive les cultivateurs ont pu augmenter le nombre de leurs bestiaux, comment avec plus de bestiaux ils ont plus de fumier, et comment avec plus de fumier la fécondité de leurs terres s'est singulièrement accrue? Notez de plus que les frais de culture des betteraves se trouvant couverts, quand la récolte est bonne, par le sucre qu'on en extrait, la pulpe est presque tout bénéfice.

Par son mélange avec les menues pailles de fourrages médiocres, avec des siliques de colza, etc., la pulpe offre encore un précieux moyen d'utiliser des déchets de peu de valeur, et d'accroître singulièrement leurs propriétés alimentaires.

La culture de la betterave a beaucoup d'analogie avec celle de la pomme de terre. Son rendement, qui, dans les premiers temps qui suivirent son introduction sur une grande échelle, n'était que de quinze à dix-huit mille kilogrammes par hectare, varie aujourd'hui, grâce aux labours profonds et aux puissantes fumures, entre trente et quarante mille kilogrammes. On cite même deux récoltes exceptionnelles, l'une de quatre-vingt-huit mille, et l'autre de cent mille kilogrammes.

La betterave se sème ordinairement en avril, et se récolte vers la fin d'octobre. Elle passe fort bien l'hiver dans des silos, c'est-à-dire enterrée dans des fosses creusées dans le champ même, où l'on enfouit les racines de manière à ce qu'elles soient à l'abri de l'action de la pluie, de l'air et des gelées. L'usage de ces fosses a pris naissance en Belgique; les Anglais ont perfectionné le procédé, et aujourd'hui il est très-répandu dans tous les pays où l'agriculture est en progrès.

A côté des pommes de terre et des betteraves, viennent se placer la famille des navets — raves, turneps, rutabagas, — les carottes et les topinambours.

Toutes ces plantes, cultivées en grand pour la nourriture et l'entretien des bestiaux, sont recommandables à différents titres. Ainsi les navets épuisent très-peu le sol, et la rapidité de leur végétation permet de les semer et de les récolter à une époque de l'année où les terres restent nues. Immédiatement après que les blés ont été enlevés, on peut sur un seul labour semer des navets, qui ordinairement atteignent avant les gelées une grosseur raisonnable et donnent encore vingt mille kilogrammes de racines par hectare. Le fermier, presque sans soins et avec une faible dépense, fait ainsi en une seule année deux récoltes sur le même champ, et cela sans interrompre d'aucune façon l'assolement qu'il a adopté; de là le nom de *récolte dérobée* donné aux produits obtenus ainsi.

La carotte demande, au contraire, à être semée de fort bonne heure, en mars, et elle occupe le terrain jusqu'à la fin de septembre. Mais comme elle couvre très-peu le sol quand elle est jeune, on lui associe avantageusement l'orge ou le seigle, qu'on sème en même temps. Le seigle mûrit le premier; alors on le coupe, et l'on donne une bonne façon aux carottes, qui, parvenues à un certain développement et maîtresses de la place, achèvent de parcourir les phases de leur végétation et constituent ainsi une récolte dérobée plus lucrative souvent que la récolte principale.

Toutefois la carotte est une plante assez précieuse pour mériter d'être cultivée spécialement; dans une terre fertile et convenablement préparée, ses produits sont énormes, puisque M. Matthieu de Dombasle affirme avoir récolté dans un hectare de terre sept cent cinquante hectolitres de racines; or, à cinquante kilogrammes l'hectolitre, cela fait bien trente-sept mille kilogrammes d'une substance alimentaire qui engraisse les porcs aussi bien et mieux peut-être que le grain, qui au plus fort de l'hiver donne au beurre des vaches nourries de carottes cette belle teinte jaune si estimée; qui seule peut enfin, à défaut d'avoine, entretenir la santé, la vigueur et l'énergie des chevaux.

Le topinambour appartient à la même famille botanique que le soleil (*helianthus*); il a, à une légère différence près, son port et son feuillage. Le produit du topinambour est triple; car on utilise les tubercules qui croissent autour des racines, les feuilles de la plante comme fourrage, et sa tige sert à chauffer les fours et à d'autres usages analogues.

Une des propriétés les plus remarquables des tubercules du topinambour, c'est de braver les plus fortes gelées de nos climats; le froid le plus excessif ne semble avoir sur lui aucune action destructive.

Un seul inconvénient, inconvénient grave, fait repousser le topinambour de beaucoup d'exploitations. S'il vient facilement dans les plus mauvais terrains, dans les clairières des forêts, à l'ombre et au soleil, s'il brave les sécheresses, il est extrêmement difficile de le chasser du sol où il a été introduit. On a beau labourer, les moindres radicelles qui restent dans le champ repoussent avec une vigueur extrême, et les cultures subséquentes s'accommodent fort mal du voisinage d'une plante aussi redoutable par sa voracité et par ses dimensions.

La plupart des bestiaux repoussent les topinambours qu'on leur présente pour la première fois, mais ne tardent pas à s'y habituer. Comme je n'ai pas adopté le topinambour, je ne puis vous en parler par expérience; il a été très-vanté, très-recommandé par des agriculteurs de premier mérite; d'autres agronomes sont loin de partager cette opinion, et reprochent aux tubercules d'être peu nourrissants et de prédisposer les bestiaux à la météorisation et à d'autres maladies. Il paraît néanmoins que, parmi les habitants de nos basses-cours, les porcs et les moutons sont ceux qui s'accommodent le mieux des topinambours, et qui peuvent les consommer avec le moins d'inconvénients.

Passons aux plantes fourragères : les unes appartiennent à la famille des graminées, les autres à la famille des légumineuses. Les premières constituent la base des bons prés naturels, et les secondes des prairies artificielles.

Parmi les plantes qui croissent spontanément dans les prés naturels, toutes ne sont pas appétées par les herbivores; il y en a même plusieurs qui, consommées par les vaches et les bœufs, déterminent chez ceux-ci des indispositions et des maladies graves.

Augustin. — Je croyais, Monsieur, que les animaux reconnaissaient fort bien les plantes qui leur sont nuisibles, et n'y touchaient jamais.

M. de Morsy. — En thèse générale, mon ami, vous avez parfaitement raison : comment vivraient les animaux si Dieu ne les avait pas doués d'un merveilleux instinct pour choisir les végétaux appropriés à leur constitution, à leur tempérament? Mais la faim, quand elle arrive à un certain degré, obscurcit l'intelligence, et le bœuf qui, après une rude journée, se trouve attaché à son râtelier, est bien obligé de dévorer la ration que son maître y a placée. J'ajouterai encore que cet instinct admirable dont je vous parlais tout à l'heure semble s'émousser à mesure que les animaux subissent davantage le joug de la domesticité; et cela s'explique : l'homme déprave toujours plus ou moins leur goût en les soumettant à un régime alimentaire très-différent de celui que ces animaux suivraient en liberté.

Je vous dirai donc que dans les prés naturels il se trouve mêlées aux bonnes plantes des plantes inutiles et même nuisibles. Plus les prés sont hauts, c'est-à-dire situés au-dessus du niveau des eaux, moins on rencontre de plantes appartenant à cette dernière catégorie. Les prés moyens en fournissent davantage ; quant aux prés bas et marécageux, il résulte de diverses analyses que souvent, sur trente végétaux qu'on y trouve, il y en a à peine cinq véritablement recherchés par les herbivores.

La présence de pareils faits, constatés fréquemment jusqu'à l'évidence, a engagé beaucoup d'agriculteurs, et je suis de ce nombre, à *réformer* leurs prés. Voici en quoi consiste cette opération. Au moyen de plusieurs labours profonds et énergiques, on soulève et l'on retourne la surface du pré assez complétement pour détruire tous les végétaux dont il est couvert; puis on y resème pêle-mêle les graminées qui constituent le meilleur fourrage, telles que les vulpins, la flouve à l'odeur douce et pénétrante, la fléole, le phalaris, dont les feuilles ressemblent à des rubans; la paspale, originaire du Pérou, et introduite en Europe par le célèbre Bosc; la houque à la tige cotonneuse; le paturin, dont la séve se réveille la première au printemps et qui se plaît à l'ombre des grands arbres; l'ivraie, la plus nourrissante des graminées fourragères, et tant d'autres dont le nom m'échappe.

Toutefois, en choisissant les plantes dont il veut composer son pré, l'agriculteur commettrait une grande faute s'il se décidait d'après leur mérite absolu. Il doit avant tout prendre en considération la situation et la nature du terrain ; car si, par exemple, il s'agissait d'un pré élevé et sablonneux, en y semant des graminées qui ne se plaisent que dans l'argile et au bord des eaux, il courrait grand risque de perdre son temps et sa peine.

La Flouve odorante.   La Fléole des prés.   Le Phalaris.

Les prés, même les mieux établis, les mieux situés, exigent certains soins. Ainsi il faut au printemps stimuler leur végétation par des amendements et des engrais, déclarer aux taupes une guerre à outrance, détruire les chardons et les mousses, enfin rapporter des plaques de terre gazonnée partout où le sol apparaît par suite de l'arrachage des plantes nuisibles, ou de toute autre cause.

CHARLES. — En nous disant, Monsieur, que les prés contiennent des plantes inutiles, vous ne rangez probablement dans cette classe que celles que ne mangent ni les bœufs, ni les chevaux, ni les moutons, et non pas celles qui conviennent à l'une ou à l'autre de ces espèces d'animaux.

M. DE MORSY. — Sans doute; mais à l'égard des graminées le cas ne se présente point; car, s'il est admis que telle graminée, comme la *brise* (ainsi

La Brise tremblante.

nommée sans doute parce que ses gracieux épillets tremblent sans cesse, suspendus à l'extrémité de pédoncules fins comme des cheveux), est spécialement recherchée des moutons, les bœufs et les chevaux la broutent également. Il en est de même de toutes les plantes de cette charmante tribu, qui forme au bord des ruisseaux ces immenses tapis de verdure où sous un beau soleil scintillent des myriades de petites fleurs bleues, blanches, rouges, jaunes, lilas, violettes, panachées, et dont les formes et les parfums sont aussi variés que les couleurs.

Je vous ai déjà entretenus des prairies artificielles; j'ai cherché, mes jeunes amis, à vous faire comprendre combien leur introduction avait été avantageuse en permettant aux fermiers d'augmenter le nombre de leurs bestiaux. Il ne me reste donc plus qu'à vous expliquer comment on les établit et de quelles plantes on les compose.

Ce qui distingue essentiellement les prairies artificielles des prés naturels ou plutôt permanents, c'est que les premières font partie intégrante de l'assolement adopté sur l'exploitation, tandis que les seconds se trouvent complétement en dehors. En effet, un pré reste pré pendant trente, quarante, cinquante, cent ans; tandis qu'une prairie artificielle ne dure souvent qu'un ou deux ans, et parcourt successivement tous les champs, toutes les pièces de terre qui constituent le domaine. Parmi les plantes les plus usitées pour établir une prairie artificielle, le trèfle et la luzerne tiennent le premier rang.

La luzerne est la plus productive, puisque ordinairement les trois coupes pratiquées sur un hectare rendent six mille kilogrammes de fourrage sec, et que dans des circonstances très-favorables cette quantité dépasse quelquefois vingt mille kilogrammes. Mais la luzerne ne prospère que dans les terres franches, profondes, substantielles : elle redoute également l'humidité stagnante et les fonds arides. Sa culture ne saurait donc être générale, et l'on est obligé de la remplacer par le trèfle, la lupuline, la gesse, et le sainfoin surtout, excellent fourrage qui se contente des terres les plus médiocres, et les améliore sensiblement.

Rarement on sème une prairie artificielle seule : presque toujours on l'adjoint à une céréale, comme je vous l'ai expliqué en vous parlant des assolements.

Le trèfle *farouch* ou *de Roussillon*, si reconnaissable à ses fleurs nombreuses et d'un rouge éclatant, se prête très-bien aux cultures dérobées; semé sur un chaume à la même époque que les navets, il se récolte assez tôt pour débarrasser le champ quand arrive le moment de planter les pommes de terre. On parle et l'on vante beaucoup depuis deux ans une nouvelle plante fourragère désignée sous le nom de brôme de Schraeder. Déjà un certain nombre d'essais semblent prouver que ce sera une précieuse acquisition pour l'agriculture. »

CHAPITRE IX

PLANTES OLÉAGINEUSES, TEXTILES, TINCTORIALES. —
LE COLZA, LE PAVOT, LA CAMÉLINE, LA NAVETTE, L'OLIVIER, LE LIN,
LE CHANVRE, LE PHORMIUM, L'AGAVE,
LA GARANCE, LA GAUDE, LE PASTEL, LE HOUBLON, LE TABAC.

« Nous voici arrivés aux végétaux qui, bien que du ressort de la grande culture, ne paraissent pas dans la majeure partie des exploitations rurales, et trouvent même rarement leur place dans les assolements. Cela tient à plusieurs causes : la plupart des plantes oléagineuses, textiles, tinctoriales, exigent un sol particulier, une main-d'œuvre considérable, et ne peuvent être livrées à la vente sans subir préalablement des préparations souvent dispendieuses. Il en est résulté que la culture du lin, du chanvre, de la garance, etc., est restée la culture spéciale de certains cantons, de certaines localités où toutes les autres cultures sont, pour ainsi dire, subordonnées aux premières.

Ainsi c'est dans les départements du Nord, du Pas-de-Calais, de l'Aisne et de Maine-et-Loire, qu'on fait le plus de lin. La Bretagne et les bords de la

Loire, de Blois à Nantes, fournissent la majeure partie des chanvres consommés en France; le département de Vaucluse et l'ancienne Alsace cultivent seuls la garance. Enfin, pendant longtemps le colza semblait confiné dans les départements voisins de la Belgique; mais aujourd'hui il commence à se répandre au loin, et d'autant plus rapidement que les essais tentés dans le centre, à l'est, à l'ouest, ont pour la plupart parfaitement réussi.

Vous savez ce qu'on entend par plantes oléagineuses : ce sont celles dont la graine contient une quantité d'huile assez considérable pour couvrir les frais de culture et d'extraction. Les végétaux les plus généralement cultivés en France dans le but d'en extraire de l'huile sont le colza, le pavot, la caméline, la navette et le tournesol.

Le colza est une espèce de chou. Ses feuilles sont d'une teinte légèrement bleuâtre; à ses fleurs, jaunes, succèdent des siliques assez semblables à celles des pois de senteur.

Le colza donne des produits d'autant plus abondants que la terre est plus meuble, plus substantielle et plus richement fumée. Dans un sol offrant ces conditions, on récolte jusqu'à trente-cinq hectolitres de graines par hectare, dont l'industrie tire de trente à quarante pour cent d'huile.

Il y a deux variétés de colza, la variété d'hiver et la variété de printemps; l'une se sème au commencement d'août, l'autre en mars [1]. La première passe

---

[1] Souvent on sème le colza en pépinière, et on le repique en place quand le plan est assez fort.

une année complète en terre, et son rendement est incomparablement supérieur au rendement de la seconde variété, qui achève toutes les phases de sa végétation en moins de cinq mois. Il en résulte que la variété de printemps n'est guère employée qu'en désespoir de cause, c'est-à-dire quand les intempéries ou les insectes ont gravement compromis le colza d'hiver.

Le Colza.

Je ne crois plus avoir besoin de vous dire pourquoi deux végétaux de la même famille, mûrissant l'un en quatre mois et demi, et l'autre en onze mois, donnent des produits très-différents.

CHARLES. — Nous nous souvenons parfaitement,

Monsieur, que vous nous avez expliqué ce fait en nous entretenant des blés d'hiver et des blés de mars; la même cause produit sans doute le même résultat.

M. de Morsy. — C'est bien cela.

Augustin. — Les cultivateurs se chargent-ils d'extraire l'huile contenue dans la graine de colza?

M. de Morsy. — Non, et avec beaucoup de raison. Si chaque cultivateur songeait, dans l'espoir d'un plus grand profit, à entreprendre lui-même cette opération, il ferait un détestable calcul. Ne devant opérer que sur sa récolte, il serait forcément obligé de se contenter d'appareils grossiers, incommodes, fonctionnant lentement et mal, par la bonne raison qu'il ne pourrait pas, pour obtenir deux à trois mille kilogrammes d'huile, acheter et monter chez lui une de ces machines économiques, puissantes, perfectionnées, mais d'un prix naturellement très-élevé.

Non-seulement donc ses produits seraient inférieurs en quantité et en qualité, mais ils coûteraient incontestablement plus cher qu'étant obtenus en fabrique.

Augustin. — Mais pourquoi le fermier ne pourrait-il pas se procurer les mêmes appareils que les fabricants?

M. de Morsy. — Pourquoi? par la raison qu'une machine dispendieuse, si perfectionnée, si parfaite qu'elle puisse être, ne devient applicable, économique, qu'autant qu'on est en mesure d'exiger d'elle une masse de produits en rapport avec son coût et les frais de sa mise en activité, parce qu'alors seulement son coût et ses frais d'installation, se répartissant sur la totalité des produits obtenus par elle, ne frappent que très-légèrement chaque kilogramme de ces produits. Me comprenez-vous bien?

Charles. — Pas suffisamment.

M. de Morsy. — Comment, vous ne vous rappelez pas la comparaison de votre cousin, quand je vous disais à peu près la même chose à propos des fruitières du Jura et des avantages des associations de producteurs?

Charles. — Non, Monsieur.

M. de Morsy. — Eh bien, je vais reprendre et développer la comparaison d'Augustin, parce qu'il est très-important que vous ayez des idées justes et nettes sur les avantages d'opérer en grand.

Je suppose, comme le disait Augustin, qu'il me prenne fantaisie de me passer du bonnetier et de faire moi-même mes bas. J'en use douze paires par an : pourrai-je, pour fabriquer mes douze paires de bas, acheter un métier comme celui qu'emploie le bonnetier mon voisin? Non : pourquoi? parce qu'un métier à bas coûte cinq cents francs, je suppose, et que mes douze paires de bas, grevées du prix du métier, me coûteraient dans ce cas excessivement cher.

En est-il de même pour le bonnetier? Non ; au lieu de douze paires de bas par an, il en fait mille paires ; et comme le prix du métier se répartit sur ces mille paires, chaque paire de bas ne supporte qu'une parcelle de ce prix. Le métier, qui serait ruineux pour moi, est donc très-avantageux à mon voisin, *parce qu'il est en mesure d'obtenir de son métier une masse de produits en rapport avec sa valeur.*

Charles. — Voilà qui est parfaitement clair.

M. de Morsy. — Eh bien, le cultivateur qui voudrait faire son huile ne serait-il pas dans la même position que moi?

Charles. — Sans aucun doute. Comment n'ai-je pas saisi cela du premier coup? Un mot maintenant, Monsieur, des appareils qui servent à extraire l'huile de colza.

M. de Morsy. — Il me serait très-difficile de vous en donner une idée, et je vais seulement vous énumérer les diverses opérations qu'on fait subir à la graine.

On commence par la concasser à l'aide de laminoirs. Ces laminoirs se composent ordinairement de deux cylindres très-rapprochés et tournant en sens inverse; ils sont mis en mouvement, soit par un cours d'eau, soit par une machine à vapeur, soit par un manége.

Le but de cette opération préparatoire est d'empêcher la graine de glisser sous les meules qui doivent la broyer et la moudre. Ces meules, en pierre dure, agissent verticalement sur la graine, c'est-à-dire roulent sur elle de champ.

En sortant de dessous les meules, la graine de colza se trouve convertie en une espèce de farine onctueuse; il s'agit alors d'en exprimer le suc. Pour y parvenir plus facilement, on dépose la farine dans les chauffoirs, grands vases en métal, où on la réchauffe jusqu'à ce qu'elle laisse échapper une partie de son huile, qu'on achève enfin d'extraire au moyen de presses d'une grande puissance. Très-souvent toutes ces opérations se font simultanément dans un moulin à vent. Il y a aux portes de Lille une plaine où l'on compte plus de cent de ces moulins.

Quand la farine de colza a subi le pressurage, ce n'est plus qu'une masse sèche, solide, excessivement compacte, connue alors sous le nom de tourteaux. Ces tourteaux constituent un excellent engrais et servent également à la nourriture des bestiaux.

Augustin. — Quels sont les usages de l'huile de colza?

M. de Morsy. — L'huile de colza convenablement épurée peut, à la rigueur, servir à assaisonner les aliments ; mais son véritable emploi est l'éclairage. Elle sert aussi à la fabrication des savons noirs.

Le pavot, dont il est inutile de vous faire la description, ne sert pas seulement à l'embellissement des jardins, c'est encore une plante de grande culture très-répandue dans les départements du Nord et du Pas-de-Calais. Comme le colza, le pavot ne prospère que dans les terrains d'une haute fertilité, meubles et parfaitement préparés. De plus, le pavot exige des façons nombreuses, et par conséquent force le fermier à des avances considérables.

La graine contenue dans les capsules du pavot, traitée de la même manière que la graine de colza, donne une huile douce, sans odeur, mais caractérisée par un goût de noisette très-prononcé. Son usage est sans inconvénients pour la santé. Aussi l'huile de pavot, plus connue sous le nom d'huile d'œillette, remplace-t-elle généralement dans le nord de la France et de l'Europe l'huile d'olive, beaucoup trop chère pour les petits ménages.

Augustin. — Mais il me semble avoir lu que même les pavots blancs de nos jardins contenaient de l'opium, et l'opium est un véritable poison.

M. de Morsy. — Et vous en concluez?

Augustin. — Que, puisque le pavot contient de l'opium, son huile doit en contenir aussi et être par conséquent nuisible.

M. de Morsy. — Il est très-vrai que le pavot blanc, cultivé de préférence par les Orientaux pour en extraire l'opium, se trouve être justement le même que nos fermiers ont adopté. Mais d'abord ne perdez pas de vue que l'opium ne s'obtient pas en broyant les graines, mais au moyen de plusieurs incisions pratiquées sur les capsules vertes de la plante en pleine végétation, incisions d'où s'écoule un suc laiteux que coagule la chaleur du soleil. L'opium est donc le produit d'une séve extravasée. Enfin, comme je vous le disais il y a un instant, les analyses les plus scrupuleuses ont prouvé jusqu'à l'évidence que l'huile d'œillette est parfaitement inoffensive.

Du reste, je vous citerai en passant un fait assez curieux, et qui vous montrera combien il est parfois possible de tirer un aliment excellent d'une plante très-vénéneuse. La racine du manioc contient une espèce de lait qui passe avec raison pour un des plus violents poisons végétaux. Eh bien, vous avez cent fois peut-être mangé de la racine de manioc.

Charles. — Nous avons mangé de la racine de manioc?

M. de Morsy. — Oui : le tapioca, dont on fait de si bons potages, est tout simplement de la racine de manioc râpée, dont des lavages répétés et une pression très-énergique ont exprimé le suc délétère. Ainsi purgées, les racines du manioc deviennent un aliment très-sain, très-savoureux, dont on fait aux Antilles du pain et des gâteaux, et en France des potages au gras et au maigre.

Augustin. — Mais quel a été l'homme assez osé pour en essayer le premier, ou plutôt comment l'idée de chercher un aliment dans une plante reconnue vénéneuse a-t-elle pu venir à l'esprit de quelqu'un?

Charles. — Il est certain que cette découverte a dû être accompagnée de circonstances bizarres.

M. de Morsy. — Cela est bien possible; mais je n'ai jamais trouvé le moindre renseignement à ce sujet. Revenons à nos pavots.

L'époque des semailles varie, selon les habitudes des localités, depuis le mois d'octobre jusqu'aux premiers jours d'avril; il serait très-difficile de décider s'il vaut mieux semer tôt que tard, car des cantons qui ont adopté des époques très-opposées obtiennent en œillettes des récoltes d'une abondance remarquable.

La caméline, que les paysans du nord de la France appellent improprement camomille, est une jolie plante haute d'un demi-mètre, très-rameuse, à feuilles allongées et arrondies par le bout. Ses fleurs sont jaunes, et la graine est contenue dans de petites capsules supportées par un long pédoncule.

La caméline, beaucoup moins difficile sur le choix du terrain que le colza et le pavot, ne demande pas des soins aussi dispendieux, et de plus elle n'occupe pas le sol au delà de quatre à cinq mois. Si l'huile de caméline n'était pas un peu inférieure à l'huile de colza, il est hors de doute que la cul-

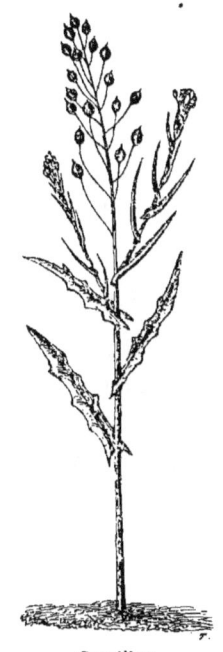

Caméline.

ture de la caméline prendrait une très-grande extension ; mais, outre qu'un hectare de caméline rapporte moins qu'un hectare de colza, l'huile de caméline est frappée d'une espèce de discrédit qu'elle est bien loin de mériter. Si elle est un peu moins éclairante que l'huile de colza, elle donne moins d'odeur et moins de fumée. Avec ses tiges on fait des balais d'un usage très-commun dans les Flandres et la Hollande.

La navette, comme la caméline, se contente des terrains les plus médiocres et de quelques façons assez faciles à donner; toutefois l'huile de navette est estimée à l'égal de l'huile de colza, et souvent confondue avec elle dans le commerce. Un hectolitre de graines de navette donne un dixième d'huile de moins qu'un hectolitre de graines de colza, et cette différence est encore plus sensible parce que, toutes circonstances égales, un hectare de colza produit en graines deux hectolitres de plus qu'un hectare de navette.

Je terminerai ici cette liste; car si le tournesol, la julienne, la moutarde, l'euphorbe, le ricin, sont des plantes oléagineuses qui méritent sous quelques rapports l'attention du cultivateur, elles ne paraissent que sur très-peu d'exploitations rurales, et semblent encore confinées dans les fermes-modèles et chez les expérimentateurs.

Augustin. — Mais, Monsieur, vous ne nous avez rien dit des oliviers.

M. de Morsy. — La raison en est fort simple. La culture de l'olivier est tout à fait spéciale, et mon intention était de ne vous parler que des plantes qui tiennent ordinairement leur place dans les divers systèmes d'assolements adoptés en France. Cependant je vous donnerai volontiers, puisque vous le désirez, quelques détails sur l'olivier.

Cet arbre, originaire de l'Asie centrale, existait déjà en Grèce à l'époque de la guerre de Troie. Selon plusieurs historiens, il paraît avoir été importé dans les environs de Marseille par les Phocéens, fondateurs de cette ville, six cents ans avant l'ère chrétienne; et ce n'est que trois cents ans plus tard que les Romains commencèrent à le cultiver.

Aujourd'hui l'olivier croît spontanément dans presque toute la partie de l'Europe située au delà du quarante-cinquième degré de latitude. Il supporte assez bien les gelées quand elles ne dépassent pas trois à quatre degrés; mais si un froid plus rigoureux le fait périr, d'un autre côté il cesse de fructifier sous un climat trop brûlant; et presque tous les oliviers exposés au soleil de la zone torride ne peuvent plus être rangés dans la catégorie des arbres fruitiers.

Nous n'avons en France que sept départements où l'olivier végète réellement en plein champ, savoir: le Var, l'Ardèche, les Bouches-du-Rhône, les Basses-Alpes, le Gard, Vaucluse et les Pyrénées-Orientales. L'ordre dans lequel je viens de vous citer ces départements correspond au rang que leur assignent l'importance et le produit de leurs plantations. Ainsi, en prenant une moyenne de dix années, le produit d'un certain nombre d'oliviers dans le Var sera quatre fois plus élevé que le produit de la même quantité d'oliviers dans les Pyrénées-Orientales : en d'autres termes, dans le premier de ces deux départements, dix récoltes d'un hectare d'oliviers représentent quarante récoltes d'un hectare d'oliviers situés dans les Pyrénées-Orientales ; il est bien entendu que je parle d'oliviers du même âge, plantés et soignés de la même manière.

On cultive en France plus de vingt variétés de cet arbre ; mais si cinq ou six de ces variétés sont recommandables sous différents rapports, la plupart devraient évidemment être réformées et le seront probablement un jour. Parmi les meilleures espèces, on cite l'*olivier à bec*, l'*olivier rond*, l'*olivier de Grasse*, qui tous donnent une huile excellente; l'*olivier angulosa*, le moins sensible au froid; enfin l'*olivier picholine*, dont les fruits se confisent toujours, et l'*olivier doux*, ainsi nommé parce qu'on peut manger ses olives sans aucune préparation.

La culture de l'olivier est extrêmement simple et n'offre rien de particulier. L'arbre se taille tous les ans ; toutefois il n'y a guère plus d'un demi-siècle que les Provençaux ont adopté cette opération, qui doit se borner à retrancher les branches gourmandes, mortes, languissantes ou mal placées.

Lorsque, par suite d'un hiver rigoureux, les oliviers ont ressenti les funestes effets d'une gelée au-dessus de leurs forces, le cultivateur n'a d'autre ressource que de retrancher les branches désorganisées par le froid. Si le tronc lui-même a été frappé, il faut alors le couper au ras de terre. Dans ce dernier cas, pourvu que le froid n'ait pas atteint la racine elle-même, cinq ou six dragons repartiront avec vigueur de la souche recepée. En choisissant le plus beau et en sacrifiant les autres, ce dernier pourra au bout de six ans avoir acquis une circonférence de trente à trente-cinq centimètres.

L'olivier, comme tous les arbres à bois dur et serré, pousse très-lentement et vit plusieurs siècles. Il lui faut communément de dix à quatorze ans pour se mettre à fruit, et encore ses produits restent-ils insignifiants jusqu'à sa vingt-cinquième année. Mais par compensation il se multiplie avec une extrême facilité et se contente de terrains très-médiocres. Les grives, qui mangent une énorme quantité d'olives, contribuent largement à combler les désastres occasionnés par les hivers trop rigoureux. En digérant à l'abri d'un rocher ou d'un buisson, ces oiseaux rendent par le bec le noyau de l'olive; ce noyau germe et se développe, et chaque année les pépiniéristes vont arracher dans les lieux incultes et isolés des millions de plants qu'ils greffent et vendent ensuite aux cultivateurs.

J'ai lu dans une édition de l'*Almanach du bon Jardinier* qu'en 1787 on essaya pour la première fois, dans les environs d'Aix, de soumettre les oliviers à l'irrigation. Cette opération eut un succès prodigieux; les récoltes dépassèrent de beaucoup les plus belles récoltes dont le pays conservât le souvenir; mais l'hiver de 1789 vint démontrer d'une manière terrible le danger de cette pratique; tous les oliviers qui avaient été arrosés périrent sans exception; troncs et racines gelèrent complétement, et depuis cette époque aucun propriétaire n'osa irriguer ses plantations.

Du reste, de nombreuses observations prouvent que ce n'est pas positivement la rigueur du froid, l'abaissement de la température, qui est funeste aux oliviers, mais les circonstances atmosphériques qui précèdent ou accompagnent ces froids. Ainsi il est constant que très-souvent des plantations entières, après avoir bravé impunément un froid de quinze degrés, se trouvent décimées par une température de cinq à six degrés. Voici comment on explique ces faits. Quand la terre est sèche, et que le froid arrive à l'époque où la séve sommeille, l'arbre souffre peu, ou même il ne souffre pas du tout. Mais si, au contraire, l'hiver a été doux et humide, si l'olivier, dont la végétation est excessivement précoce, se prépare à donner signe de vie, il est exposé à un péril certain dès l'instant où une brusque variation atmosphérique abaisse tout à coup le thermomètre à quatre ou cinq degrés au-dessous de zéro.

La récolte des oliviers commence ordinairement vers novembre. Si les olives ont acquis sur l'arbre une maturité complète, on les porte immédiatement au moulin. Dans le cas contraire, on les laisse plusieurs jours étendues dans un lieu sec et aéré, où elles achèvent de se faire, comme les poires et les pommes de nos vergers.

En suivant cette méthode, on peut obtenir des huiles fines, délicates et d'une haute valeur commerciale, pourvu néanmoins que l'opération soit conduite avec soin et dans toutes les conditions d'une propreté rigoureuse.

Les olives se traitent presque absolument comme les graines oléagineuses. On commence par les broyer, et l'on soumet ensuite la pâte à l'action d'un pressoir ou d'une presse hydraulique. La première huile qui s'écoule est l'*huile vierge*, celle qu'on obtient par des lavages à chaud s'appelle *huile d'enfer;*

enfin l'on donne le nom de *recense* à celle que l'on extrait des tourteaux.

Mais le propriétaire qui recherche plutôt la quantité que la qualité de l'huile, au lieu de porter ses olives au moulin immédiatement après la cueillette, les amoncelle dans une espèce de cellier ou de cave. Là elles s'échauflent rapidement et se *marcissent*, suivant l'expression provençale. Soumises ainsi à une fermentation plus ou moins longue, elles donnent une huile inférieure, mais très-abondante et d'une extraction facile. Toutefois, si le propriétaire destine ses huiles à la table, il doit porter les plus grands soins à ce que la fermentation ne dépasse pas un certain point; car, pour peu qu'il ait attendu trop longtemps, son huile cesse d'être mangeable, et n'est plus propre qu'à la fabrication du savon, à la préparation du drap et à l'éclairage, etc.

Augustin. — Quelle est la taille et le port d'un olivier?

M. de Morsy. — Livré à lui-même, l'olivier acquiert en France de sept à dix mètres de hauteur, et d'un à deux mètres de circonférence. Son port se rapproche de celui de nos pommiers à cidre. Son feuillage est rude, vert en dessus et argenté en dessous. Ses fleurs, très-insignifiantes, forment une petite grappe blanchâtre. En Grèce, en Asie et dans les contrées les plus chaudes de l'Espagne, l'olivier s'élève à vingt-cinq et trente mètres, et l'on rencontre fréquemment des sujets dont six hommes, en étendant les bras, auraient de la peine à embrasser le tronc. M. de Candolle parle d'un olivier ayant plus de sept cents ans d'existence.

Le bois de cet arbre a beaucoup de ressemblance avec le buis; il est, comme lui, jaunâtre et traversé de veines plus foncées, d'un poids spécifique considérable, d'une dureté excessive, et propre à recevoir le plus beau poli. Il joint à ces propriétés celle de n'être point attaqué par les insectes, de ne jamais se fendre et de brûler tout vert. Aucun bois ne dégage autant de chaleur par la combustion.

CHARLES. — Dans la nomenclature des meilleures espèces d'oliviers, vous nous avez cité, Monsieur, l'*olivier doux*, dont les fruits peuvent se manger sans aucune préparation. Il s'ensuivrait donc que les olives des autres variétés ne sont pas mangeables par le seul fait de leur maturité.

M. DE MORSY. — Non, mon ami; à l'exception des fruits de l'olivier doux, beaucoup plus commun en Italie qu'en France, les olives de toutes les autres variétés ont un goût âpre et rêche.

Pour leur enlever cette saveur désagréable, on les laisse tremper pendant six heures dans une lessive de cendres et de chaux; on les conserve ensuite dans une eau légèrement salée et aromatisée. L'espèce dite *picholine* est la plus estimée par les consommateurs, et il est des cantons où la majeure partie de la récolte des oliviers est ainsi préparée.

Quant aux fruits de l'olivier doux, ils ne peuvent pas s'expédier au loin; car ils rancissent très-promptement, à moins d'avoir été confits selon la méthode ordinaire, et alors ils sont inférieurs aux *picholines*.

AUGUSTIN. — On fait aussi de l'huile de noix?

M. DE MORSY. — Non-seulement de l'huile de

noix, mais de noisette, d'amandier, de hêtre, plus connue sous le nom d'huile de *faîne;* enfin avec les pepins des pommes, des poires, des citrouilles; toutes ces huiles ont des usages particuliers. Mais revenons aux végétaux de grande culture, dont il nous reste à peine le temps de nous occuper.

J'allais passer, je crois, aux plantes textiles, ainsi nommées parce qu'elles contiennent des filaments assez longs et assez forts pour être convertis d'abord en fil et ensuite en toile et en cordes.

Le chanvre et le lin sont pour la France les plantes filamenteuses par excellence; et quand bien même on parviendrait à naturaliser le coton dans les départements baignés par la Méditerranée, la suprématie du lin et du chanvre n'en recevrait aucune atteinte.

Depuis un demi-siècle environ, on a tenté divers essais pour tirer de certains végétaux indigènes ou acclimatés une filasse qu'on pût utiliser. Des expériences très-concluantes prouvent que le *phormium tenax* ou lin de la Nouvelle-Zélande, l'agave, l'alcie, le mûrier, et même les orties communes, fournissent des filaments qui, les uns pour la force, et les autres pour la finesse, peuvent rivaliser avec les filaments du lin et du chanvre; mais on en est encore aux expériences, aux tâtonnements, et l'agriculture française n'a encore définitivement adopté aucun de ces précieux végétaux. Un mot seulement sur le phormium et l'agave.

Le phormium est une plante d'un aspect assez bizarre : figurez-vous une grosse touffe de feuilles longues d'un à deux mètres, larges de dix centimètres et enchevêtrées à leur base les unes dans les autres. Ces feuilles minces, parcheminées, ont tant de nerf, qu'il est presque impossible de les rompre en les tiraillant à deux mains dans le sens des fibres. Une tige de deux à trois mètres s'élance du

Phormium tenax.

centre de la touffe, et se couronne au mois d'août d'une grappe pyramidale de fleurs jaunes en forme d'entonnoir. Le célèbre navigateur Cook est le premier qui ait signalé cette plante, dont il avait vu la filasse entre les mains des indigènes des îles de la mer du Sud, et ce fut le botaniste Labillardière qui la rapporta en France. Il accompagnait d'Entrecasteaux dans son expédition à la recherche de La Pérouse. Il est toutefois très-probable que la variété de phormium introduite par notre botaniste n'est pas celle qui fournit la précieuse filasse que la Nouvelle-Zélande expédie. Celle que l'on récolte dans nos départements méridionaux lui est trop inférieure comme brillant et comme finesse. Elle sert à faire des cordages et des toiles d'emballage. On l'ob-

L'Agave.

tient en faisant bouillir les feuilles du phormium dans une eau de savon. Au bout de cinq à six heures on tord ces feuilles mises en paquet, et les fibres se détachent. Leur ténacité est supérieure à celle des fibres de l'aloès, du chanvre et du lin. Mais elles ont le défaut d'être de peu de durée quand elles sont soumises à des alternatives de chaleur et d'humidité.

L'agave ou lin d'Amérique croît spontanément dans les environs de Toulon. Cette plante ne fleurit qu'une seule fois, à l'âge de trente à quarante ans, et meurt immédiatement après. Sa tige s'élève à Toulon jusqu'à sept mètres. On retire des feuilles de l'agave une filasse brillante, mais rude et grossière, dont on fait des cordes, des cordons de sonnette et de rideaux, des tapis et des cabas dits de *soie végétale*.

Le chanvre est une plante dioïque, c'est-à-dire dont les individus sont mâles ou femelles. Les pieds mâles mûrissent les premiers, et ne portent point de graine; les pieds femelles n'acquièrent leur parfait développement que six semaines plus tard.

Le chanvre exige impérieusement, pour donner de bons produits, une terre légère, profonde, fraîche et abondamment fumée. Il se sème, selon les localités, depuis le 1er mars jusqu'à la fin de mai, lève promptement et se récolte en deux fois, après avoir passé de cent vingt à cent soixante jours en terre. Sa culture se borne à des sarclages qu'on répète deux à trois fois. Il existe deux variétés de chanvre, le chanvre ordinaire et le chanvre gigantesque ou de Piémont, qui s'élève dans les bonnes terres jusqu'à quatre mètres de haut. Le chanvre commun atteint rarement plus de deux mètres.

Quand les pieds mâles commencent à jaunir, on les arrache à la main, on les lie en petites bottes qu'on laisse sécher pendant trois jours; ensuite on les submerge dans un étang, un ruisseau ou une rivière. Le but de cette opération est de dissoudre une gomme qui lie fortement entre elles les fibres de l'écorce, donne à ces fibres une apparence terne et les prive de leur souplesse naturelle. Il est assez difficile de saisir le moment le plus opportun de retirer les chanvres de l'eau où ils rouissent. Enlevés trop tôt, ils restent rudes et gris; abandonnés trop longtemps, les fibres elles-mêmes fermentent et s'altèrent, et perdent par conséquent une grande partie de leur force et de leur élasticité.

De nombreux essais, dont quelques-uns promettent de devenir industriels, ont été faits pour remplacer le rouissage par des procédés sans danger pour la santé publique. En effet, si les chanvres submergés dans les grandes rivières, comme la Loire, ne peuvent pas corrompre l'immense volume d'eau sans cesse renouvelée qui les baigne, il n'en est pas de même des eaux des ruisseaux, des mares, des étangs, où par nécessité les cultivateurs sont trop souvent obligés de déposer leurs chanvres. Ces eaux se gâtent d'autant plus vite, d'autant plus complétement, que leur masse est moins considérable et leur écoulement moins sensible. Alors des odeurs infectes, des miasmes pestilentiels se répandent au loin; et l'on a vu maintes fois des étangs et de petites rivières couverts de poissons morts ou expirants aux époques où leurs eaux sont encombrées de chanvres ou de lin. Huit jours de rouissage suffisent au chanvre mâle lorsque la température de l'eau est à quinze degrés; le chanvre femelle, dont la gomme se dissout plus difficilement, exige une submersion plus prolongée : elle dure très-souvent seize jours.

Immédiatement après avoir retiré le chanvre de l'eau, on l'étend, pour le faire sécher, sur un pré bien exposé au soleil. Quand il est parfaitement sec, on le lie en bottes pour le conserver en grange jusqu'aux longues veillées d'hiver; car les cultivateurs réservent très-judicieusement pour la saison rigoureuse, où la gelée, la neige et la pluie suspendent forcément les travaux des champs, ceux qu'on peut exécuter à l'intérieur.

Voici en résumé les procédés par lesquels on extrait la filasse du chanvre. On commence par le *teiller*. Teiller le chanvre, c'est écraser sa tige et en détacher l'enveloppe filamenteuse. Tantôt des femmes et des enfants opèrent à la main; le plus souvent on emploie une machine très-simple appelée *broye*.

Figurez-vous un fort banc de bois; deux rainures assez profondes pour loger le pouce sont creusées dans le sens de sa longueur; une seconde pièce de bois garnie d'un mancheron est fixée au bout du banc par une cheville faisant l'office de charnière; cette seconde pièce de bois porte également deux rainures disposées de manière à ce que, appliquées sur le banc, les rainures de la pièce mobile correspondent aux arêtes de la pièce fixe, et les arêtes de la pièce fixe aux rainures de la pièce mobile. L'appareil constitue donc une véritable *mâchoire* armée de dents angulaires.

Pour s'en servir, un ouvrier saisit une poignée de chènevottes de la main droite, soulève la pièce mobile de la main gauche, et engage le chanvre entre les mâchoires ouvertes; puis, combinant ses mouvements de manière à rabattre vivement et par

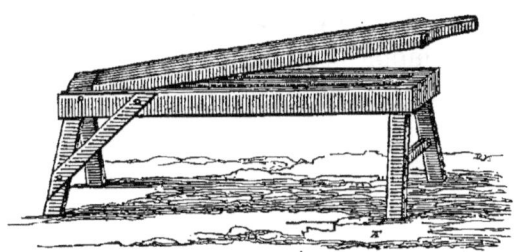

La Broye.

saccades la pièce mobile sur le chanvre qu'il tire à lui, il force ce dernier à abandonner sa filasse entre les rainures de l'instrument.

Le chanvre ainsi préparé est lié en bottes et vendu sous le nom de chanvre brut; il a besoin de subir encore différents apprêts pour être employé par les cordiers, les fileurs, les tisserands; mais ces apprêts ne sont nullement du ressort du fermier.

La graine du chanvre, qu'on recueille soigneusement avant le rouissage, sert à nourrir les volailles, hâte la ponte des poules, et contient une huile siccative dont les peintres font grand usage. Comme toutes les semences oléagineuses, le chanvre se conserve difficilement, rancit et perd ses facultés germinatives.

Je ne connais rien de plus agréable, de plus gracieux que l'aspect d'un champ de lin en pleine floraison. Parfois l'œil n'aperçoit que des myriades de corolles azurées et serrées les unes contre les autres; mais la moindre brise vient-elle à soulever une vague fugitive sur cette mer frémissante, les fleurs en s'inclinant laissent paraître la teinte blèuâtre du feuillage, et deux nuances de la plus suave harmonie semblent se poursuivre à perte de vue.

Le Lin.

La culture du lin est fort ancienne, et semble avoir pris naissance dans les contrées septentrionales de l'Europe. Les lins de Russie, ou de Riga, ont une réputation méritée. C'est tantôt à Riga, tantôt à Middelbourg en Zélande, que les Hollandais et les Flamands renouvellent périodiquement la semence de leurs lins; car aucune plante n'est plus sujette à dégénérer. Ainsi le lin de Riga, le plus élevé, le plus nerveux de la famille, celui dont les graines sont le plus estimées, transporté sous un climat différent et dans un sol moins approprié à son tempérament végétal, perd à la troisième génération la plupart des caractères qui le distinguent, et se confond avec les lins du canton. La conséquence naturelle de ce fait, c'est que les lins présentent un nombre infini de variétés non reconnues par les botanistes, mais très-réelles pour le cultivateur, puisque les produits de ces variétés se vendent à des prix plus ou moins élevés.

Parmi les différentes espèces de lin, outre le lin de Riga, il y a le lin de Zélande, moins élevé que le premier, mais plus fin, plus brillant, et résistant mieux à la sécheresse; et le lin de Chalonnes, village situé au bord de la Loire, presque en face d'Angers, qui malgré ses proportions exiguës, est le plus estimé pour l'éclat, la blancheur et l'apparence soyeuse de sa filasse. On peut considérer ces trois lins comme les types de toutes les variétés cultivées.

Nous retrouvons encore dans les lins ceux d'hiver et ceux d'été : les premiers se sèment en automne, et les seconds en mars.

En général les lins sont difficiles sur le choix du terrain. Si le sol n'est pas naturellement meuble, profond, frais et doué d'une haute fertilité, il faut absolument que des labours réitérés, des façons bien entendues, et une grande masse de fumier, l'aient de longue main amené à cet état; sans cela les récoltes de lin ne seront pas assez abondantes pour payer les frais de culture toujours considérables que nécessite cette plante. En effet, si dans certaines localités le fermier couvre à peine ses dépenses, si dans d'autres son bénéfice net est à peine de trente à quarante francs par hectare, à Chalonnes et dans le Pas-de-Calais les produits bruts d'un hectare de lin s'élèvent fréquemment de sept à huit cents francs. Or, en défalquant de cette somme cinq cents francs environ pour la rente de la terre, la semence, le fumier et les façons, le fermier se trouve encore amplement dédommagé de ses peines.

La graine de lin, considérée comme oléagineuse et traitée comme le colza, laisse échapper une huile très-employée dans les arts; c'est avec elle que l'on prépare les vernis gras, l'encre d'imprimerie, etc.

La tige du lin, comme celle du chanvre, se compose de trois substances superposées : une écorce, une couche fibreuse et le bois.

L'écorce est formée par une gomme résineuse, soluble dans l'eau, qui enveloppe la couche fibreuse, la pénètre et fait adhérer les fils les uns aux autres.

Enfin le bois, léger, cassant, très-inflammable, constitue le corps de la plante.

Pour détacher du bois la matière filamenteuse et la débarrasser de sa gomme, on peut immerger le lin et suivre le procédé déjà indiqué; seulement le rouissage du lin doit être beaucoup moins prolongé, parce que sa gomme est moins tenace que celle du chanvre.

Dans beaucoup de pays ou a substitué au rouissage par immersion le *rorage* ou *sarcinage*.

Alors on s'y prend de la manière suivante :

On étend sur un champ, sur un pré, toute la récolte de lin, et on la laisse exposée à l'action alternative de la pluie, de la rosée, du soleil, jusqu'à ce que le bois soit parfaitement sec et la gomme complétement dissoute.

Pour obtenir ce résultat d'une façon uniforme, il est indispensable que le lin ait été disposé par couches très-minces et fréquemment retourné.

Il est fort difficile de calculer d'avance le temps que durera le rorage; cela dépend de la température et des variations atmosphériques. En effet, plus l'air est chaud et humide, plus la rosée est abondante, plus l'opération marche vite; cependant, dans les circonstances les plus favorables, elle se termine rarement avant le vingt-cinquième jour, et se prolonge parfois jusqu'au trente-cinquième; on l'a même vu durer deux mois.

Le rorage et le rouissage ont chacun des avantages et des inconvénients, et il est plus facile de les énumérer que de décider laquelle des deux méthodes est supérieure à l'autre.

Le rorage exige une main-d'œuvre beaucoup plus considérable; souvent le vent disperse les lins, les mêle, les amoncelle. Quand le temps contrarie l'opération, elle devient d'une lenteur désespérante et marche très-inégalement; mais, en revanche, la lenteur même de l'opération permet de la surveiller avec la plus grande facilité, et de l'arrêter juste au moment opportun; enfin le lin roré est plus blanc que le lin roui.

Le rouissage, souvent terminé le huitième jour, donne une filasse plus nerveuse et cause moins de déchet; mais la moindre négligence peut compromettre toute la récolte; car si l'on ne saisit pas l'instant précis où la fermentation est arrivée au point convenable pour retirer le lin de l'eau, les filaments eux-mêmes s'altèrent, se décomposent en partie, et il en résulte pour l'agriculteur une perte incalculable.

Quelle que soit celle des deux méthodes qu'on ait adoptée, il est indispensable de faire sécher le lin à fond avant de le soumettre aux diverses opérations destinées à recueillir la filasse. Quand il est bien sec, on le broie comme le chanvre, avec la *broye* que je vous ai décrite; ensuite on l'*écangue* pour achever de le débarrasser complétement des parcelles de chènevotte qui adhèrent encore aux fils.

L'*écang* est un appareil très-simple; il se compose d'une planche placée verticalement, haute d'un mètre trente centimètres environ, et solidement fixée, soit dans le sol même, soit dans une semelle de bois. Au tiers supérieur de la planche, sur une de ses arêtes, est creusée une entaille de dix centimètres de profondeur, qui rappelle la forme d'un 7.

L'ouvrier, armé d'une espèce de hache en bois dur, qu'il tient de la main droite, engage de l'autre main une poignée de lin dans l'entaille, et frappe dessus à coups redoublés avec le biseau de sa hache, surmontée d'une espèce de tête pour lui donner plus de volée.

L'*écangage* enlève à la filasse du lin toute la chènevotte qui pourrait y adhérer encore. Le lin

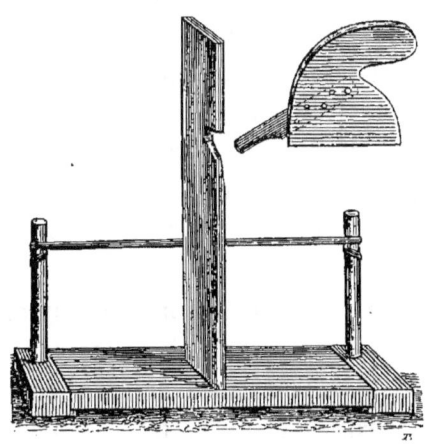

L'Écang.

est donc nettoyé ; mais il reste encore à diviser les filaments, à les lisser, à faire disparaître jusqu'au dernier vestige de gomme qui le salit. Pour cela, on la *sérance*.

Les *sérançoires* sont des clous ou pointes d'acier fixés sur une planche ; ces dents, dont la hauteur ou saillie varie de quinze à trente millimètres, forment une espèce de peigne sur lequel les ouvriers passent et repassent la filasse poignée par poignée, jusqu'à ce que chaque poignée ait atteint le degré de souplesse et de finesse nécessaire pour l'usage auquel on destine le lin.

Le fermier vend son lin ainsi préparé aux filateurs, ou bien la femme, les filles et les servantes de la maison le filent elles-mêmes à la veillée.

Les divers procédés que je viens de vous indiquer pour préparer le lin et le chanvre ne sont pas les seules méthodes suivies. Chaque contrée a sa méthode plus ou moins avantageuse, plus ou moins expéditive; et j'ai choisi parmi elles celle qu'ont adoptée les fermiers des environs de Béthune, dans le département du Pas-de-Calais, d'abord parce qu'elle donne de très-beaux résultats, ensuite parce que j'ai eu l'occasion de la voir pratiquer sous mes yeux.

Augustin. — Le lin a-t-il le même emploi que le chanvre?

M. de Morsy. — Non, mon ami; en règle générale, pour les grosses et fortes toiles le chanvre est préférable; pour les toiles moyennes, si celles de chanvre sont plus solides, s'usent moins vite que celles de lin, elles sont beaucoup plus dures, plus roides, et ont le défaut de se couper. Quant aux toiles d'une grande finesse, telles que les batistes, il est très-difficile de les obtenir avec le chanvre, tandis qu'avec le lin on tisse des étoffes d'une légèreté, d'un moelleux, d'une régularité merveilleuse, et qui valent jusqu'à cinquante francs le mètre.

Charles. — Et pour les cordages?

M. de Morsy. — Ce que je viens de vous dire à l'égard des toiles s'applique en tous points aux cordages, aux ficelles et aux fils à coudre.

Passons aux plantes tinctoriales.

Leur nom vous indique assez les propriétés et les usages des plantes rangées dans cette catégorie. Une quinzaine d'espèces au moins croissent en France; mais la grande culture en a principalement adopté trois; ce sont la garance, la gaude et le pastel.

La Garance.

La garance, indigène dans les Gaules, où elle était cultivée du temps des Romains, est une plante fort accommodante sur la nature du climat, puisqu'elle prospère en Hollande et en Égypte, mais qui exige impérieusement un sol spécial, c'est-à-dire exempt de pierres et de cailloux, léger, profond, riche en humus, et de plus frais et bien égoutté. Hors de ces conditions la garance végète mal, et ses produits ne couvrent plus les avances du cultivateur.

On cultive la garance pour ses racines, qui, moulues et réduites en une farine d'une belle couleur jaune-rouge, sont très-employées par les teinturiers.

On établit une garancière de deux manières, soit par semis, soit par plantation.

Par semis : après avoir profondément défoncé et copieusement fumé le terrain, on répand la semence rarement à la volée, mais plus souvent dans des rayons tracés d'avance. Dans ce cas l'arrachement des racines a lieu la troisième année.

Si la cherté de la graine ou toute autre cause décide le cultivateur à donner la préférence à la plantation, il se procure du jeune plant d'un an, et le plante de novembre en mars dans son champ, exactement préparé comme s'il s'agissait de l'ensemencer. Par cette seconde méthode on gagne une année, en ce sens que la garance ainsi traitée est bonne à récolter au bout de deux ans.

Une fois une garancière établie, les soins de culture se bornent à des sarclages et à un buttage qui a lieu au commencement de l'hiver.

La garance, après avoir été cultivée chez nous sous le règne de Dagobert, de Charlemagne et de Philippe le Hardi, ainsi que l'attestent des documents irrécusables, se vit peu à peu abandonnée, tandis qu'au nord et au midi de la France sa culture prenait une grande extension. Deux ministres, bien longtemps après, Colbert et Bertin, cherchèrent à la faire renaître, et un édit de Louis XV exempte de tout impôt les terres où l'on planterait de la garance et les hommes attachés à l'exploitation. Des graines tirées de Syrie furent même gratuitement distribuées. Ces encouragements produisirent quelques tentatives, mais rien de sérieux. Ce que n'avait pu faire le gouvernement avec tous ses moyens d'action, un homme le fit. Cet homme c'était un Persan, exilé de son pays, qui, pris par les Arabes, vendu comme esclave en Anatolie, où il avait été employé à la culture de la garance, était parvenu à s'échapper et à débarquer à Marseille. En 1747, nous le trouvons dans le comtat d'Avignon déployant tant d'énergie, de persévérance, qu'il y établit et y fait établir des garancières par centaines. Il parcourt le comtat, une partie de la Provence, indiquant les terres les plus favorables à la nouvelle plante, montrant comment il faut semer, labourer, arracher. Une fois l'élan donné, les résultats obtenus firent le reste, et bientôt la garance devint pour la Provence la principale source de sa richesse. Vous m'avouerez que si jamais homme mérita la reconnaissance d'un pays, ce fut notre Persan, nommé Althen. Eh bien, il mourut à la peine, dans la misère, et on le vit tendre la main à ceux qu'il avait enrichis. Mais ce n'est pas tout. En 1821 la municipalité d'Avignon se décidait enfin à graver sur un marbre le nom et les titres de gloire d'Althen. Or, le jour même de l'inauguration de cette plaque de marbre, la fille d'Althen expirait à l'hôpital de la ville après avoir vécu dans la domesticité, après avoir vainement imploré la pitié des ministres, des autorités locales et du commerce avignonais.

Maintenant, si jamais vous allez à Avignon, on vous montrera sur la plus belle promenade de la ville la statue du noble Persan élevée depuis quelques années. Il est représenté tenant à la main quelques racines de garance [1]. Aujourd'hui la garance est cultivée dans sept ou huit de nos départements. Mais c'est toujours le comtat d'Avignon et l'Alsace qui sont les grands centres de production, et celle-ci représente une valeur de dix à douze millions de francs.

Autant la garance est difficile sur le choix du terrain, autant la gaude s'accommode de la plupart des sols qu'on lui destine. C'est une de ces plantes sobres et courageuses qui bravent la misère et les privations. Sa graine, répandue dans un champ de haricots un peu avant leur maturité, lève, et le propriétaire n'a plus à s'occuper de sa gaude jusqu'au mois de juillet suivant, époque de la récolte. Toutefois, si la gaude se développe et mûrit sous les conditions les plus défavorables, sous des conditions dans lesquelles peu de plantes domestiques offriraient un produit même insignifiant, elle reconnaît les soins qu'on lui donne en atteignant de grandes dimensions et en végétant avec une vigueur extraordinaire. Ces soins se bornent néanmoins à des sarclages réitérés, car elle croît lentement dans sa jeunesse, et a beaucoup de peine à se défendre contre les mauvaises herbes qui l'affament.

Ce n'est ni pour ses racines ni pour ses graines

---

[1] Dans la *Vie d'Althen*, écrite par Rostoul, on trouve la dernière supplique de sa fille, datée de quelques jours avant sa mort.

qu'on cultive la gaude, mais pour sa tige, qui contient une matière colorante d'un beau jaune. Aussitôt mûres on coupe ces tiges, et l'agriculteur, après les avoir fait tout simplement sécher, les vend dans cet état au teinturier. Le peu de frais qu'entraîne

La Gaude.

la culture de la gaude rend ordinairement cette culture très-avantageuse, parce qu'elle est tout profit.

Le pastel est une plante qui, détrônée par l'indigo après avoir joué pendant des siècles un rôle important, fixe de nouveau l'attention des cultivateurs. Les teinturiers recommencent à en employer des masses considérables, parce qu'ils ont trouvé le moyen et reconnu l'avantage de l'allier à l'indigo.

Le pastel croît sous des latitudes très-diverses; on le cultive en Russie, en Danemark, en France, en Angleterre, en Autriche et en Espagne.

Plus une terre est légère, profonde, largement fumée, plus le pastel s'y développe et plus la récolte de ses feuilles est abondante.

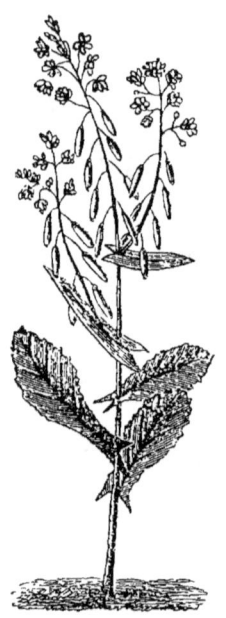

Le Pastel.

On le sème soit au printemps, soit à l'automne; ensuite on l'éclaircit et on le sarcle avec soin; aussitôt que les feuilles perdent la teinte bleuâtre qui les colore, jaunissent et s'affaissent (ce qui arrive ordinairement vers la fin de juin), on les coupe à la faucille, et après un commencement de dessiccation on les écrase sous une meule, et on les réduit en une pâte onctueuse dont l'homogénéité doit être parfaite.

Cette pâte ainsi préparée est déposée dans un lieu sec et abrité; là on la pétrit, soit avec les pieds, soit à l'aide de pilons et de pelles, et l'on en forme un énorme gâteau. Ce gâteau entre bientôt en fermentation, se soulève et se crevasse; un ouvrier armé d'une large pelle affaisse constamment les soufflures, bouche les fentes, et suit attentivement les progrès de la fermentation pour l'arrêter au point voulu, du septième au treizième jour, selon que les variations atmosphériques avancent ou retardent l'opération. Quand la pâte est *faite*, on se hâte de la mouler en *coques* ou boules de la grosseur d'un œuf de dinde. Ces coques, après avoir passé une huitaine de jours au séchoir, sont bonnes à être livrées au commerce.

Un hectare de pastel donne communément une quantité de feuilles assez considérable pour obtenir quinze cents kilogrammes de coques sèches; dans une terre d'une haute fertilité, on a vu la récolte s'élever à quatre mille kilogrammes de coques.

— Monsieur, quelle est donc la plante qui pousse si vigoureusement au milieu de cette haie? demanda Charles en désignant du doigt un faisceau de tiges grimpantes; voyez donc comme ses rameaux, garnis de larges feuilles dentelées et d'un vert sombre, courent de branche en branche et forment des guirlandes et des festons!

Augustin. — J'aperçois des fruits... Puis-je en cueillir quelques-uns, Monsieur?

M. de Morsy. — Sans inconvénient, mon ami; seulement tâchez de choisir les cônes les plus dorés.

Vous tenez là, reprit M. de Morsy quand Augustin l'eut rejoint en rapportant une poignée de cônes, les fruits d'un pied de houblon sauvage. Cette plante est assez commune dans les haies de notre canton. Vous ne l'avez probablement pas remarquée, parce que, venue spontanément, elle prend rarement d'aussi belles proportions que le pied que nous avons sous les yeux. Si l'orge constitue la base de la fabrication de la bière, c'est au houblon que cette boisson doit sa saveur et son arome.

Augustin. — Sont-ce les feuilles, ou les fruits, que les brasseurs emploient?

M. de Morsy. — Ce sont les fruits. Ces espèces de petits cônes, composés, comme vous le voyez, de lamelles ayant beaucoup de ressemblance avec de minces écailles, contiennent une poussière jaune, résineuse, et fortement aromatique. Les brasseurs ne se donnent pas la peine de recueillir cette poussière, qui seule cependant possède un principe actif; ils trouvent plus expéditif d'opérer sur les cônes. Des expériences récentes et les analyses de M. Payen prouvent cependant qu'on obtiendrait des bières beaucoup plus délicates en évitant l'infusion des cônes eux-mêmes.

Augustin. — Je ne trouve pas grande odeur aux cônes que j'ai cueillis : est-ce parce qu'ils ne sont pas mûrs? D'après ce que vous nous dites, Monsieur, il devrait s'en exhaler un parfum très-pénétrant.

M. de Morsy. — Ces fruits sont parfaitement mûrs; mais ils sont sauvages. Toujours le même fait que je vous ai déjà si souvent signalé : le pied qui les a produits, grâce à des circonstances exceptionnelles, s'est vigoureusement développé; mais comme les soins de l'homme lui ont manqué, ses fruits sont restés sans vertu et sans valeur. C'est déjà beaucoup qu'ils ne répandent pas une odeur nauséabonde, et nous ne devons l'attribuer qu'à la fécondité naturelle du petit coin de terre que cette plante a rencontré, car les cônes du houblon sauvage sentent très-souvent mauvais.

Charles. — Mais puisque le boublon pousse ici dans les haies, ce qui prouve que le terrain et le climat lui conviennent, pourquoi ne le cultive-t-on pas? Je n'ai pas vu dans les environs de champs de houblon, ni entendu dire qu'il s'y en trouvât.

M. de Morsy. — Votre étonnement redoublerait encore si je vous apprenais que la culture du houblon est une des plus lucratives, et que la France ne produit pas à beaucoup près le houblon nécessaire à sa consommation. Tous les ans, en effet, nos brasseurs en tirent pour près de deux millions de l'étranger, et cette somme serait insuffisante si au houblon on ne substituait pas, dans certaines brasseries, du buis, du trèfle d'eau, et d'autres ingrédients souvent nuisibles à la santé.

Charles. — La culture du houblon offre donc de graves difficultés?

Augustin. — Cela n'est pas probable; une plante qui croît au bord des chemins, au milieu des ronces, ne me semble devoir être ni très-exigeante ni très-délicate.

M. de Morsy. — Il en est du houblon comme de beaucoup d'autres plantes; elles se multiplient, poussent tant bien que mal, pour éveiller l'attention de l'homme, pour solliciter son intervention, mais ne sauraient, réduites à leurs propres forces, lui offrir des fruits réellement utilisables. La culture seule peut les améliorer, les perfectionner, développer les qualités, les vertus dont elles possèdent le germe.

Or la culture du houblon est dispendieuse; ses produits se font attendre deux ans, et pour en tirer bon parti il ne faut pas être pressé de les vendre. Comprenez-vous maintenant pourquoi, dans les contrées où les paysans sont pauvres, on ne voit point de houblonnières? J'estime qu'en moyenne il s'agit d'une avance d'environ douze à treize cents francs pour établir, soigner, récolter une houblonnière d'un hectare : les fermiers des trois quarts de la France sont-ils en position de supporter de pareils frais? Non, malheureusement non; et, quels que soient les bénéfices qu'ils pussent espérer de cette culture, ils ne doivent pas y songer.

Augustin. — Douze à treize cents francs! mais c'est énorme. En quoi consistent donc ces frais?

M. de Morsy. — D'abord il est indispensable d'obtenir un complet ameublissement du sol, soit par des labours répétés, soit, ce qui est mieux encore, par un défoncement à la bêche. A cette préparation préliminaire doit succéder une copieuse fumure. Puis vient l'époque de la plantation, le mois d'avril ou d'octobre. Alors il faut creuser environ trois mille trous par hectare, remplir ces trous (ils ont communément cinquante centimètres de profondeur sur soixante centimètres de diamètre) avec du terreau, ou, à défaut de terreau, avec la meilleure terre qu'on puisse se procurer, et y planter cinq drageons récemment éclatés d'une vieille souche de houblon. Voilà la houblonnière établie.

La première année, les jeunes pousses n'atteignant pas une grande hauteur, on les attache simplement à des échalas ordinaires; mais la seconde année les tiges du houblon exigent pour tuteurs des perches de six à sept mètres de hauteur. Or, comme il faut trois perches par trou, cela fait bien par hectare près de dix mille perches, dont l'achat et le placement constituent une véritable dépense.

Charles. — Mais ces perches sont des baguettes?

M. de Morsy. — Pas du tout. Ce sont des perches grosses comme le bas de votre jambe, qu'on enfonce solidement en terre, afin qu'elles puissent résister à l'effort des vents. Sans cette précaution elles seraient immanquablement brisées ou renversées, lorsque, chargées des tiges du houblon, elles offrent beaucoup de prise aux ouragans.

Dans les houblonnières très-exposées aux coups de vents, quelques cultivateurs, par surcroît de prudence, lient les perches les unes aux autres au moyen d'un fil de fer fixé à leur pointe; elles s'étaient ainsi mutuellement et deviennent inébranlables.

Maintenant ajoutez aux grosses dépenses, dont je viens de vous donner un aperçu, les binages, l'énorme main-d'œuvre qu'entraîne le palissage des tiges, palissage qui ne finit jamais, par la raison que les tiges s'allongent continuellement; enfin les frais de la récolte, qui s'opère en coupant le houblon et en plaçant sur des chevalets les perches avec les tiges dont elles sont chargées, et vous comprendrez que la culture du houblon n'est praticable que pour le fermier riche ou tout au moins aisé.

Augustin. — Le produit d'une houblonnière doit être énorme, pour laisser encore des bénéfices après une pareille mise de fonds?

M. de Morsy. — On estime qu'en moyenne, bon an mal an, un hectare rapporte douze cents kilogrammes de houblon, valant un franc soixante-quinze centimes le kilogramme, soit deux mille cent francs de produit brut; en défalquant de cette somme treize cents francs de frais, vous voyez que la part de l'agriculteur est encore assez belle.

Augustin. — Pourquoi nous avez-vous dit, Monsieur, que, pour tirer tout le parti possible de son houblon, un fermier ne devait pas être pressé de le vendre?

M. de Morsy. — Parce que le houblon bien emballé se conserve plusieurs années, et que sa valeur vénale éprouve, d'une année, et même d'une saison à l'autre, de très-grandes variations; il n'est pas rare de voir le prix monter de un franc cinquante centimes à quatre francs. Il est donc très-avantageux pour le fermier de pouvoir attendre une occasion favorable pour vendre une denrée peu encombrante et de bonne garde.

Charles. — Peu encombrante? Cependant les cônes que voici sont bien légers, et il en faut un grand nombre pour peser un kilogramme.

M. de Morsy. — Cela est vrai; mais comme le houblon ne se conserve que très-fortement tassé dans des sacs au moyen d'une presse mécanique, ces sacs acquièrent un poids considérable relativement à leur volume. Les houblons laissés à l'air libre perdent rapidement leur arome et par conséquent leur valeur; pour le leur conserver, il faut soustraire les cônes à l'action de l'air, ce qu'on obtient en les réunissant en masses dures et compactes. En Angleterre, par surcroît de précaution, on enduit extérieurement les sacs d'une couche de goudron.

Du reste, en Angleterre, en Allemagne, dans tous les climats trop rudes pour la vigne, et où la bière remplace le vin, la culture du houblon a pris une grande extension, et les gouvernements s'efforcent de l'encourager, soit par des primes, soit en exemptant de tout impôt foncier, pendant un certain nombre d'années, les champs transformés pour la première fois en houblonnières.

Augustin. — On ne cultive donc guère le houblon dans le centre et dans le midi de la France?

M. de Morsy. — Non, et c'est un malheur; car l'usage de la bière y devient de plus en plus général, circonstance doublement fâcheuse pour notre agriculture, puisqu'elle diminue la consommation de nos vins et nous force à aller chercher à l'étranger un des principaux ingrédients de la boisson à la mode ; la culture du houblon pourrait nous dédommager un peu de ce que nous perdons d'un autre côté par les envahissements de la bière. Les seuls départements où l'on rencontre des houblonnières sont le Nord, les Vosges, le Bas-Rhin et le Doubs.

Charles. — Les feuilles et la tige du houblon restent donc sans emploi ?

M. de Morsy. — En Allemagne on mange les jeunes pousses du houblon en guise d'asperges ; les feuilles sèches se donnent aux vaches, et l'on brûle les tiges.

Charles. — J'ai oublié de vous demander, Monsieur, si, après une première récolte, on arrachait les pieds du houblon, ou bien si l'année suivante de nouveaux rejetons repartaient des vieux pieds.

M. de Morsy. — Le houblon est une plante à racines vivaces, dont les gelées détruisent tous les ans les tiges ; mais au printemps il en repousse de nouvelles. Une houblonnière convenablement entretenue, et surtout abondamment fumée, peut durer plus de dix ans sans que ses produits baissent d'une manière sensible.

Quand les perches à ramer le houblon ont été charbonnées par le bout qui se fiche en terre, quand le cultivateur les met à l'abri pendant l'hiver, elles servent un égal nombre d'années, surtout si l'on emploie du bois de châtaignier.

En Angleterre, la culture du houblon n'est pas

libre; les fermiers sont obligés de déclarer tous les ans, avant le 1ᵉʳ août, le nombre et l'étendue de leurs houblonnières. Des employés du fisc viennent vérifier la sincérité des déclarations, et après la récolte pèsent et estampillent les sacs de cônes, prélevant un droit de vingt centimes sur chaque livre[1] de houblon mise en vente. Nous n'avons en France que la culture du tabac qui se trouve à peu près dans le même cas.

Charles. — Comment se fait-il, Monsieur, que le tabac, qui croît sous la zone torride, puisse aussi végéter en France! En serre, je le comprendrais encore; mais en plein champ.

M. de Morsy. — Généralement, mon ami, toutes les plantes qui parcourent en peu de mois les diverses phases de leur existence sont d'une acclimatation facile, et essentiellement cosmopolites. La raison en est simple : ce n'est pas par l'été que les zones tempérées diffèrent le plus des contrées tropicales, mais par l'hiver et son âpre cortége de glaces et de frimas. Il s'ensuit que les plantes des régions équatoriales dont la vie dépasse le nombre de beaux jours dont jouit ordinairement un pays, ne sauraient y être cultivées en pleine terre, tandis qu'au contraire celles qui, à la rigueur, peuvent achever leur carrière entre les mois d'avril et de septembre, réussissent pour la plupart dans le centre et même dans quelques parties du nord de l'Europe.

Le haricot, le maïs, la pomme de terre, le melon

---

[1] La livre anglaise est moins forte que notre demi-kilogramme; il faut, pour parfaire cinquante kilogrammes, cent douze livres anglaises.

sont dans ce cas ; mais aussi, pour nous servir du langage figuré de nos jardiniers, ces plantes gèlent de peur, c'est-à-dire que les plus légères gelées les désorganisent complétement.

Augustin. — Mais alors toutes les plantes de l'Europe doivent parfaitement venir dans les pays chauds?

M. de Morsy. — D'abord, qu'entendez-vous par pays chauds? Je suppose que vous voulez parler des régions situées sous l'équateur, ou à peu près?

Augustin. — Sans doute : la Guadeloupe, le Mexique, l'Abyssinie, les bords du Gange.

M. de Morsy. — Bon, bon. Eh bien! vous êtes dans l'erreur. Toujours, en parlant d'une manière générale, il est plus difficile, plus souvent impossible de transporter une plante de grande culture des climats tempérés dans des climats beaucoup plus chauds, que d'obtenir le résultat inverse.

L'excessive chaleur dessèche et tue nos végétaux, tandis que ceux des tropiques se contentent de nos étés, et ne redoutent que nos hivers.

Revenons au tabac, dont il faut bien vous dire un mot, puisque c'est une plante de grande culture.

Le tabac, malgré son origine américaine, prospère sous des latitudes assez froides, et se cultive en grand dans le Wurtemberg et même dans le royaume de Hanovre. C'est une plante de la famille des solanées, dont vous connaissez les différents usages. Aujourd'hui on peut hardiment avancer qu'aucun végétal ne jouit d'une pareille popularité; l'homme civilisé et le sauvage l'emploient également, et il est bien peu de contrées du globe où le fumeur ne trouve pas à renouveler ses provisions.

Les ennemis les plus implacables qu'ait rencontrés le tabac, sans parler des moralistes et des médecins, furent le roi d'Angleterre Jacques Ier et le sultan Amurat IV. Ce dernier condamna plusieurs fumeurs à la peine capitale, et quelques priseurs à avoir le nez coupé.

Il y a trois principales espèces de tabac :

1° Le tabac à larges feuilles : c'est celle dont nous nous occuperons spécialement; car elle est exclusivement cultivée en France, en Belgique et dans la majeure partie de l'Allemagne ;

2° Le tabac à feuilles étroites : c'est l'espèce qu'ont adoptée les planteurs américains; elle a donné naissance à une foule de variétés : Virginie, Maryland, Varinas, etc.;

3° Le tabac crispé ou crépu : c'est le plus doux, le plus parfumé de la famille; on le rencontre presque exclusivement en Hongrie, en Grèce, en Italie, dans l'Asie Mineure, et notamment à Lataquié (l'ancienne Laodicée), d'où vient le meilleur tabac connu.

La culture du tabac n'est permise en France que dans sept départements : l'Ile-et-Vilaine, le Lot, Lot-et-Garonne, le Nord, le Pas-de-Calais, le Bas-Rhin et la Haute-Savoie; encore dans ces départements les planteurs sont-ils soumis à demander des autorisations. Les commis de la régie viennent à différentes reprises non-seulement compter les pieds de tabac, mais supputer le nombre de feuillées laissées sur chaque pied. Quand le tabac est récolté, ce sont encore les commis de la régie qui l'estiment et l'achètent, sans qu'il soit permis au fermier de réserver une poignée de feuilles pour sa consommation personnelle.

Aucune plante, dans nos climats, n'exige aussi impérieusement que le tabac une terre profonde, légère, substantielle, et abondamment fumée avec des engrais chauds et actifs. On sème toujours en pépinière pour replanter ensuite à demeure; cette pépinière est ordinairement une plate-bande bien exposée au midi et abritée des vents froids. Un carré de deux mètres en tous sens peut fournir dix mille plants, quantité suffisante pour garnir un champ d'un hectare.

La transplantation s'exécute dans le courant de mai, par un temps sombre et pluvieux, qui rend la reprise presque certaine. On a soin d'espacer les pieds de tabac de manière à ce que leurs feuilles ne puissent se froisser lorsque le vent les agite, ni sécher difficilement après de grandes pluies.

Le tabac pousse avec tant de vigueur, que trente à trente-cinq jours après sa *mise à demeure* (sa transplantation), il atteint souvent de soixante-dix à quatre-vingts centimètres d'élévation. C'est le moment de l'*étêter,* afin que la plante, privée de sa cime, où se trouvent les rudiments de la fructification, emploie au profit des feuilles la sève destinée au développement des organes reproducteurs

Dans le même but, on retranche toutes les feuilles tachées, mal venantes, situées trop près de terre et par conséquent plus exposées à la pourriture, pour n'en conserver qu'une douzaine sur chaque pied. Ces feuilles prennent forcément un développement anormal, et atteignent jusqu'à quatre-vingts centimètres de longueur, sur une largeur de quarante centimètres.

Comme vous le voyez, la culture du tabac exige des soins dispendieux; car, outre les binages, les buttages et le pincement, le retranchement des faux bourgeons qui, par suite de l'étêtement de la plante, partent de tous côtés, est une opération sans cesse à recommencer. Aussi dit-on proverbialement dans le Nord qu'un champ de tabac et un jeune enfant suffisent pour remplir l'existence.

Aucune récolte n'est plus incertaine que celle du tabac, et le planteur, quelle que soit l'apparence de ses plantations, doit s'attendre à tout tant que son tabac n'est pas rentré et livré. Plus les feuilles sont larges, plus elles craignent les grands vents, les averses, et surtout la grêle. Un orage de vingt minutes peut, comme je l'ai vu, dévaster un champ de tabac et réduire à néant les espérances du propriétaire; car si la régie recherche et paie à un prix élevé les belles feuilles saines et entières, elle achète à vil prix ou refuse impitoyablement les feuilles brisées ou lacérées; et comme, en vertu des lois existantes, la régie fixe elle-même la valeur du tabac, le propriétaire ne peut tirer aucun parti du tabac refusé par l'administration.

Charles. — La régie achète donc le tabac tout vert?

M. de Morsy. — Non, mon ami. Dès que les feuilles sont mûres, on les coupe avec précaution, et on les étend dans le champ, où elles restent jusqu'au soir. Alors on les rentre sous de grands hangars, et l'on en forme des lits, des couches d'une épaisseur égale et d'un niveau parfait. Sur ces lits on ajuste des planches bien jointes, qu'on charge d'un poids considérable, en veillant toutefois à ce que la masse éprouve une pression uniforme. Les feuilles passent ainsi trois à quatre jours à se ressuyer doucement; puis on les réunit en paquets nommés *manoques,* et c'est sous cette forme qu'elles sont livrées à la régie[1].

AUGUSTIN. — Le tabac récolté en France est-il inférieur au tabac étranger, notamment à celui des pays chauds?

M. DE MORSY. — La nature du terrain influe d'une manière très-marquée sur la qualité du tabac. Les sols de consistance moyenne, profonds et frais, lui conviennent le mieux. Parmi nos tabacs français, ceux des départements du Lot, du Nord, de Lot-et-Garonne et d'Ille-et-Vilaine, servent à la fabrication de la poudre à priser : ce sont des tabacs forts et corsés. Ceux, au contraire, du Pas-de-Calais et du Bas-Rhin, plus légers, plus fins, plus aromatiques, sont réservés, le premier pour le tabac à fumer, le second pour les cigares. Le tabac de la Havane est le tabac par excellence pour les cigares; celui du Maryland, très-léger et très-odorant, fournit le tabac à fumer le moins fort que l'on connaisse.

Enfin nos tabacs de l'Algérie promettent de prendre rang parmi les plus estimés.

---

[1] Dans le Pas-de-Calais on réunit en manoques les feuilles de tabac dès qu'elles sont rapportées des champs, et l'on suspend ces manoques à des ficelles tendues sous des hangars, jusqu'à parfaite dessiccation.

Charles. — Mais puisque les planteurs empêchent le tabac de fructifier pour obtenir dé plus belles feuilles, comment se procurent-ils de la graine?

M. de Morsy. — En semant à part un certain nombre de pieds de tabac, qu'ils laissent croître sans les soumettre à aucune mutilation. Ces pieds s'élèvent à plus d'un mètre, et se couronnent de bouquets de fleurs purpurines, auxquelles succèdent des capsules ovoïdes qui contiennent un nombre prodigieux de graines d'une grande finesse. La fécondité du tabac est extrême, et sous ce rapport très-peu de plantes peuvent lui être comparées. »

CHAPITRE X

FORÊTS, LEUR UTILITÉ. — CROISSANCE DES ARBRES. —
LE CHÊNE, L'ORME, LE FRÊNE, LE CHARME, LE HÊTRE, L'ÉRABLE,
LE TILLEUL, LE CHATAIGNIER, LE PEUPLIER, LE BOULEAU,
LE SAPIN, LE PIN, LE MÉLÈZE. —
CULTURE ET AMÉNAGEMENT DES FORÊTS. — CHARBON DE BOIS.

Charles et Augustin prêtaient aux paroles de M. de Morsy une telle attention, qu'ils atteignirent sans s'en apercevoir une magnifique forêt. Aussi nos jeunes gens éprouvèrent-ils d'autant plus vivement cette impression profonde, indéfinissable, moitié admiration, moitié terreur, qui s'empare toujours de l'homme au moment où il s'enfonce sous les voûtes silencieuses des géants de la végétation. Du reste, tout semblait concourir pour frapper l'imagination la plus froide.

La partie de la forêt dans laquelle M. de Morsy s'était engagé se composait des plus grands arbres de nos climats parvenus à leur plein et majestueux développement. Quoique espacés de vingt-cinq à trente mètres, les branches qui couronnaient leurs robustes troncs se touchaient, se croisaient en tous sens; et une véritable île de verdure, soutenue sur des colonnes vivantes, s'étendait entre la terre et le ciel.

Le soleil, sur son déclin, baignait de flots de pourpre et d'or les sommets des chênes et des hêtres; mais ses rayons lumineux, qui, mille fois brisés, se frayaient péniblement un chemin argenté jusqu'au sol, y arrivaient pâles et décolorés, sans force et sans chaleur. Le vent, comme le soleil, ne faisait qu'effleurer la masse verdoyante; car, lorsqu'il s'abattait sur elle, après avoir rudement secoué les cimes orgueilleuses qui çà et là perçaient le dôme de feuillage, il perdait de sa puissance dans sa lutte contre chaque feuille froissée, et la rafale s'éteignait peu à peu en traversant sa prison mobile et frissonnante.

Plus la petite caravane s'avançait dans la forêt, plus le calme était profond, plus le jour devenait fauve, diffus, et ressemblait à celui qui règne dans les vieilles cathédrales, plus l'atmosphère s'imprégnait d'un parfum sauvage et pénétrant.

Par un mouvement instinctif, Léonie s'était rapprochée de M. de Morsy. Charles et son cousin gardaient le silence; mais l'expression sérieuse de leur physionomie, leur recueillement, leurs longs regards, attestaient combien ils se sentaient impressionnés par les pompes d'un des plus sublimes spectacles de la nature.

Tout à coup un merle effarouché part comme un trait à six pas d'eux en jetant sa modulation éclatante, qui se prolonge, s'enfle et rebondit sous les voûtes sonores. Brusquement tirés de leur méditation, nos jeunes gens tressaillent, s'arrêtent interdits, puis rient de leur frayeur.

M. DE MORSY. — Dites-moi, mes amis, y a-t-il un spectacle plus beau que celui que nous avons là sous les yeux? un spectacle plus capable d'agrandir les idées, d'élever l'âme vers Dieu? Que sont les ouvrages des hommes à côté des œuvres du Tout-Puissant?

Il faut que la majesté des forêts soit bien éloquente, qu'elles portent une empreinte bien frappante de la Divinité, pour avoir été comprises par les peuples rudes et grossiers de l'ancienne Gaule.

Vous le savez, ils ne pénétraient dans les parties les plus reculées de leurs forêts que sous l'empire d'une terreur religieuse, et considéraient certains carrefours comme des sanctuaires habités par Teutatès.

La mythologie grecque avait aussi ses bois sacrés, où l'on ne pouvait, sans commettre un sacrilége, couper une branche pour un usage profane.

Mais la sévère magnificence des forêts, leur beauté saisissante et solennelle, ne sont que l'emblème de leur utilité. Dieu ne les a pas seulement créées pour embellir le globe, leur mission providentielle est d'entretenir la pureté de l'atmosphère, de la rafraîchir, d'équilibrer la température, de rompre la violence des vents, et de prévenir à la fois les pluies torrentielles qui font déborder les fleuves et les longues sécheresses qui brûlent les campagnes.

Tous les végétaux exercent la plus salutaire des

influences sur l'air nécessaire à la respiration des êtres animés, parce que chaque feuille, baignant dans l'atmosphère, l'absorbe continuellement par des milliers de pores, la décompose, s'empare de ses parties non respirables, et en dégage au contraire l'oxygène. Or sans oxygène l'homme ne peut vivre; car c'est par l'oxygène que notre sang se forme, circule, se colore, que les phénomènes de la digestion s'opèrent.

Les forêts, celles surtout qui sont situées sur les sommets et les flancs des montagnes, modèrent l'impétuosité des vents, les *cardent,* selon l'heureuse expression d'un grand observateur de la nature; et si l'ouragan qui s'est abattu sur la cime boisée tord ou brise les arbres de la lisière, il épuise bientôt ses forces en s'engouffrant dans ce mobile rempart; il n'est plus qu'une brise légère quand il arrive dans la plaine.

Enfin les forêts attirent et retiennent les nuages, hâtent leur condensation, et les empêchent par conséquent de s'accumuler outre mesure. Grâce à cette admirable propriété, une contrée dont les collines les plus élevées et une partie des plateaux n'auraient pas été follement déboisés, au lieu de subir périodiquement, comme nous subissons aujourd'hui en France, le double fléau des averses diluviennes ou des sécheresses désastreuses, ne connaîtrait que ces pluies régulières et bienfaisantes qui rafraîchissent l'atmosphère, raniment la végétation, et alimentent les sources, les ruisseaux et les fleuves.

Je comparerai volontiers les peuples égoïstes et peu soucieux du sort de leurs descendants, qui détruisent les harmonies du globe et portent le fer et le feu dans les forêts que leur situation aurait dû faire respecter, au sauvage abattant un figuier pour cueillir ses fruits plus à son aise. Il y a même égoïsme, même imprévoyance. Il suffit, pour s'en convaincre, de jeter les yeux sur les pays jadis renommés par leur fertilité, tels que la Grèce et l'Algérie. En perdant leurs forêts, ils ont perdu leurs moissons, leurs pâturages ; leurs rivières et leurs ruisseaux, tant chantés par les poëtes, tour à tour torrents dévastateurs ou maigres filets d'eau, traversent inutiles une terre désolée.

Augustin. — Vous nous avez dit, Monsieur, que les feuilles des arbres purifient l'air en le dégageant de l'oxygène. Comment se fait-il alors qu'il soit malsain et dangereux de coucher dans une chambre où il se trouve des fleurs et des arbustes?

M. de Morsy. — Parce que les parties vertes des plantes, qui pendant le jour décomposent l'acide carbonique, exhalent l'oxygène et retiennent le carbone, font absolument le contraire pendant la nuit. Quant aux fleurs, exposées à la lumière ou plongées dans l'obscurité, elles absorbent toujours l'oxygène.

Charles. — Pusque l'influence salutaire des forêts est démontrée par l'histoire et généralement reconnue par la science, pourquoi ne se hâte-t-on pas de reboiser partout où c'est nécessaire?

M. de Morsy. — Dans le siècle où nous vivons, mon ami, peuples et gouvernement sont tellement occupés du présent, qu'ils n'ont guère le temps de songer à l'avenir. Chacun, dans la sphère de son activité, cherche des avantages immédiats, et vit au jour le jour. Le reboisement est un travail long, dispendieux, ingrat surtout sur les pentes escarpées, qui, ravinées par les pluies depuis des siècles, ont perdu la majeure partie de leur terre végétale. En un an on abat une forêt, et il faut cent ans et plus pour la remplacer ; la génération qui tentera de réparer la faute de ses devanciers se dévouera nécessairement à l'accomplissement d'une œuvre dont elle ne jouira point. Or c'est beaucoup demander à la génération présente que d'exiger d'elle un tel sacrifice.

L'Europe entière devra cependant bientôt se résoudre à doubler ses richesses forestières. Sans parler des autres industries qui consomment une masse énorme de bois, sans parler des constructions navales et architecturales, les chemins de fer seuls sont capables, avant un siècle, de demander à l'Europe son dernier chêne. Jugez-en vous-mêmes : un *rail-way* exige pour son établissement, de deux mètres en deux mètres, une traverse de chêne longue d'un mètre quatre-vingts centimètres, et prise dans le tronc d'un arbre qui ne peut avoir moins de soixante ans ; de plus ces traverses durent en moyenne de cinq à sept ans. Une ligne de fer de cent kilomètres nécessite donc tous les six ans cinquante mille traverses. Calculez maintenant l'effrayante consommation que fera du meilleur de nos bois ce vaste réseau de chemins de fer dont tous les peuples civilisés s'épuisent à multiplier les mailles! L'imagination recule devant la destruction sur une si grande échelle d'arbres qui ont vu tomber à leurs pieds la poussière d'une génération d'hommes.

Augustin. — L'accroissement des chênes est donc bien lent?

M. de Morsy. — Dans un bon terrain, et sous une exposition favorable, un chêne de huit ans n'a guère que deux mètres de hauteur sur huit centimètres de circonférence. A vingt ans son tronc présente une circonférence de quarante-cinq centimètres, et il a doublé de hauteur. A cinquante ans sa circonférence dépasse rarement un mètre quarante centimètres, et huit à neuf mètres au plus séparent l'extrémité de sa tige du commencement des racines.

Les cinquante premières années d'un chêne sont l'époque où sa croissance est le moins lente. A partir de cet âge, son développement se ralentit encore; à cent cinquante ans, sa circonférence ne dépasse presque jamais trois mètres trente centimètres, et son élévation treize à quatorze mètres.

Puisque j'ai commencé à vous parler du chêne, j'achèverai de vous donner quelques détails sur cet arbre si précieux à tant de titres.

La famille des chênes, extraordinairement nombreuse, végète, à peu d'exceptions près, sous tous les climats tempérés des deux hémisphères. Sa patrie est entre le 35ᵉ et le 59ᵉ degré de latitude.

La France possède comme arbres forestiers huit espèces de chênes, cinq à feuilles caduques, et trois à feuilles persistantes.

Les cinq espèces à feuilles caduques sont :

Le chêne pédonculé. — C'est le plus bel arbre de

la France; son tronc est droit, cylindrique; ses branches régulièrement disposées, sa tête large et arrondie. Il est reconnaissable à ses glands suspendus à de longs pédoncules, à ses feuilles lisses et profondément découpées. Le bois du chêne pédonculé

Le Chêne pédonculé.

est celui que préfèrent les charpentiers, les menuisiers, et surtout les constructeurs de navires. Aucun bois ne peut lui être comparé pour le chauffage, et le charbon qu'on en retire est le meilleur que l'on connaisse.

Chêne rouvre. — Il s'élève rarement aussi haut que le précédent; son tronc est moins droit, son écorce plus raboteuse. Son bois noueux, sujet à s'éclater sous l'outil, est plus dur et plus élastique que celui du chêne pédonculé. Ses glands, réunis en bouquet et soudés à leur base sur la branche qui les soutient, vous le feront distinguer facilement.

Chêne pyramidal. — Ce chêne rappelle le port du peuplier d'Italie. Ses branches, au lieu de s'étendre horizontalement, forment avec le tronc un angle très-aigu.

Chêne chevelu. — Très-commun en Bretagne, où il acquiert des dimensions colossales; caractérisé par ses feuilles allongées, velues en dessous, et par ses glands renfermés dans une capsule revêtue d'écailles pointues; recherché pour les constructions navales, quoique moins résistant que les chênes rouvres et pédonculés.

Chêne tauzin. — Précieux, parce qu'il croît dans les sols les plus ingrats. Feuilles très-divisées, garnies en dessous de longs poils, et très-rudes en dessus. Son bois, difficile à travailler, est généralement destiné au chauffage et aux pilotis.

Tous ces chênes perdent leurs feuilles en hiver. Les suivants sont toujours verts.

Chêne yeuse. — Arbre atteignant rarement plus de sept à huit mètres de hauteur, tortueux, très-branchu. Son bois, d'une dureté extrême et d'un grain fin, est très-propre à faire des poulies, des leviers, des manches d'outils.

L'yeuse est sensible au froid, et ne prospère que dans nos départements méridionaux. Très-reconnaissable à ses feuilles roides, épaisses, piquantes, il se plaît de préférence dans les terrains sablonneux et secs, et croît avec une lenteur désespérante.

Le chêne liége. — Très-répandu dans les environs

de Bordeaux et de Bayonne, ce chêne est celui dont l'écorce spongieuse, épaisse, sillonnée de larges déchirures, constitue le liége. Tous les sept à huit ans on enlève cette écorce depuis le sol jusqu'à la naissance des branches. Il va sans dire qu'une pareille mutilation compromet singulièrement la santé de

Le Chêne liége.

l'arbre et abrége son existence. Cependant on cite des chênes qui depuis cent cinquante ans ont été régulièrement soumis à ce traitement, et résistent encore. Aucun chêne n'offre un bois aussi dur et aussi pesant.

Outre ces huit espèces de chênes, on rencontre, soit accidentellement dans quelques-unes de nos forêts, soit dans les parcs et les grands jardins paysagers, environ cinquante variétés, originaires pour la plupart de l'Amérique septentrionale, telles que le chêne blanc et le chêne à gros fruit, qui atteignent jusqu'à trente-cinq mètres d'élévation. Le premier surtout croît avec rapidité, et son bois est supérieur par son élasticité, son liant, et la facilité avec laquelle il se travaille, au bois de tous nos chênes. Ces deux arbres mériteraient d'être multipliés en France. Le chêne étoilé et le chêne châtaignier s'accommoderaient aussi de notre climat; leurs glands sont bons à manger comme ceux du chêne bicolore et du chêne prin, remarquables par les qualités de leur bois.

L'écorce de tous les chênes renferme une matière astringente connue sous le nom de tannin. Le tannin a la propriété de se combiner avec la gélatine et l'albumine contenues dans les matières animales, et de les rendre imputrescibles. Tous les cuirs fabriqués doivent au tannin leur solidité et leur durée.

Pour se procurer du tannin, on écorce des chênes dans le courant du mois de mai, lorsqu'ils sont en pleine végétation. On procède tantôt à cette opération lorsque l'arbre est encore sur pied, tantôt immédiatement après son abattage. On laisse sécher cette écorce, et on la moud grossièrement; elle prend alors le nom de tan. Les tanneurs l'emploient dans cet état, et après l'avoir pendant plusieurs mois laissée en contact avec des peaux fraîches qui absorbent son tannin, ils convertissent le tan épuisé en mottes, ou bien vendent cette poussière inerte aux jardiniers; ceux-ci s'en servent soit pour diviser et adoucir les terres trop compactes, soit pour y enterrer les pots contenant des plantes de serre chaude.

L'industrie du charpentier, du menuisier, du

constructeur de navires, du tanneur, du charbonnier, est donc au plus haut degré tributaire de l'arbre dont je viens de vous esquisser les merveilleuses qualités.

L'orme, généralement adopté en France pour border les grandes routes, s'élève parfois à trente mètres. Son bois, marbré de jaune et de brun, est presque exclusivement employé par les charrons. Presque tous les moyeux de roues de voiture sont faits avec la variété dite *orme tortillard*. Les feuilles de l'orme sont petites, ovales, pointues, dentées, à nervures saillantes et rudes au toucher.

Le Frêne.

Le frêne est un des plus beaux arbres de nos forêts. Il s'élève aussi haut que le chêne; mais son aspect est moins sévère. Cela tient sans doute autant à son port qu'à la forme gracieuse de ses feuilles et à la couleur tendre de son bois.

Il est très-fâcheux que le frêne soit sujet à être attaqué par les mouches cantharides. L'odeur infecte et malfaisante qu'exhalent ces insectes fait proscrire le frêne des jardins paysagers.

La croissance de cet arbre est assez rapide quand il végète dans un sol sablonneux et frais. Il acquiert alors des dimensions colossales. Il y a dans le parc de Saint-Cloud des individus qui ont près de trente-cinq mètres de hauteur.

Le bois de frêne, très-blanc, est d'une élasticité et d'une légèreté remarquables. Si la facilité avec laquelle les vers s'y mettent le fait rejeter par les charpentiers, on en fait de longues échelles, des manches d'outils, des timons et des brancards, et en général toutes les pièces qui exigent de la légèreté, de la souplesse et du ressort.

Le charme. — Aucun arbre forestier ne se prête aussi facilement à la taille; il n'est point de forme que ne puisse lui donner un jardinier habile. Aujourd'hui que la mode ridicule de métamorphoser les végétaux en vases, en pyramides, etc. etc., est passée, on ne se sert plus des charmes que pour obtenir des charmilles et des tonnelles impénétrables au soleil.

Aucun bois ne donne une flamme aussi claire, aussi vive que le charme; mais comme il croît très-lentement, produit peu et nuit aux arbres voisins, il n'est pas estimé, et l'on ne cherche pas à le multiplier dans les forêts.

LE HÊTRE.

Le hêtre. — Admirez, mes amis, celui qui se dresse là devant nous, continua M. de Morsy en s'arrêtant. Voyez ce tronc lisse qu'aucun nœud ne déforme. Il s'élance droit comme une colonne à plus de vingt-cinq mètres du sol, et porte sans fléchir sa verte couronne capable d'abriter tout un troupeau. Cependant les racines du hêtre, au lieu de plonger comme celles du chêne à une grande profondeur, courent horizontalement sous le sol à moins d'un mètre de sa superficie, mais en revanche elles envahissent un espace immense. Or, si vous vous rappelez ce que je vous ai dit ce matin, vous comprendrez que le hêtre et l'orme trouvant leur nourriture à des profondeurs très-inégales, ces arbres ne se disputent pas le terrain, et vivent en bonne intelligence.

Le Hêtre.

Le bois du hêtre est d'un médiocre usage pour la charpente. Sa force de résistance est peu considérable ; il casse au lieu de plier, mais il se conserve longtemps sous l'eau, et cette propriété le fait rechercher pour certains emplois. Il sert le plus généralement à fabriquer des pelles, des sabots, des meubles, des caisses, etc. Le fruit de cet arbre a reçu le nom de faîne. Les faînes sont très-goûtées des porcs, des dindons et de toutes les bêtes fauves. On en retire aussi une huile commune qui, pour la lampe et les préparations culinaires, supplée à l'huile d'olive. Sa conservation est facile, car elle rancit très-difficilement.

Érables. — La famille des érables est nombreuse. Les variétés que l'on rencontre le plus fréquemment dans nos forêts de plaine sont l'érable champêtre et l'érable plane. Ce dernier est remarquable à ses

L'Érable plane.

feuilles vertes sur les deux faces et festonnées de dents aiguës. Il s'élève plus haut que l'érable champêtre, dont l'écorce est toujours très-crevassée.

Le bois d'érable, malgré sa légèreté, est dur,

serré, homogène, n'éclate presque jamais, se coupe avec netteté, et prend le plus brillant poli. Les sculpteurs, les luthiers, les tabletiers, les tourneurs, les ébénistes l'emploient journellement, et ne pourraient le remplacer par aucun autre bois indigène.

Augustin. — Il me semble, Monsieur, avoir lu dans une relation de voyage qu'aux États-Unis on faisait du sucre avec la séve de l'érable.

M. de Morsy. — Il existe, en effet, dans quelques parties de l'Amérique du Nord de vastes forêts entièrement formées d'une espèce d'érable désignée sous le nom d'érable à sucre. Au moyen d'incisions pratiquées au tronc de l'arbre lorsqu'il est en pleine séve, les habitants font écouler celle-ci dans des vases convenablement placés. On retire de la séve de cet érable environ sept à huit pour cent d'un sucre identique à celui de la canne.

En France il suffirait de faire la même opération à l'érable sycomore pour en retirer également du sucre. Un sycomore de trente à quarante ans pourrait donner annuellement environ quarante kilogrammes de séve contenant deux kilogrammes de sucre.

Le sycomore est un des plus beaux arbres de nos climats, et quoiqu'il préfère les lieux élevés, il vient parfaitement en plaine : aussi est-il très-employé comme arbre d'ornement. C'est, du reste, le géant de la famille.

Le tilleul. — Le tilleul est l'arbre des promenades. Ses larges feuilles, d'un beau vert, produisent un ombrage agréable, et ses millions de petites fleurs, qui paraissent en juin, répandent une odeur douce et délicate.

Ceci s'applique à la variété dite de Hollande, dont le bois est le plus estimé des bois blancs.

Le châtaignier. — Possédez-vous des terres rebelles à la culture, maigres, stériles, semées de roches, plantez-y des châtaigniers. Pour peu que vous les aidiez dans leur enfance, ils triompheront de la nature ingrate du sol; car ce sont des arbres rustiques, vivant de peu, et habiles à se tirer d'affaire. Pour trouver une poignée de terre, leurs racines se glisseront entre les rochers, s'insinueront dans les moindres fentes, et les agrandiront de vive force au besoin. J'ai vu des châtaigniers hauts et vigoureux, couverts de feuilles et de fruits, dans des cantons où leur croissance était inexplicable.

Le bois du châtaignier est celui qui se rapproche le plus du bois de chêne. Dans les pays vignobles, où il est ordinairement commun, on s'en sert pour faire des cercles et des échalas. Ces cercles et ces échalas sont les meilleurs de tous. Dans les vieux châteaux on rencontre fréquemment des charpentes en châtaignier ayant cinq à six siècles d'existence, dont certaines poutres de vingt mètres sont aussi saines que le jour où elles ont été posées.

Le peuplier. — Les variétés de cet arbre les plus communes en France sont : le blanc de Hollande, le peuplier d'Italie, qui, serrant ses branches contre sa tige, file sans s'étendre à une hauteur prodigieuse; le peuplier de Virginie, le peuplier noir, qui ne se trouve bien qu'au bord des mares et des étangs;

enfin le peuplier-tremble, agitant sans cesse ses feuilles argentées.

Le peuplier blanc, dont la feuille presque noirâtre en dessus et très-cotonneuse en dessous rappelle la feuille de vigne, s'élève extrêmement haut et forme une belle tête arrondie; ses jeunes branches, d'un vert sombre, blanchissent en vieillissant. Comme il drageonne beaucoup, il nuit considérablement aux plantes cultivées autour de lui. De tous les peupliers, c'est celui qui fournit des poutres et des madriers de la plus grande dimension. On est peu d'accord sur les qualités de son bois : dans certains pays on en fait peu de cas; dans d'autres, au contraire, on le recherche, et même on le préfère à celui des autres espèces de la famille. La différence du climat et du sol peut expliquer cette contradiction.

Le peuplier blanc s'accommode assez bien des terrains secs; le peuplier d'Italie est dans le même cas. Le bois de ce dernier est d'une légèreté extrême; aussi les layetiers s'en servent-ils presque exclusivement, surtout à Paris, pour confectionner les boîtes à chapeaux, les caisses de modes, etc.

Le peuplier de Virginie est facile à reconnaître par ses feuilles à pétioles rouges, et par son écorce d'un gris foncé et mouchetée de points blancs. C'est un arbre magnifique, d'une croissance prompte; son bois est susceptible d'un beau poli.

Le peuplier noir se distingue par ses feuilles en losange et pointues. Au printemps ses bourgeons gros et visqueux exsudent une gomme résineuse d'une odeur très-prononcée. Le bois d'aucune autre espèce de peuplier ne peut être comparé pour la solidité et la fermeté à celui du peuplier noir. Dans les campagnes on en fait des solives, des portes, des armoires, des meubles, des sabots, etc., d'un très-bon usage.

Le peuplier-tremble ou faux tremble se rencontre fréquemment dans les parties les plus basses et les plus humides des forêts; on l'y laisse, faute de pouvoir le remplacer par de grands végétaux plus utiles. Ses feuilles sont presque rondes, très-unies, frangées d'une espèce de bourrelet mince et légèrement gluant, enfin portées sur des pédoncules très-souples et très-déliés.

Tous les peupliers sont généralement adoptés pour border les fossés, les rivières, les pièces d'eau, les prairies, pour tirer parti des bas-fonds et des îlots fréquemment inondés. Malgré la mollesse et le peu de durée de leur bois, la consommation en est si grande et prend tous les ans une telle extension, que la culture de ces arbres, dont la croissance est des plus rapides, tend à devenir de plus en plus lucrative.

Le bouleau. — Pour le voyageur s'avançant vers le pôle, le bouleau est le dernier arbre qui lui rappelle sa patrie; on le rencontre encore par le 71e degré de latitude. C'est vous dire assez que sa vigueur est extrême. Il brave en effet trente degrés de froid et les chaleurs de l'Espagne.

Il est facile à reconnaître à son écore argentée, à son feuillage si léger, si clair, qu'il ne rompt qu'imparfaitement les rayons du soleil.

Le bois de bouleau n'a aucune qualité remarquable. On en fait les cercles des grands cuviers, et si les boulangers de Paris le préfèrent pour chauffer

Le Bouleau.

leurs fours, c'est à cause de son bas prix. Le charbon de bouleau est léger, et jette une chaleur vive, mais de courte durée.

Sapins. — En France, on ne cultive en grand que deux espèces de sapins, l'épicéa et le sapin de Normandie Vous les distinguerez sûrement en vous rappelant que le cône de l'épicéa est *pendant*, tandis que celui du sapin de Normandie est placé verticalement sur les rameaux.

Le premier produit la poix ordinaire, et le second la résine dite de Strasbourg. Cette résine se forme naturellement sous l'écorce, et l'on n'a qu'à la recueillir. C'est au contraire au moyen d'incisions que l'on obtient la poix.

Les sapins, comme vous le savez, ne perdent

jamais leurs feuilles; leur bois est de plus en plus recherché; son élasticité est très-grande, et cette propriété l'a fait spécialement adopter pour la mâture des navires.

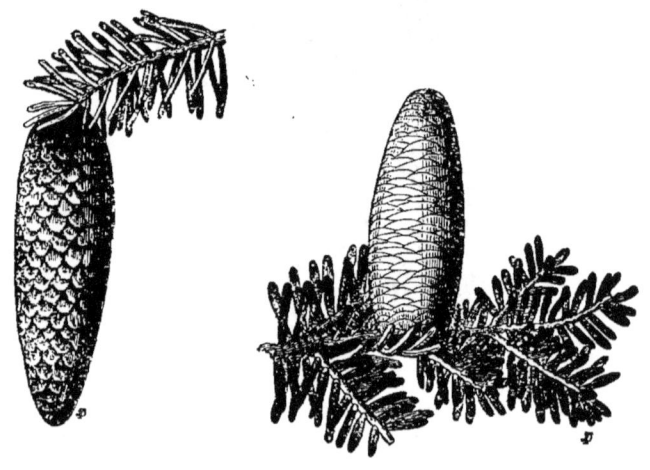

Sapin épicéa.   Sapin commun.

Les pins. — Les pins composent une nombreuse famille, répandue sur toutes les montagnes du globe; car le pin dédaigne la plaine et ne se plaît que dans la région des tempêtes. Il couvre de son feuillage mélancolique les flancs escarpés des Alpes et des Pyrénées, et ne s'arrête qu'à l'infranchissable limite des neiges éternelles.

Le bois du pin a beaucoup d'analogie avec celui du sapin, et sert aux mêmes usages. Le brai sec et gras, le galipot, la térébenthine, le noir de fumée employé dans les arts proviennent des matières résineuses extraites par incision de cet arbre doublement précieux, et par lui-même, et parce qu'il croît où nulle autre culture n'est possible.

Je terminerai là cette longue nomenclature des arbres composant la meilleure partie des richesses forestières de la France; quelques mots maintenant sur les soins qu'exigent les forêts et comment on doit les exploiter.

Augustin. — Monsieur, il est un arbre dont j'ai souvent entendu vanter la beauté et l'utilité, et que cependant vous n'avez point cité : je veux parler du mélèze.

M. de Morsy. — Je ne vous ai rien dit du mélèze et d'une foule d'autres arbres, parce que j'avais l'intention de passer seulement en revue les arbres qui, comme je viens de vous le dire, *constituent la meilleure partie des richesses forestières de la France.* Or, malheureusement, très-malheureusement, le mélèze n'est pas de ce nombre. A l'exception de deux ou trois plantations exécutées en grand il y a une soixantaine d'années, on ne trouve guère que des pieds isolés de cet arbre dans les parcs et les grands jardins. Cependant le mélèze, originaire des Alpes, où il abonde, réussit parfaitement dans la plaine et se contente de tout terrain dont l'humidité n'est pas excessive. La rapidité de sa croissance et les précieuses qualités de son bois font regretter qu'on n'ait pas depuis longtemps songé à le multiplier dans nos forêts. Si le bois d'un arbre peut prétendre à cette indestructibilité dont on a bien à tort voulu gratifier le cèdre, c'est le bois de mélèze. Il a été trouvé dans la vallée de Chamouni, en Suisse, des poutres de mélèze qui, coupées il y a des siècles, ne présentaient aucune trace d'altération. Récemment, le savant Hartig a soumis à des expériences comparatives des poutrelles placées dans des conditions défavorables. Au bout de six ans les poutrelles en tilleul, en tremble, étaient consommées ; celles en orme, en frêne, en charme, hors de service ; celles en chêne gravement attaquées, et celles en mélèze intactes. Les plus beaux individus que nous possédons actuellement en France ont à peine deux mètres de circonférence sur trente mètres d'élévation, encore sont-ils assez rares. Pour se faire une idée des proportions que peut atteindre cet arbre sans rival en Europe, il faut franchir les premiers gradins des Alpes. Là, j'ai vu un mélèze qui formait une pyramide de verdure haute de cinquante mètres. Son tronc, de quinze mètres de circonférence à sa base, ancré dans le sol par des racines dont les circonvolutions étreignent d'énormes blocs granitiques, défie les ouragans et les avalanches. En vain chaque hiver surcharge de longues pendeloques de glace les branches et les rameaux du colosse ; il attend qu'un de ces coups de vents si fréquents dans les hautes régions vienne l'aider à se débarrasser de sa lourde parure où miroitent les feux du soleil ; alors il agite convulsivement sa tête altière, secoue avec un bruissement épouvantable les brillants stalactites, et jonche la terre de leurs débris. En vain la foudre a tracé sur sa tige de noirs et profonds sillons ; il brave encore depuis des siècles les éléments conjurés, et jusqu'à la cognée du bûcheron ; car l'abattre serait un travail aussi long qu'inutile, aucun charroi n'étant possible sur les pentes abruptes où ce mélèze habite. Il mourra donc de vieillesse, et longtemps encore après que sa séve aura cessé de couler, il dressera sa cime décharnée au milieu des solitudes que son ombrage n'animera plus. Mais, livré sans défense aux fureurs des vents, chaque rafale le mutilera en passant, jusqu'à ce que, ses racines pourries cessant de le soutenir, il aille combler dans sa chute un des précipices béants autour de lui.

Il existe à une trentaine de lieues de Paris, dans le département de l'Oise, un bois de mélèzes plantés de 1788 à 1790. Ces arbres sont pleins de vigueur et de santé, et si l'on a la patience d'attendre, ils seront un jour d'une valeur inestimable. Droits comme des cierges, ils offriront ces mâts élevés que notre marine est réduite à tirer à grands frais de la Norwége et de la Russie.

J'arrive à la culture des forêts.

Si pendant les premiers âges du monde l'homme trouva les forêts tellement multipliées autour de lui, que pour se faire place il dut les détruire par le fer et le feu ; si plus tard le peu de valeur des bois d'œuvre et de chauffage, résultant de leur abondance même, fit considérer les forêts comme des mines inépuisables dont on pouvait impunément gaspiller les richesses, bientôt les besoins des populations croissant à mesure que les arbres disparaissaient devant les envahissements des champs et des prairies, on comprit peu à peu la double nécessité et de ménager et de tirer le meilleur parti possible des forêts qui avaient survécu à une dévastation d'une funeste imprévoyance. Dès ce moment, non-seulement on ne défricha plus de forêts dans le seul but de les anéantir, *de se donner de l'air*, mais on commença à les soumettre à des coupes réglées, à veiller à leur repeuplement, à débiter le bois abattu d'une manière économique, enfin à favoriser la croissance ainsi que le prompt et complet développement des grands végétaux les plus utiles et les plus rares.

Augustin. — Je ne comprends pas bien ce que vous entendez, Monsieur, par débiter le bois abattu d'une manière économique.

M. de Morsy. — Quand le bois avait très-peu de valeur, celui qui voulait une planche jetait un arbre par terre, taillait sa planche en plein bois, et tout était dit. Aujourd'hui on n'agit plus ainsi, et l'art de tirer parti d'un arbre est insensiblement arrivé à un degré de perfection très-remarquable.

On vient, par exemple, de couper un chêne. On commence par examiner si la tige, l'empattement des grosses branches sur cette même tige ne pourrait pas fournir une ou plusieurs de ces pièces de bois si estimées, que leur courbure ou leurs angles naturels rendent propres à figurer dans la construction des vaisseaux, et que leur rareté rend excessivement chères. On recherche ensuite les poutres, les madriers dont le volume ou la forme conviennent aux constructions civiles, édifices, maisons, grands appareils mécaniques, etc. En un mot, depuis le tronc de l'arbre jusqu'aux plus faibles branches, on débite l'arbre entier de manière à ne pas employer une parcelle de bois pour un usage moins relevé que celui auquel elle peut prétendre. Par ce procédé on double la valeur d'un arbre, et l'on n'en perd pas un copeau.

Il y a une énorme différence dans le produit des forêts lorsqu'elles sont abandonnées à elles-mêmes, ou sagement aménagées.

Dans les forêts négligées, exploitées inconsidérément, les arbres inutiles se multiplient aux dépens des essences précieuses, les affament, contrarient leur développement, et, en interceptant la circulation de l'air et de la lumière, rendent les meilleurs bois mous et verreux. Les eaux pluviales s'accumulent dans les bas-fonds et y croupissent la moitié de l'année. A ces désastreux résultats de la négligence du propriétaire viennent souvent se joindre ceux de son ignorance ou de sa cupidité.

Par des coupes faites tantôt à contre-temps, tantôt sur un trop large espace à la fois, ou bien à des expositions qu'il est dangereux de dégarnir, ce même propriétaire, escomptant follement le revenu de sa forêt, la sème de clairières d'un repeuplement très-difficile, et livre accès aux vents destructeurs dans le centre même du domaine.

Toutes ces causes réunies précipitent la ruine de la forêt, car bientôt son possesseur, voyant ses rentes diminuer, et ne voulant ni ne pouvant se priver pendant vingt-cinq ans du revenu de sa propriété, se hâte de la défricher et de la livrer à la charrue.

Une forêt bien entretenue, sagement aménagée,

au lieu de dépérir, prend chaque année une nouvelle valeur.

Voici sommairement les principales règles qui forment la base de l'agriculture forestière.

Au moyen de fossés, de canaux, de simples rigoles, à la rigueur, offrir aux eaux pluviales un écoulement constant;

Prévenir ainsi leur accumulation, cause fréquente du dépérissement des forêts; diriger ces eaux de manière à ce qu'elles entretiennent une humidité fertilisante sur la plus grande étendue de la surface boisée;

Élaguer avec discernement les arbres qui, par leur port, leur vigueur, promettent d'offrir une tige droite et élevée;

Nettoyer les taillis et les jeunes futaies des ronces, des épines et des arbres inutiles et nuisibles qui y pullulent toujours;

Tracer des routes bordées de fossés et disposées de manière à rendre les charrois faciles, et par conséquent peu dispendieux;

Donner tous ses soins au repeuplement des clairières occasionnées par les coupes, soit au moyen de semis artificiels, soit en favorisant la croissance du jeune plant provenant des semis naturels;

Enfin en empêchant la trop grande multiplication des animaux qui nuisent aux forêts, tels que les lapins, les bêtes fauves en général, certains oiseaux et un nombre infini d'insectes, dont les plus dangereux sont le hanneton et le puceron des chênes.

On exploite une forêt soit en taillis, soit en futaie. Exploiter une forêt en taillis, c'est abattre une portion de cette forêt tous les dix, quinze, vingt ou vingt-cinq ans.

Exploiter une forêt en futaie, c'est attendre que les arbres aient pris leur plein développement avant de les couper. Deux méthodes sont actuellement en présence pour l'exploitation des futaies, l'ancienne et la moderne.

L'ancienne, connue sous le nom de *jardinage*, consiste à désigner à la cognée du bûcheron les arbres épars qu'on juge, par leur âge, leur caducité précoce, arrivés au maximum de leur valeur.

Ce procédé a ses avantages et ses inconvénients. Les premiers sont manifestes; quant aux seconds, il suffit, pour en être frappé, de réfléchir que non-seulement on emploie beaucoup de temps à rechercher un à un les arbres à abattre; que leur abattage et leur chute occasionnent des dégâts considérables; que leur enlèvement est très-dispendieux.

Les méthodes nouvellement proposées sont infiniment préférables en théorie, mais il leur manque encore la sanction de l'expérience.

Au lieu de choisir les arbres un à un, on abat tous ceux qui se trouvent dans un espace fixé, et qui forme la centième ou la cent cinquantième partie de la superficie totale de la forêt. En divisant ainsi sa forêt, on a tous les ans une coupe à faire, et les arbres ont cent ou cent cinquante ans pour se développer. On ne réserve dans ce même espace qu'un nombre suffisant de porte-graines, dont l'ombrage favorise aussi le développement et la levée des jeunes plants. Selon l'exposition de la forêt, les abris naturels, les accidents du terrain,

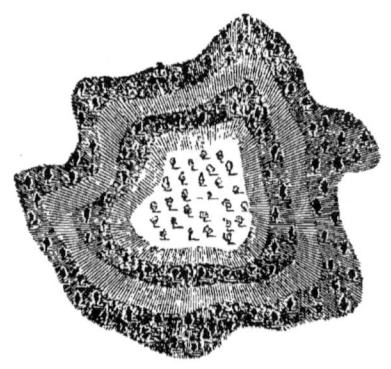

Aménagement d'une forêt.

on donne à la *coupe* la forme d'une bande étroite, tantôt rectangulaire, tantôt circulaire, tantôt parabolique.

Toutefois, tandis qu'en Allemagne les agriculteurs, considérant comme un devoir sacré de laisser toujours sur la surface du sol la même quantité de bois, et de ne diminuer en rien la richesse forestière des générations futures, rejettent toute méthode d'exploitation qui porterait atteinte à leur principe fondamental, en France et surtout en Angleterre, le gouvernement et les particuliers ne semblent être préoccupés que d'un seul soin, celui de faire rendre aux forêts le maximum de leur produit. A leurs yeux, les forêts sont simplement un capital auquel il s'agit de faire rapporter tant pour cent. Peu importe si leur conservation est excessivement difficile, impossible même, avec un pareil système, il n'en est pas moins impitoyablement suivi... et cependant les forêts sont la robe de notre planète; et malheur à l'homme quand il déchire et laisse les flancs généreux de la terre exposés sans défense à l'haleine des vents, aux pluies torrentielles, aux rayons brûlants du soleil! »

M. de Morsy prononça ces dernières paroles d'un ton grave et triste, et s'abandonna en silence à ses pensées.

Tout à coup Léonie s'écria :

« Le feu est à la forêt!... Je viens de voir là-bas un grand éclat de flamme à travers les arbres!

— Rassurez-vous, Mademoiselle, répondit M. de Morsy, ce sont des fourneaux à charbon. Il y a près d'ici un atelier de charbonniers.

— Ne pourrions-nous pas aller jusque-là? demandèrent Charles et Augustin.

M. DE MORSY. — Sans doute; mais il ne faudrait pas vous y arrêter longtemps, car le soleil est presque couché.

AUGUSTIN. — Nous compenserons ce retard en marchant un peu plus vite. »

Après s'être avancés à travers bois pendant cinq minutes environ, nos jeunes gens se trouvèrent dans une vaste clairière, au milieu de laquelle s'élevaient une demi-douzaine de monticules fumants.

« Venez par ici, reprit M. de Morsy. J'aperçois un fourneau à peine commencé : d'un coup d'œil vous allez comprendre comme on precède pour convertir le bois en charbon.

On débute par enfoncer en terre le pieu que vous voyez là au centre du fourneau. On met ensuite à plat sur le sol autant de rondins qu'il en faut pour former un plancher. Tous ces rondins sont symétriquement rangés, de façon à ce qu'un de leurs bouts s'appuie contre le pieu, qui représente tout à fait le moyeu d'une roue, comme les rondins figurent ses raies; seulement les rondins sont aussi rapprochés que leur arrangement le permet.

On agrandit ensuite cette espèce d'aire en ajoutant de nouveaux rondins au bout des premiers; et voilà la base du fourneau établie.

Sur cette base de cinq à six mètres de diamètre, on dispose toujours dans le même sens un second lit de bûchettes; mais, au lieu de les poser à plat, on leur donne, au moyen de blocs de bois, une forte inclinaison du centre à la circonférence; puis un troisième, un quatrième lit de bûchettes, jusqu'à ce que leur réunion ait formé un cône tronqué de deux à trois mètres de hauteur, qui prend alors le nom de fourneau.

J'oubliais de vous dire que tous les intervalles que les bûchettes laissent entre elles sont remplis avec des copeaux. Ce fourneau lui-même reçoit une chemise, c'est le mot, de menu bois parfaitement sec.

Reste une dernière opération, celle qui consiste à couvrir le fourneau d'un enduit de terre argileuse de quatre à cinq centimètres d'épaisseur, en ménageant toutefois dans la partie inférieure de sa circonférence des ouvertures pour faciliter la combustion.

Alors on enlève le pieu central, et l'on jette une pelletée de braise allumée dans le vide laissé par le pieu, vide qui devient une véritable cheminée. Souvent le feu couve pendant plusieurs heures, et il ne s'échappe par l'orifice supérieur qu'une fumée plus ou moins épaisse.

Enfin un jet de flammes s'élance par la cheminée et annonce que le fourneau est pris. Les charbonniers ferment aussitôt la cheminée plus ou moins exactement, selon qu'ils le jugent nécessaire pour régler la combustion, veillent sans relâche à empêcher la flamme de se faire jour, et s'efforcent de rendre la combustion lente et uniforme. Pour atteindre ce but, tantôt ils agrandissent les ouvertures inférieures laissées pour activer le feu; tantôt ils les bouchent avec des plaques de gazon ou de la terre mêlée de poussier de charbon.

Ordinairement au bout de trente à quarante heures la couche argileuse rougit, et tout le fourneau devient incandescent. C'est le moment le plus pénible et le plus critique de l'opération; car le charbon est cuit, et il faut le plus promptement possible éteindre complétement le feu, en le couvrant de terre et de plaques de gazon.

Vingt heures environ après l'étouffement, on fait un trou dans le fourneau pour examiner l'état du charbon. S'il est froid ou seulement éteint, on détruit le fourneau; mais quelquefois, lorsqu'on écarte la terre, le charbon se rallume au contact de l'air, et l'on est obligé de le recouvrir pendant plusieurs heures.

Maintenant examinons rapidement l'état des différents fourneaux que vous voyez là. Les uns sont à peine allumés; chez les autres la combustion est plus avancée. Celui-ci surtout commence à se marbrer de plaques pourpres et violettes, et l'apparition du grand feu ne se fera pas attendre longtemps. Le charbonnier appelle le *grand feu* le moment où le fourneau ressemble à une masse de fer rouge.

Augustin. — Notre professeur nous a, l'année dernière, donné une version grecque (de Théophraste, je crois) où cet auteur expliquait comment le charbon se faisait de son temps; je vois avec surprise qu'on emploie aujourd'hui le même procédé. Je ne comprends réellement pas qu'avec les progrès de la science et de l'industrie on en soit encore à suivre les traditions des anciens habitants de la Grèce.

— C'est assez singulier en effet, reprit M. de Morsy en regagnant l'allée dont il s'était écarté sur la prière des jeunes gens; je dois cependant vous dire que si généralement en France et en Allemagne on obtient le charbon comme on l'obtenait du temps de Théophraste, MM. Foucaud et de la Chabeaussière ont inventé des appareils simples et peu dispendieux qui donnent des résultats très-satisfaisants.

Le fourneau souterrain de M. de la Chabeaussière est surtout très-facile à conduire et à surveiller. Cet avantage, fût-il le seul, est capital; car, malgré leur expérience et leur habileté, les charbonniers n'évitent pas toujours le double écueil qui les menace, ou de réduire en cendre une partie de la charge du fourneau, ou d'y laisser beaucoup de fumerons par suite d'une combustion irrégulière et incomplète.

CHARLES. — Combien de charbon obtient-on communément d'une certaine quantité de bois?

M. DE MORSY. — Par l'ancienne méthode, quinze à vingt kilogrammes de charbon pour cent kilogrammes de bois; mais très-peu d'ouvriers peuvent atteindre ce dernier chiffre, que les fourneaux de M. de la Chabeaussière donnent en moyenne; de plus, ils sont munis d'un appareil accessoire qui permet d'extraire et de recueillir du bois environ quinze pour cent d'acide acétique impur. La fabrication du charbon et la distillation marchent simultanément.

CHARLES. — Le charbon ne s'emploie guère que dans les cuisines pour la préparation des aliments?

M. DE MORSY. — C'est son principal, mais non unique emploi. La plupart des fonderies de bronze s'en servent encore aujourd'hui pour traiter leur minerai. Il y a vingt ans, beaucoup de maîtres de forge l'employaient également, mais presque tous ont adopté le coke; les usines du Berry et de l'Ariége ont seules pu, grâce au voisinage des forêts, conserver l'usage du charbon de bois : aussi leurs fers et leurs tôles sont-ils très-supérieurs aux produits des établissements travaillant au coke.

AUGUSTIN. — Pourquoi, Monsieur, les fers au coke

sont-ils moins bons que les fers au charbon de bois?

M. DE MORSY. — Par la raison toute simple que le coke, contenant du soufre et d'autres corps, ceux-ci se combinent avec la fonte et la rendent impure, tandis que le charbon de bois n'a pas cet inconvénient. Malheureusement l'élévation croissante du prix du charbon de bois limite de jour en jour son emploi, et l'on peut prévoir le jour où le coke le remplacera partout.

AUGUSTIN. — Il me semble avoir entendu dire que le charbon pouvait en quelques circonstances s'allumer spontanément.

M. DE MORSY. — La combustion spontanée du charbon est un fait excessivement rare, et encore ne se produit-il que dans des circonstances particulières : lorsque, par exemple, il est réduit en poussière et réuni en très-grandes masses. La facilité avec laquelle le charbon s'allume quand il est bien sec, a fait souvent attribuer à la combustion spontanée des incendies qui n'étaient réellement dus qu'à la négligence.

Il n'y a qu'une trentaine d'années qu'on s'est imaginé de tirer parti des fumerons; vous savez que l'on nomme ainsi le bois imparfaitement carbonisé, dont on trouve toujours une certaine quantité en découvrant un fourneau. Ces fumerons, qu'on extrayait avec plus ou moins de soin du charbon livré à la consommation, n'avaient aucun emploi et étaient regardés comme un déchet. Un maître de forges eut l'idée de les utiliser dans son usine, et ce nouveau combustible lui réussit si bien, qu'aujourd'hui on commence à fabriquer des *charbons roux;* ces charbons roux sont tout simplement les fumerons, qui font le désespoir de nos cuisinières. »

On touchait à l'extrémité de la forêt; arrivé aux derniers arbres, l'agronome s'arrêta et reprit:

« C'est ici, mes amis, que je vais vous dire non pas adieu, mais au revoir. Voici votre route, celle qui passe devant votre porte. Vous aurez à cœur, j'aime à le croire, de me persuader, en revenant me voir, que cette journée vous a laissé plus d'un souvenir.

— Comment oublier, Monsieur, dit Augustin avec entraînement, comment oublier votre bonté, votre inépuisable complaisance! Que d'obligations ne vous avons-nous pas!

— Mon enfant, si vous m'avez écouté avec intérêt, avec plaisir, j'ai été moi-même doublement heureux en vous donnant quelques saines notions sur l'agriculture : heureux de penser que je vous étais utile, heureux de rehausser à vos yeux la plus noble des professions. Quand on aime l'agriculture comme je l'aime, on en parle toujours avec plaisir. »

M. de Morsy avait quitté Charles et Augustin depuis un quart d'heure, qu'ils n'avaient pas encore échangé une seule parole.

Augustin, d'ordinaire si distrait, si turbulent, si expansif, ouvrait la marche et cheminait gravement l'œil fixe et la tête penchée. Charles, tout aussi préoccupé, le suivait, tressant machinalement quelques brins d'herbe. Victor et Léonie formaient l'arrière-garde; la petite fille avait pris la main de l'officier de marine, qu'elle amusait de son naïf babillage.

« Et penser, s'écria brusquement Augustin en se tournant vers ses compagnons, que nous avons abordé M. de Morsy comme nous aurions abordé le dernier valet de basse-cour! Je ne me pardonnerai jamais cela; dès demain je lui écrirai une lettre d'excuses.

— Moi aussi, répondit Charles avec un soupir.

— Et vous ferez bien, mes amis, dit Victor. Mais voulez-vous causer à M. de Morsy le plaisir le plus vif, le mieux senti qu'il dépende de vous de lui procurer?

— Peux-tu nous demander cela, Victor? dit Augustin d'un ton de reproche.

— Eh bien! à votre première visite à la ferme des Landes, que chacun de vous montre à M. de Morsy un cahier où vous aurez noté vos *impressions de voyage,* suivant le langage d'Augustin.

— Mon cousin, je n'ai pas du tout envie de rire, dit celui-ci.

— Je parle sérieusement, répondit Victor. Prouver à M. de Morsy qu'en vous consacrant cette journée il n'a perdu ni son temps ni sa peine; que vous l'avez écouté et compris; que ses explications vous ont laissé des notions saines, quoique générales, sur l'agriculture; c'est la plus douce récompense que vous puissiez offrir à un homme d'un aussi noble cœur. »

CONCLUSION.

Nos jeunes gens suivirent le conseil de Victor; ils passèrent plusieurs jours à rédiger une relation de leur visite à la ferme des Landes. S'ils n'y consignèrent pas tout ce qu'ils avaient vu et entendu, du moins, à l'aide de Victor, purent-ils fixer sur le papier bon nombre de principes, de faits capitaux, d'observations curieuses et intéressantes; et un des plus précieux résultats de la peine qu'ils se donnèrent à recueillir et à classer leurs souvenirs, fut de les graver dans leur esprit d'une manière ineffaçable.

FIN

TABLE

Préface. 3
Introduction. 7

CHAPITRE I

Vigne. — Vin. — Labour. — Chevaux. — Ruminants. — La vache malade. 24

CHAPITRE II

Ferme allemande. — Plaisirs de la vie agricole. — Apprentissage agronomique. — Concours de charrues. — Améliorations agricoles. 57

CHAPITRE III

Étables. — Engrais. — Instruments aratoires. 82

CHAPITRE IV

La laiterie, ses travaux et ses produits. 142

CHAPITRE V

Nature et propriétés diverses des terres. — Irrigations. — Drainage. — Amendements. — Assolements. 161

CHAPITRE VI

La prime d'honneur. — Les concours régionaux. — Les poules. — Les dindons. — Les oies. — Les canards.   208

CHAPITRE VII

L'âne et les moutons. — Le blé. — Le seigle. — L'orge. — L'avoine. — Le sarrasin. — Le maïs. — Le riz.   232

CHAPITRE VIII

Pommes de terre. — Betteraves. — Carottes. — Navets. — Topinambours. — Plantes fourragères   264

CHAPITRE IX

Plantes oléagineuses, textiles, tinctoriales. — Le colza, le pavot, la caméline, la navette, l'olivier, le lin, le chanvre, le phormium, l'agave, la garance, la gaude, le pastel, le houblon, le tabac.   288

CHAPITRE X

Forêts, leur utilité. — Croissance des arbres. — Le chêne, l'orme, le frêne, le charme, le hêtre, l'érable, le tilleul, le châtaignier, le peuplier, le bouleau, le sapin, le pin, le mélèze. — Culture et aménagement des forêts. — Charbon de bois.   340

Tours. — Impr. Mame.

www.ingramcontent.com/pod-product-compliance
Lightning Source LLC
Chambersburg PA
CBHW050152230526
45470CB00001B/60